Fundamentos de Fenômenos de Transporte
Um Texto para Cursos Básicos

CB021030

abdr
ASSOCIAÇÃO
BRASILEIRA
DE DIREITOS
REPROGRÁFICOS

Respeite o direito autoral

Grupo
Editorial
Nacional

O GEN | Grupo Editorial Nacional – maior plataforma editorial brasileira no segmento científico, técnico e profissional – publica conteúdos nas áreas de ciências exatas, humanas, jurídicas, da saúde e sociais aplicadas, além de prover serviços direcionados à educação continuada e à preparação para concursos.

As editoras que integram o GEN, das mais respeitadas no mercado editorial, construíram catálogos inigualáveis, com obras decisivas para a formação acadêmica e o aperfeiçoamento de várias gerações de profissionais e estudantes, tendo se tornado sinônimo de qualidade e seriedade.

A missão do GEN e dos núcleos de conteúdo que o compõem é prover a melhor informação científica e distribuí-la de maneira flexível e conveniente, a preços justos, gerando benefícios e servindo a autores, docentes, livreiros, funcionários, colaboradores e acionistas.

Nosso comportamento ético incondicional e nossa responsabilidade social e ambiental são reforçados pela natureza educacional de nossa atividade e dão sustentabilidade ao crescimento contínuo e à rentabilidade do grupo.

Fundamentos de Fenômenos de Transporte
Um Texto para Cursos Básicos

2ª edição

CELSO POHLMANN LIVI
Professor Aposentado da
Escola Politécnica da
Universidade Federal do Rio de Janeiro

O autor e a editora empenharam-se para citar adequadamente e dar o devido crédito a todos os detentores dos direitos autorais de qualquer material utilizado neste livro, dispondo-se a possíveis acertos caso, inadvertidamente, a identificação de algum deles tenha sido omitida.

Não é responsabilidade da editora nem do autor a ocorrência de eventuais perdas ou danos a pessoas ou bens que tenham origem no uso desta publicação.

Apesar dos melhores esforços do autor, do editor e dos revisores, é inevitável que surjam erros no texto. Assim, são bem-vindas as comunicações de usuários sobre correções ou sugestões referentes ao conteúdo ou ao nível pedagógico que auxiliem o aprimoramento de edições futuras. Os comentários dos leitores podem ser encaminhados à **LTC — Livros Técnicos e Científicos Editora** pelo e-mail faleconosco@grupogen.com.br.

Direitos exclusivos para a língua portuguesa
Copyright © 2012 by Celso Pohlmann Livi
LTC — Livros Técnicos e Científicos Editora Ltda.
Uma editora integrante do GEN | Grupo Editorial Nacional

Reservados todos os direitos. É proibida a duplicação ou reprodução deste volume, no todo ou em parte, sob quaisquer formas ou por quaisquer meios (eletrônico, mecânico, gravação, fotocópia, distribuição na internet ou outros), sem permissão expressa da editora.

Travessa do Ouvidor, 11
Rio de Janeiro, RJ — CEP 20040-040
Tels.: 21-3543-0770 / 11-5080-0770
Fax: 21-3543-0896
faleconosco@grupogen.com.br
www.grupogen.com.br

Capa: Paula Wienskoski
Editoração Eletrônica: *Performa*

CIP-BRASIL. CATALOGAÇÃO-NA-FONTE
SINDICATO NACIONAL DOS EDITORES DE LIVROS, RJ

L762f
2.ed.

Livi, Celso Pohlmann
Fundamentos de fenômenos de transporte : um texto para cursos básicos / Celso Pohlmann Livi. - 2.ed. - [Reimpr.]. - Rio de Janeiro : LTC, 2018.
il. ; 28 cm

Apêndice
Inclui bibliografia e índice
ISBN 978-85-216-2057-0

1. Teoria do transporte. 2. Dinâmica dos fluidos. 3. Calor - Transmissão - Modelos matemáticos. 4. Massa - Transferência - Modelos matemáticos. I. Título.

12-1280.   CDD: 532.05
                             CDU: 535.5

Para Deborah e Fellipe

Material Suplementar

Este livro conta com o seguinte material suplementar:

- Ilustrações da obra em formato de apresentação (restrito a docentes)

O acesso ao material suplementar é gratuito. Basta que o leitor se cadastre em nosso *site* (www.grupogen.com.br), faça seu login e clique em GEN-IO, no menu superior do lado direito. É rápido e fácil.

Caso haja alguma mudança no sistema ou dificuldade de acesso, entre em contato conosco (gendigital@grupogen.com.br).

GEN | Informação Online

GEN-IO (GEN | Informação Online) é o ambiente virtual de aprendizagem do GEN | Grupo Editorial Nacional, maior conglomerado brasileiro de editoras do ramo científico-técnico-profissional, composto por Guanabara Koogan, Santos, Roca, AC Farmacêutica, Forense, Método, Atlas, LTC, E.P.U. e Forense Universitária. Os materiais suplementares ficam disponíveis para acesso durante a vigência das edições atuais dos livros a que eles correspondem.

Prefácio

Denomina-se Fenômenos de Transporte a matéria que compreende o estudo de mecânica dos fluidos, de transmissão de calor e de transferência de massa. Trata-se de uma matéria de formação básica dos cursos de engenharia.

Verifica-se que diferentes fenômenos difusivos da mecânica dos fluidos, da transmissão de calor e da transferência de massa podem ser descritos por um modelo matemático comum, em que a diferença está nas grandezas físicas envolvidas e seus respectivos coeficientes de difusão, de forma que esses assuntos passaram a ser estudados conjuntamente com o nome de Fenômenos de Transporte.

Este texto foi desenvolvido para atender às necessidades de uma disciplina introdutória, com duração de um semestre e ao final do ciclo básico dos cursos de engenharia, em que os alunos entram em contato pela primeira vez com o assunto. Neste livro, o conteúdo está organizado de forma a considerar, primeiro, alguns conceitos e uma formulação básica para fenômenos de transporte, com a apresentação de um modelo matemático comum que evidencia a analogia existente entre os processos difusivos unidimensionais de transporte de momento (quantidade de movimento) linear, de calor e de massa. Depois, são desenvolvidos os tópicos de mecânica dos fluidos, de transferência de calor e de difusão de massa.

Este livro não esgota o assunto, tratando somente da conceituação básica e do estudo dos tópicos fundamentais que considero adequado para uma disciplina introdutória sobre Fenômenos de Transporte, destinada a estudantes de um curso de graduação de engenharia. Espero que o livro seja útil para estudantes e professores. Considero, também, que os alunos de algumas habilitações das escolas de engenharia, tais como dos cursos de engenharia mecânica, naval e química, que necessitarão de conhecimento mais aprofundado sobre o assunto, cursarão, no ciclo profissional, outras disciplinas sobre mecânica dos fluidos, transferência de calor e transporte de massa.

Nesta segunda edição, basicamente, mantive o conteúdo, a organização e a abordagem do assunto. Fiz algumas alterações e acréscimos de texto com o objetivo de melhorar a apresentação e a compreensão de alguns tópicos e, também, acrescentei alguns exemplos.

No Capítulo 1, apresento conceitos e definições fundamentais.

No Capítulo 2, apresento conceitos e uma formulação básica para fenômenos de transporte. Analiso, a partir de uma abordagem fenomenológica, processos difusivos unidimensionais onde ocorrem fluxos de momento linear, de calor e de massa, apresentando um modelo matemático comum e mostrando a analogia existente entre esses processos difusivos unidimensionais de transferência.

No Capítulo 3, trato dos fundamentos da estática dos fluidos, abordando as noções básicas do estudo da pressão e sua variação em um fluido e a determinação das forças de pressão sobre superfícies planas submersas.

No Capítulo 4, apresento uma descrição e a classificação de escoamentos.

No Capítulo 5, conceituo volume de controle e desenvolvo uma análise de escoamentos na formulação de volume de controle com a aplicação de três leis físicas fundamentais: princípio de conservação da massa, segunda lei de Newton para o movimento e princípio de conservação da energia. Estudo, também, a equação de Bernoulli e noções básicas sobre a perda de carga em escoamentos de fluidos reais em tubulações.

No Capítulo 6, apresento uma introdução à análise diferencial de escoamentos, em que deduzo equações diferenciais que permitem a determinação das distribuições das grandezas intensivas em estudo. Tendo em vista que este texto se destina a uma disciplina introdutória sobre o assunto, trato mais da modelagem matemática (formulação) dos problemas e apresento soluções somente para casos simples.

No Capítulo 7, conceituo transferência de calor e caracterizo os mecanismos de condução, convecção e radiação, apresentando as equações que fornecem as densidades de fluxo de calor.

No Capítulo 8, estudo a determinação do fluxo de calor e da distribuição de temperatura para casos de condução unidimensional e em regime permanente, sem geração interna de calor e meio com condutividade térmica constante, em sistemas com geometria simples onde são conhecidas as temperaturas no contorno. Estudo, também, problemas unidimensionais e em regime permanente de condução de calor em paredes compostas com convecção no contorno.

No Capítulo 9, apresento uma introdução à condução de calor em regime transiente, onde deduzo a equação diferencial da condução de calor. Estudo a formulação de problemas de condução de calor em regime não permanente e trato da resolução da equação da difusão de calor por meio do método de separação de variáveis para problemas unidimensionais.

No Capítulo 10, apresento algumas definições e conceitos básicos de transporte de massa e estudo os fundamentos da formulação de problemas simples da difusão molecular causada por gradientes de concentração de um componente numa mistura binária, mostrando alguns aspectos da analogia existente com a transferência de calor por condução.

No Apêndice, apresento um resumo de noções básicas de termodinâmica e uma aplicação da análise global do sistema para a transferência de calor.

Neste texto, adoto a terminologia de fluxo e de densidade de fluxo, de acordo com a Regulamentação Metrológica e Quadro Geral de Unidades de Medida, estabelecidos pelo Conselho Nacional de Metrologia, Normalização e Qualidade Industrial — CONMETRO, na Resolução 01/82, que estabelece as seguintes definições:

Fluxo de massa, com unidade quilograma por segundo (kg/s), é o fluxo de massa de um material que, em regime permanente através de uma superfície determinada, escoa a massa de 1 quilograma do material em 1 segundo;

Potência ou fluxo de energia, com unidade watt (W), é a potência desenvolvida quando se realiza, de maneira contínua e uniforme, o trabalho de 1 joule em 1 segundo; e

Densidade de fluxo de energia, com unidade watt por metro quadrado (W/m²), é a densidade de um fluxo de energia uniforme de 1 watt, através de uma superfície plana de 1 metro quadrado de área, perpendicular à direção de propagação da energia.

Agradeço ao Sr. Oswaldo Luiz Waltz Junqueira pela confecção dos desenhos e aos professores Enise Valentini e Gilberto Fialho pelas sugestões e úteis discussões sobre o assunto.

O Autor

Sumário

4 DESCRIÇÃO E CLASSIFICAÇÃO DE ESCOAMENTOS, 65

5 INTRODUÇÃO À ANÁLISE DE ESCOAMENTOS NA FORMULAÇÃO DE VOLUME DE CONTROLE, 77

6 INTRODUÇÃO À ANÁLISE DIFERENCIAL DE ESCOAMENTOS, 135

Lista de Símbolos, Grandezas Físicas e Unidades SI

A	área, m^2
a	aceleração, m/s^2
Bi	número de Biot
C	capacidade térmica, J/K
c	calor específico, $\text{J}/\text{kg}\cdot\text{K}$
c_A	concentração do componente A definida como fração de massa
c_p	calor específico a pressão constante, $\text{J}/\text{kg}\cdot\text{K}$
$c_{\forall}$	calor específico a volume constante, $\text{J}/\text{kg}\cdot\text{K}$
D	diâmetro, m
D_{AB}	coeficiente de difusão molecular (difusividade de massa) do componente A na mistura de componentes A e B, m^2/s
d	densidade relativa
E	módulo de elasticidade volumétrica, Pa
E_{int}	energia interna, J
E_{sist}	energia total do sistema, J
e	energia total específica (por unidade de massa), J/kg
e	rugosidade da superfície da parede de um duto, m
F	força, N
f	densidade de fluxo de uma grandeza extensiva genérica
f	fator de atrito
g	aceleração da gravidade na superfície da Terra, $g = 9{,}81\ \text{m}/\text{s}^2$
H	momento angular (quantidade de movimento angular), $\text{kg}\cdot\text{m}^2/\text{s}$
H	carga total correspondente à energia mecânica disponível no escoamento, m
h	coeficiente de transferência de calor por convecção, $\text{W}/\text{m}^2\cdot\text{K}$
h_B	carga correspondente à energia mecânica que é transferida de uma bomba para um escoamento, m
h_p	perda de carga em um escoamento, m
$h_{p,d}$	perda de carga distribuída, m
$h_{p,l}$	perda de carga localizada ou acidental, m
h_T	carga correspondente à energia mecânica que é transferida de um escoamento para uma turbina, m
I	segundo momento de área (momento de inércia de área), m^4
I	momento de inércia, $\text{kg}\cdot\text{m}^2$
I	corrente elétrica, A

$\vec{i}$	vetor unitário na direção x
J_A	densidade de fluxo de massa por difusão molecular do componente A, em relação a um plano que se move com a velocidade mássica média da mistura, $kg/s{\cdot}m^2$
$\vec{j}$	vetor unitário na direção y
k	condutividade térmica, $W/m{\cdot}K$
k	constante de Boltzmann, $k = 1{,}38 \times 10^{-23}\ J/K$
$\vec{k}$	vetor unitário na direção z
L	calor de transformação de fase (calor latente), J/kg
Le	número de Lewis
M	massa, kg
M	torque (momento de uma força), N·m
m	massa, kg
$\dot{m}$	fluxo de massa, kg/s
N	número de moléculas
N_A	densidade de fluxo de massa do componente A em relação a um sistema de coordenadas fixo, $kg/s{\cdot}m^2$
N_A	número de Avogadro, $N_A = 6{,}022 \times 10^{23}\ \text{mol}^{-1}$
n	número de mols
$\vec{n}$	vetor unitário normal à superfície
P	momento (quantidade de movimento) linear, $kg{\cdot}m/s$
Pr	número de Prandtl
p	pressão, Pa
Q	quantidade de calor, J
Q	vazão, m^3/s
$\dot{Q}$	fluxo (taxa de transferência) de calor, W
q	densidade de fluxo de calor, W/m^2
R	raio, m
R	resistência elétrica, Ω
Re	número de Reynolds
R_T	resistência térmica, K/W
R_u	constante universal dos gases, $R_u = 8{,}314\ J/mol{\cdot}K$
r, θ, z	coordenadas cilíndricas
r_{ec}	raio crítico de isolamento, m
S	entropia, J/K
$S.C.$	superfície de controle
Sc	número de Schmidt
T	temperatura, K
t	tempo, s
u	energia interna específica (por unidade de massa), J/kg
V	velocidade, m/s
$\forall$	volume, m^3
$V.C.$	volume de controle
v	volume específico, m^3/kg
W	peso, N

W	trabalho, J
W_μ	trabalho de cisalhamento, J
x, y, z	coordenadas retangulares

Letras Gregas

α	difusividade térmica, $\mathrm{m^2/s}$
B	grandeza extensiva genérica
β	grandeza intensiva correspondente à grandeza extensiva genérica B
γ	peso específico, $\mathrm{N/m^3}$
γ	quociente entre os calores específicos molares a pressão e a volume constantes
η	eixo referencial, para a profundidade, contido em uma superfície plana submersa
μ	viscosidade absoluta ou dinâmica, Pa·s
ν	viscosidade cinemática, $\mathrm{m^2/s}$
θ	ângulo, rad
ρ	massa específica, $\mathrm{kg/m^3}$
ρ_A	concentração do componente A definida como massa específica, $\mathrm{kg/m^3}$
σ	tensão superficial, $\mathrm{N/m}$
σ	constante de Stefan-Boltzmann, $\sigma = 5{,}67 \times 10^{-8}\ \mathrm{W/m^3 \cdot K^4}$
σ_{ii}	componente de tensão normal, Pa
τ_{ij}	componente de tensão cisalhante (tangencial), Pa
ω	velocidade angular, $\mathrm{rad/s}$

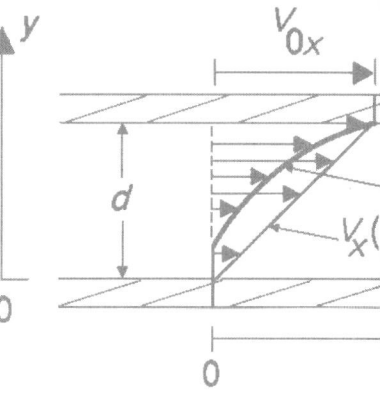

1 Conceitos e Definições Fundamentais

1.1 INTRODUÇÃO

No estudo de Fenômenos de Transporte, utilizaremos conceitos e definições já estudados na mecânica e na termodinâmica, mas necessitaremos de outros ainda não vistos. A finalidade deste capítulo é rever e desenvolver alguns conceitos e definições fundamentais.

1.2 MEIO CONTÍNUO

A matéria tem uma estrutura molecular e existe, normalmente, em três estados: sólido, líquido e gasoso. O número de moléculas normalmente existentes em um volume macroscópico é enorme. Para termos uma ideia da ordem de grandeza do número de partículas envolvidas, em condições normais de temperatura e pressão existem cerca de 10^{19} moléculas em um volume de 1 cm^3 de ar atmosférico. Com esse número tão grande de partículas é praticamente impossível a descrição do comportamento macroscópico da matéria, como, por exemplo, o estudo do escoamento de um fluido, a partir do movimento individual de suas moléculas.

No que se refere aos problemas comuns de engenharia, geralmente estamos interessados no comportamento macroscópico devido aos efeitos médios das moléculas existentes no sistema em estudo, e, sendo a abordagem microscópica (descrição a partir dos movimentos individuais das moléculas) inconveniente, necessitaremos de um modelo mais adequado.

No estudo da natureza e na solução dos problemas encontrados na engenharia, em geral, estão presentes os princípios de idealização e aproximação, ou seja, de modelagem. A descrição dos fenômenos físicos e a abordagem e a solução dos problemas podem ser esquematizadas da seguinte forma:

FENÔMENO FÍSICO
(problema)
↓
FORMULAÇÃO E MODELAGEM
(idealização e aproximação)
↓
SOLUÇÃO DO MODELO
↓
INTERPRETAÇÃO FÍSICA DO RESULTADO

O conceito de meio contínuo é uma idealização da matéria, ou seja, é um modelo para o estudo de seu comportamento macroscópico em que se considera uma distribuição contínua de massa.

1.2.1 Limite de Validade do Modelo de Meio Contínuo

A validade do modelo de meio contínuo depende das dimensões do sistema físico em estudo e do número de moléculas existentes no volume considerado. Para ilustrarmos o assunto, consideremos um recipiente fechado contendo um gás. A pressão (força por unidade de área) exercida pelo gás sobre a parede do recipiente, segundo a teoria cinética dos gases, decorre da frequência de choques de suas moléculas contra a parede. Evacuando-se progressivamente o gás, ou seja, reduzindo-se progressivamente o número de partículas dentro do recipiente, observa-se que a pressão decresce.

Enquanto o número de moléculas for grande o suficiente para manter uma média estatística definida, a propriedade pressão sofre uma variação contínua. Entretanto, existe um volume abaixo do qual a diminuição no número de moléculas produz uma descontinuidade no valor da pressão. Isso acontece quando o livre percurso médio das moléculas, isto é, a distância média percorrida pelas moléculas entre duas colisões sucessivas, for da mesma ordem de grandeza do menor comprimento significativo do sistema. Esse volume, em que ocorre essa descontinuidade no valor de uma propriedade do sistema, determina o limite de validade do modelo de meio contínuo.

O modelo de meio contínuo tem validade somente para um volume macroscópico no qual exista um número muito grande de partículas, ou seja, tem como limite de validade o menor volume de matéria que contém um número suficiente de moléculas para manter uma média estatística definida. Assim, as propriedades de um fluido, no modelo de meio contínuo, têm um valor definido em cada ponto do espaço, de forma que essas propriedades podem ser representadas por funções contínuas da posição e do tempo.

1.3 MASSA ESPECÍFICA EM UM PONTO

A massa específica ρ, definida como a massa por unidade de volume, é uma propriedade que ilustra bem o conceito de meio contínuo. Por definição, considerando o modelo de meio contínuo, a massa específica em um ponto é dada por

$$\rho = \lim_{\Delta\forall \to \delta\forall} \frac{\Delta m}{\Delta\forall} \tag{1.3.1}$$

em que:

Δm é a massa contida no volume $\Delta\forall$ e

$\delta\forall$ é o menor volume, em torno do ponto, que contém um número suficiente de moléculas para que exista uma média estatística definida, ou seja, é o limite de validade do modelo de meio contínuo.

Como exemplo ilustrativo, consideremos a massa específica do ar em condições normais de temperatura e pressão. Para um elemento de volume macroscópico, pode-se considerar que existe um número constante de moléculas. Fazendo o volume tender a zero, como as partículas possuem movimento aleatório, para um elemento de volume infinitesimal, o número de moléculas fica dependente do tempo, resultando em descontinuidade no valor da massa específica para volumes menores que $\delta\forall$. A Figura 1.1 mostra um gráfico da massa específica em função do volume do elemento de volume considerado, ilustrando o limite de validade do modelo de meio contínuo.

1.4 VOLUME ESPECÍFICO. PESO ESPECÍFICO. DENSIDADE RELATIVA

O volume específico v é, por definição, o volume ocupado pela unidade de massa de uma substância, ou seja, é o inverso da massa específica, sendo dado por

$$v = \frac{1}{\rho} \tag{1.4.1}$$

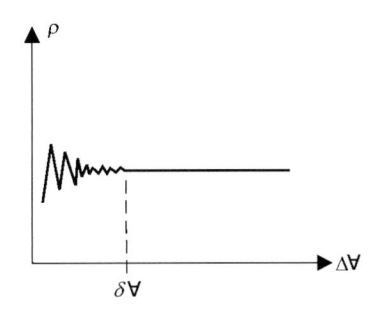

FIGURA 1.1

Gráfico da massa específica em um ponto.

O peso específico de uma substância é o seu peso por unidade de volume, com módulo dado por

$$\gamma = \rho g. \tag{1.4.2}$$

A densidade relativa d de uma substância A expressa o quociente entre a massa específica dessa substância A e a massa específica de uma outra substância B, tomada como referência. Por definição, a densidade relativa é dada por

$$d = \frac{\rho_A}{\rho_B}. \tag{1.4.3}$$

Geralmente, a substância de referência para o caso de líquidos é a água e, para o caso de gases, é o ar. A densidade relativa independe do sistema de unidades, pois é dada por um valor adimensional.

1.5 FORÇAS DE CORPO E DE SUPERFÍCIE

De maneira geral, as forças podem ser classificadas em duas categorias:

- forças de corpo ou de campo; e
- forças de superfície ou de contato.

As forças de corpo são aquelas que se manifestam através da interação com um campo e atuam sem a necessidade de um contato entre as superfícies dos corpos. Exemplos:

- peso, devido ao campo gravitacional;
- força elétrica, devido a um campo elétrico; e
- força magnética, devido a um campo magnético.

Essas forças de corpo são proporcionais ao volume $\forall$* dos corpos. Por exemplo, o peso de um corpo de massa m e volume $\forall$, com massa específica ρ, no campo gravitacional terrestre com aceleração $\vec{g}$, é dado por

$$\vec{W} = \iiint_m \vec{g} \, dm = \iiint_\forall \vec{g} \, \rho d\forall. \tag{1.5.1}$$

As forças de superfície são aquelas que atuam sobre um sistema por meio de contato com a fronteira do mesmo. Exemplos:

- forças de atrito;
- forças devidas à pressão; e
- forças devidas às tensões cisalhantes nos escoamentos.

Essas forças de superfície são proporcionais à área da superfície sobre a qual atuam.

---

*Adotamos o símbolo $\forall$ para volume para evitar confusão com outras grandezas, tal como com a velocidade V.

1.6 TENSÃO EM UM PONTO. NOTAÇÃO INDICIAL PARA AS COMPONENTES DA TENSÃO

O conceito de tensão envolve uma força de contato e a área da superfície na qual atua. Um elemento de área tem orientação dada pelo vetor unitário normal à superfície. As grandezas vetoriais necessitam da especificação de módulo (valor numérico), de direção e de sentido. Considerando um sistema referencial, uma grandeza vetorial pode ser especificada por três componentes escalares, que são as projeções desse vetor sobre os eixos coordenados considerados.

Consideremos um elemento de área $\Delta\vec{A}$ em torno do ponto P sobre o qual atua um elemento de força $\Delta\vec{F}$, conforme é mostrado na Figura 1.2. A força $\Delta\vec{F}$ pode ser decomposta em três componentes escalares em relação ao sistema de coordenadas considerado. O elemento de área $\Delta\vec{A}$ também é um vetor (tem módulo igual à área do elemento ΔA, direção normal à superfície e sentido de dentro para fora do volume delimitado pela superfície), de forma que também pode ser decomposto em três componentes escalares segundo os eixos do sistema de referência.

A especificação das componentes da tensão, que têm a dimensão de força por unidade de área, necessita da indicação da direção da componente da força e, também, da indicação da orientação da superfície onde atua a tensão. Uma notação de duplo índice fornece uma descrição conveniente para as componentes da tensão, representadas por T_{ij}, em que o primeiro índice identifica a direção da normal ao plano no qual a força atua, e o segundo índice fornece a direção da componente da força ou da tensão, propriamente. Assim, as componentes da tensão com a notação indicial podem ser definidas por

$$T_{ij} = \lim_{\Delta A_i \to 0} \frac{\Delta F_j}{\Delta A_i}. \tag{1.6.1}$$

Considerando as componentes de forças que atuam em planos paralelos aos planos coordenados de um sistema de coordenadas retangulares, ou seja, em elementos de área com normais nas direções x, y e z, tem-se que a Eq. (1.6.1) fornece as nove equações escalares que definem as componentes da tensão, pois os índices i e j podem assumir os valores x, y e z. Se os índices forem iguais ($i = j$), tem-se uma componente de tensão normal representada por σ_{ii}, enquanto se os índices forem diferentes ($i \neq j$) tem-se uma componente de tensão cisalhante (tangencial), representada por τ_{ij}.

Para um elemento de área ΔA_x, com normal na direção x, sobre o qual atuam as componentes de força ΔF_x, ΔF_y e ΔF_z nas direções x, y e z, respectivamente, resultam uma componente de tensão normal σ_{xx} e duas componentes de tensão cisalhante (tangencial) τ_{xy} e τ_{xz}, que são definidas pelas equações

$$\sigma_{xx} = \lim_{\Delta A_x \to 0} \frac{\Delta F_x}{\Delta A_x} \tag{1.6.2a}$$

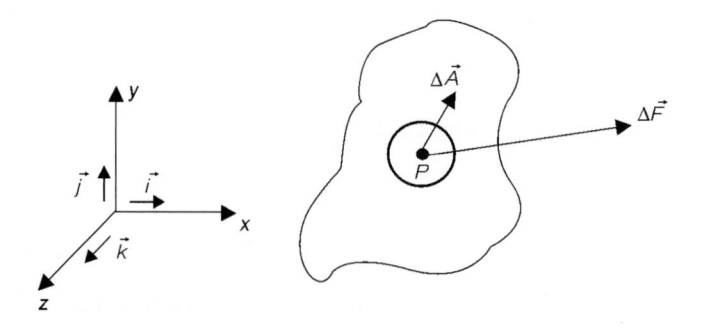

FIGURA 1.2

Elemento de área $\Delta\vec{A}$ de uma superfície onde atua um elemento de força $\Delta\vec{F}$.

$$\tau_{xy} = \lim_{\Delta A_x \to 0} \frac{\Delta F_y}{\Delta A_x} \tag{1.6.2b}$$

$$\tau_{xz} = \lim_{\Delta A_x \to 0} \frac{\Delta F_z}{\Delta A_x}. \tag{1.6.2c}$$

Da mesma maneira, considerando elementos de área ΔA_y e ΔA_z, com normais nas direções y e z, respectivamente, são definidas as componentes de tensão σ_{yy}, τ_{yx}, τ_{yz}, σ_{zz}, τ_{zx} e τ_{zy}. A tensão em um ponto é especificada pelas nove componentes da matriz

$$\vec{\vec{T}} = \begin{bmatrix} \sigma_{xx} & \tau_{xy} & \tau_{xz} \\ \tau_{yx} & \sigma_{yy} & \tau_{yz} \\ \tau_{zx} & \tau_{zy} & \sigma_{zz} \end{bmatrix} \tag{1.6.3}$$

conhecida como tensor tensão, cujo símbolo σ indica as componentes normais e τ representa as componentes cisalhantes da tensão. Consideremos o elemento de volume mostrado na Figura 1.3 para visualizarmos as componentes da tensão com a notação indicial, lembrando que essas nove componentes passam a atuar no mesmo ponto quando o volume do elemento de volume tende a zero.

A Figura 1.3 apresenta as componentes de tensão com sinais positivos que atuam sobre os planos que têm vetores unitários normais à superfície no sentido positivo dos eixos coordenados considerados. Deve-se lembrar de que o vetor normal à superfície tem sentido positivo de dentro para fora do volume delimitado pela superfície. A convenção adotada é a seguinte: uma componente de tensão é positiva se o vetor normal à superfície sobre a qual a força atua e a componente da tensão propriamente têm, ambos, sentidos na direção positiva ou negativa dos eixos do sistema de referência; e uma componente de tensão é negativa se o vetor normal à superfície e a componente da força que atua no plano têm sinais contrários.

Considerando um elemento de volume tetraédrico, com três faces orientadas ao longo dos planos coordenados de um sistema de coordenadas retangulares, Cauchy demonstrou que com o conhecimento da matriz tensão, com as componentes relativas às direções dos eixos coordenados, pode-se calcular a tensão, no mesmo ponto, relativa a qualquer outra direção. Considerando uma superfície cuja orientação é dada por um vetor unitário normal $\vec{n}$ expresso em termos de seus cossenos diretores a, b e c em relação aos eixos de um sistema de coordenadas retangulares com vetores unitários direcionais $\vec{i}$, $\vec{j}$ e $\vec{k}$, de forma que

$$\vec{n} = a\vec{i} + b\vec{j} + c\vec{k} \tag{1.6.4}$$

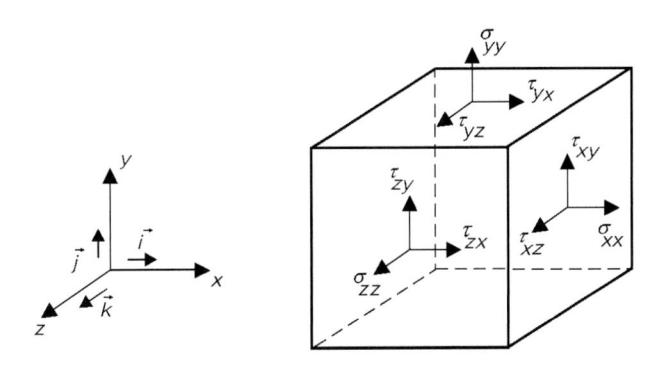

FIGURA 1.3

Componentes da tensão com a notação indicial.

sendo

$$a = \vec{n} \cdot \vec{i}; \quad b = \vec{n} \cdot \vec{j}; \quad c = \vec{n} \cdot \vec{k} \qquad (1.6.5)$$

e

$$a^2 + b^2 + c^2 = 1 \qquad (1.6.6)$$

resulta que, pela relação de Cauchy, a tensão na direção $\vec{n}$ é dada por

$$\vec{T}(\vec{n}) = \vec{\vec{T}} \, \vec{n} \qquad (1.6.7)$$

na qual $\vec{\vec{T}}$ é a matriz tensão da Eq. (1.6.3).

1.7 FLUIDOS. DEFINIÇÃO E PROPRIEDADES

1.7.1 Definição de Fluido

Fluido é a substância que se deforma continuamente sob a ação de uma tensão cisalhante (tangencial), por menor que seja a tensão de cisalhamento aplicada.

Os sólidos e os fluidos apresentam comportamentos diferentes quando submetidos a uma tensão cisalhante, pois as forças de coesão interna são relativamente grandes nos sólidos e muito pequenas nos fluidos. Um sólido, quando submetido a um esforço cisalhante, resiste à força externa sofrendo uma deformação definida de um ângulo θ, desde que não seja excedido o limite de elasticidade do material.

Os fluidos, com a aplicação de uma tensão cisalhante, se deformam contínua e indefinidamente enquanto existir essa tensão tangencial, resultando uma taxa de deformação $\dfrac{d\theta}{dt}$, pois o ângulo de deformação é função do tempo, $\theta = \theta(t)$, no lugar de um ângulo de deformação característico que ocorre no caso dos sólidos. A Figura 1.4 ilustra a deformação sofrida por um sólido e por um elemento de volume fluido causada pela aplicação de uma tensão cisalhante.

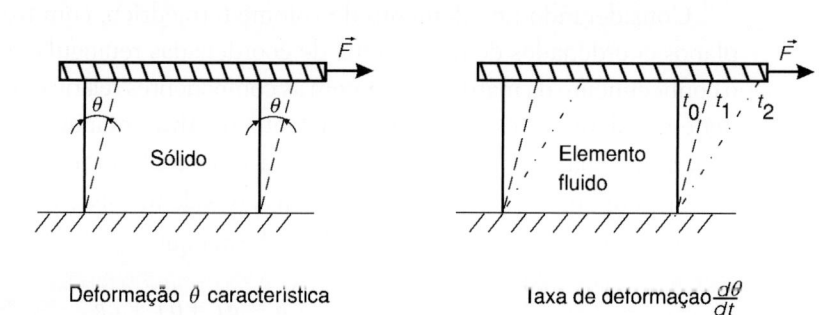

Deformação θ caracteristica   laxa de deformação $\dfrac{d\theta}{dt}$

FIGURA 1.4

Deformação de um sólido e de um elemento fluido submetidos a tensões cisalhantes.

1.7.2 Algumas Propriedades dos Fluidos

- Os fluidos submetidos a esforços normais sofrem variações volumétricas finitas. Quando essas variações volumétricas são muito pequenas, considera-se os fluidos incompressíveis. Geralmente, os líquidos são incompressíveis (desde que não estejam submetidos a pressões muito elevadas), enquanto os gases são compressíveis.
- Existindo tensão cisalhante, ocorre escoamento, ou seja, o fluido entra em movimento.
- Os fluidos se moldam às formas dos recipientes que os contêm, os líquidos ocupam volumes definidos e apresentam superfícies livres, enquanto os gases se expandem até ocupar todo o recipiente. Essa moldagem nos líquidos deve-se ao escoamento causado pela existência de componente cisalhante do peso dos elementos de volume do fluido.

- Para um fluido em repouso, a tensão é exclusivamente normal, sendo seu valor chamado de pressão estática p que, em um ponto, é igual em qualquer direção, ou seja,

$$\sigma_{xx} = \sigma_{yy} = \sigma_{zz} = -p. \qquad (1.7.2.1)$$

Essa Eq. (1.7.2.1) é uma formulação matemática do Princípio de Pascal, que será estudado no Capítulo 3, Fundamentos da Estática dos Fluidos.

1.7.3 Fluidos Newtonianos

De maneira geral, os fluidos são classificados como *newtonianos* e *não newtonianos*. Essa classificação considera a relação existente entre a tensão cisalhante aplicada e a taxa de deformação sofrida por um elemento fluido. Tem-se um fluido newtoniano quando a tensão cisalhante aplicada é diretamente proporcional à taxa de deformação sofrida por um elemento fluido. São classificados como fluidos não newtonianos aqueles nos quais a tensão cisalhante aplicada não é diretamente proporcional à taxa de deformação sofrida por um elemento fluido. A água e o ar, por exemplo, são fluidos newtonianos. Estudaremos somente fluidos newtonianos.

1.7.4 Viscosidade

A viscosidade é a propriedade associada à resistência que o fluido oferece à deformação por cisalhamento. De outra maneira, pode-se dizer que a viscosidade corresponde ao atrito interno nos fluidos devido, basicamente, às interações intermoleculares, sendo, em geral, função da temperatura.

Consideremos um elemento fluido infinitesimal, situado entre duas placas planas paralelas de grandes dimensões, que sofre uma deformação no intervalo de tempo dt, conforme é mostrado na Figura 1.5.

A placa superior está em movimento com velocidade constante dV_x, enquanto a placa inferior permanece em repouso. Os fluidos reais (viscosos) apresentam a propriedade de aderência às superfícies sólidas com as quais estão em contato, de forma que uma película de espessura infinitesimal de fluido fica aderida nas placas.

Está sendo aplicada uma força dF_x constante sobre a placa superior, que possui uma superfície de área dA em contato com o fluido com normal na direção y, de maneira que a tensão cisalhante aplicada ao elemento fluido é dada por

$$\tau_{yx} = \lim_{\Delta A \to 0} \frac{\Delta F_x}{\Delta A} \qquad (1.7.4.1)$$

e tem-se que

$$\begin{pmatrix} \text{taxa de deformação} \\ \text{do elemento fluido} \end{pmatrix} = \frac{d\theta}{dt}. \qquad (1.7.4.2)$$

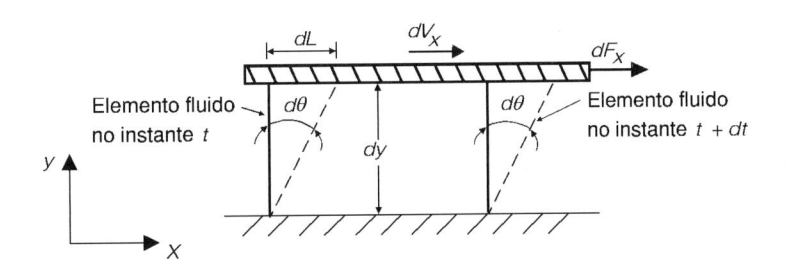

FIGURA 1.5

Deformação de um elemento fluido infinitesimal sob a ação de tensão cisalhante.

Da definição de fluido newtoniano, tem-se que a tensão de cisalhamento é diretamente proporcional à taxa de deformação, ou seja,

$$\tau_{yx} \propto \frac{d\theta}{dt}. \tag{1.7.4.3}$$

Devido à propriedade de aderência dos fluidos reais às superfícies sólidas com as quais estão em contato, tem-se que a velocidade de escoamento junto da placa superior é dV_x, enquanto o fluido junto da placa inferior está em repouso, de forma que existe uma determinada distribuição (perfil) de velocidade de escoamento do fluido entre as duas placas. Como é mais conveniente trabalhar com gradiente de velocidade de escoamento do que com taxa de deformação de um elemento fluido, vamos mostrar, a seguir, que a taxa de deformação é igual ao gradiente de velocidade existente no escoamento.

Consideremos a Figura 1.5. A distância dL é dada por

$$dL = dV_x\, dt. \tag{1.7.4.4}$$

O ângulo de deformação sofrido no intervalo de tempo dt é $d\theta$, de forma que também tem-se

$$dL = dy\, \text{tg}(d\theta) \tag{1.7.4.5}$$

mas como para pequenos ângulos pode-se considerar que a tangente do ângulo é praticamente igual ao ângulo, resulta

$$dL = dy\, d\theta. \tag{1.7.4.6}$$

Assim, tem-se que

$$dV_x\, dt = dy\, d\theta \tag{1.7.4.7}$$

de forma que

$$\frac{d\theta}{dt} = \frac{dV_x}{dy} \tag{1.7.4.8}$$

ou seja, a taxa de deformação sofrida pelo elemento fluido é igual ao gradiente de velocidade de escoamento.

Assim, para fluidos newtonianos a tensão cisalhante aplicada é diretamente proporcional à taxa de deformação do elemento fluido ou ao gradiente de velocidade de escoamento, e pode-se expressar que

$$\tau_{yx} = \mu\, \frac{d\theta}{dt} \tag{1.7.4.9}$$

que, em termos do gradiente de velocidade de escoamento, pode ser escrita como

$$\tau_{yx} = -\mu\, \frac{dV_x}{dy} \tag{1.7.4.10}$$

em que o coeficiente de proporcionalidade μ é a *viscosidade absoluta* ou *dinâmica* do fluido. Essa Eq. (1.7.4.10) é uma expressão matemática da *Lei de Newton para a Viscosidade*. O sinal negativo é devido ao fato de que o transporte de momento linear através do fluido, na direção y, ocorre no sentido contrário ao gradiente de velocidade de escoamento e de que a tensão cisalhante corresponde à densidade de fluxo de momento linear, conforme será explicado mais detalhadamente na seção *Transporte Difusivo de Momento Linear*, no Capítulo 2. Observe que na situação esquematizada na Figura 1.5 o movimento da placa e do fluido ocorre na direção x, ou seja, a placa e o escoamento têm momento linear na direção x. Devido à existência de gradiente de velocidade de escoamento na direção y, por causa do atrito viscoso, verifica-se uma transferência de momento linear da película fluida aderida à placa superior para as outras camadas fluidas na direção transversal ao escoamento, ou seja, na direção y. A densidade de fluxo de momento linear, através do fluido na direção y, é a quantidade de momento linear que é transferida de uma camada fluida para outra por unidade de tempo e por unidade de área.

Os fluidos reais possuem viscosidade, em maior ou menor intensidade, de forma que, quando em escoamento com gradientes de velocidade, apresentam fenômenos de atrito viscoso. A viscosidade é causada fundamentalmente pela coesão intermolecular e pela transferência de momento linear através do fluido.

Os líquidos se moldam aos recipientes que os contêm, devido ao escoamento causado pela existência de componentes cisalhantes do peso de seus elementos de volume. A viscosidade é a propriedade do fluido que determina a velocidade desse processo de moldagem. Verifica-se que a água se molda rapidamente a um recipiente, enquanto o processo de moldagem da glicerina a um recipiente é muito mais lento, pois a viscosidade da glicerina é muito maior do que a da água, ou seja, a glicerina oferece uma resistência maior à deformação por cisalhamento.

No escoamento laminar, o fluido escoa em lâminas paralelas e o atrito viscoso causa tensões cisalhantes entre essas camadas do fluido em movimento. Deve-se observar que somente ocorre manifestação de atrito viscoso, num escoamento, quando há deslocamento relativo entre as partículas fluidas, ou seja, quando existe gradiente de velocidade na direção transversal ao movimento do fluido, que corresponde a uma taxa de deformação dos elementos de volume do fluido.

A viscosidade depende da temperatura, e verificam-se efeitos opostos sobre a viscosidade de gases e de líquidos em função da variação da temperatura. Em geral, nos gases, a coesão intermolecular é desprezível, resultando no fato de que a tensão cisalhante entre duas camadas do fluido em escoamento é devida à transferência de momento linear entre essas camadas. No escoamento laminar, o movimento do fluido ocorre em lâminas paralelas. Devido ao movimento molecular caótico, resulta transferência de moléculas na direção transversal ao escoamento entre camadas com velocidades diferentes, ou seja, ocorre transferência de momento linear entre as camadas, decorrente das colisões intermoleculares. Essa atividade molecular aumenta com o acréscimo de temperatura, de forma que a viscosidade aumenta com a temperatura nos gases.

Nos líquidos, as distâncias intermoleculares e a intensidade dos movimentos das moléculas são muito menores que nos gases, de forma que a transferência de momento linear entre as camadas, devido aos movimentos moleculares, pode ser desprezada. Assim, as tensões cisalhantes e a viscosidade dependem principalmente da intensidade das forças de coesão intermolecular que diminuem com o acréscimo de temperatura, de maneira que a viscosidade dos líquidos diminui com o aumento da temperatura.

Em várias equações da mecânica dos fluidos, aparece o quociente entre a viscosidade absoluta ou dinâmica e a massa específica do fluido, sendo conveniente a definição de uma outra propriedade chamada de *viscosidade cinemática* ν do fluido, dada por

$$\nu = \frac{\mu}{\rho}. \qquad (1.7.4.11)$$

As dimensões e unidades de viscosidade podem ser determinadas a partir da Eq. (1.7.4.10), resultando no Sistema Internacional de Unidades (SI):

$$[\mu] = \left[\frac{\tau}{dV/dy}\right] = \left[\frac{F/A}{dV/dy}\right] = MLt^{-2}L^{-2}L^{-1}tL = ML^{-1}t^{-1}$$

$$\text{unidade de } \mu = \frac{\text{unidade de } \tau}{\text{unidade de } (dV/dy)} = \frac{\text{N/m}^2}{\frac{\text{m/s}}{\text{m}}} = \frac{\text{N} \cdot \text{s}}{\text{m}^2} = \text{Pa} \cdot \text{s}$$

$$[\nu] = \left[\frac{\mu}{\rho}\right] = ML^{-1}t^{-1}M^{-1}L^{3} = L^{2}t^{-1}$$

$$\text{unidade de } \nu = \frac{\text{unidade de } \mu}{\text{unidade de } \rho} = \frac{\text{Pa} \cdot \text{s}}{\text{kg/m}^{3}} = \text{m}^{2}/\text{s}.$$

■ **Exemplo 1.1**   A Figura 1.6 mostra um esquema, fora de escala, de um viscosímetro de cilindros concêntricos. O espaço entre os cilindros está preenchido com um óleo de viscosidade μ. Considere os raios $R_1 =$ 5 cm e $R_2 = 5{,}02$ cm e que os cilindros tenham altura $h = 10$ cm. O cilindro interno está girando com velocidade angular $\omega = 200$ rpm, enquanto o externo permanece estacionário. Como a espessura da película de óleo é muito pequena, pode-se considerar que a velocidade de escoamento do óleo varia linearmente em função da coordenada radial r. Se o torque (momento de força) necessário para girar o cilindro interno é $T = 0{,}82$ N $\cdot$ m, determine a viscosidade do óleo.

Como o cilindro interno está girando com velocidade angular ω constante, o torque T aplicado é equilibrado pelo torque exercido pela força devido às tensões cisalhantes τ do fluido sobre o cilindro interno, ou seja, considerando as coordenadas cilíndricas (r, θ, z), tem-se que

$$T = R_1\left(\tau_{r\theta}\Big|_{r=R_1}\right)2\pi R_1 h$$

em que $2\pi R_1 h$ é a área de contato entre o fluido e o cilindro interno.

A tensão cisalhante $\tau_{r\theta}$ é determinada com a aplicação da lei de Newton para a viscosidade, de forma que

$$\tau_{r\theta} = -\mu\frac{dV_\theta}{dr}.$$

Considerando que a velocidade de escoamento do óleo entre os cilindros varie linearmente em função de r e que por causa da aderência dos fluidos às superfícies sólidas têm-se

$$V_\theta(R_1) = \omega R_1 \quad \text{e} \quad V_\theta(R_2) = 0$$

de maneira que o gradiente de velocidade de escoamento é no sentido negativo do eixo r, que é dado por

$$\frac{dV_\theta}{dr} = -\frac{\omega R_1}{e}$$

em que $e = R_2 - R_1$ é a espessura da camada de óleo.

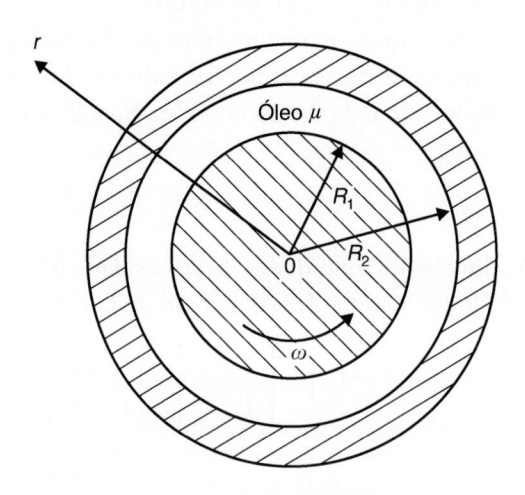

FIGURA 1.6

Esquema, fora de escala, de um viscosímetro de cilindros concêntricos.

Assim, a tensão cisalhante exercida pelo fluido sobre o cilindro interno é dada por

$$\tau_{r\theta}\big|_{r=R_1} = \mu\,\frac{\omega R_1}{e}.$$

Do equilíbrio de torques aplicados ao cilindro interno, resulta que

$$T = \frac{2\pi\mu\omega h R_1^3}{e}$$

de forma que a viscosidade do óleo é dada por

$$\mu = \frac{T\cdot e}{2\pi\omega h R_1^3}.$$

A velocidade angular do cilindro interno é dada com a unidade rotações por minuto, de maneira que se deve fazer a conversão para a unidade radianos por segundo, ou seja,

$$\omega = 200\,\text{rpm} \times 2\pi\frac{\text{rad}}{\text{rot}} \times \frac{1}{60}\frac{\text{min}}{\text{s}} = 20{,}9\frac{\text{rad}}{\text{s}}.$$

Substituindo os dados

$$T = 0{,}82\ \text{N}\cdot\text{m}$$

$$\omega = 20{,}9\frac{\text{rad}}{\text{s}}$$

$$h = 0{,}10\ \text{m}$$

$$R_1 = 0{,}05\ \text{m}$$

$$R_2 = 0{,}0502\ \text{m}$$

$$e = R_2 - R_1 = 0{,}0002\ \text{m}$$

obtém-se que a viscosidade do óleo é

$$\mu = 0{,}1\ \text{Pa}\cdot\text{s}.$$

1.8 MÓDULO DE ELASTICIDADE VOLUMÉTRICA. COMPRESSIBILIDADE

Geralmente, quando se aplica pressão sobre um fluido ele sofre uma redução volumétrica, e quando se retira a pressão aplicada ele se expande. A compressibilidade de um fluido está relacionada à redução volumétrica decorrente para uma dada variação de pressão. Na maioria das situações, um líquido pode ser considerado um fluido incompressível (que não sofre variações de massa específica); entretanto, quando existem variações muito elevadas ou bruscas de pressão a compressibilidade torna-se significativa.

Usualmente, a compressibilidade de um líquido é dada pelo seu módulo de elasticidade volumétrica E. Consideremos um volume $\forall$ de um líquido; se a pressão aplicada aumenta em dp, resulta uma diminuição de volume $(-d\forall)$, de forma que o módulo de elasticidade volumétrica é definido por

$$E = -\frac{dp}{\dfrac{d\forall}{\forall}}. \tag{1.8.1}$$

O módulo de elasticidade volumétrica E é expresso em unidades de pressão, pois o termo $(d\forall)/\forall$ é adimensional.

■ **Exemplo 1.2**   Análise da compressibilidade da água, considerando uma situação em que é aplicada uma variação de pressão de uma atmosfera, ou seja, $dp = 101,3$ kPa sobre um volume de um metro cúbico de água.

Para a água na temperatura de 25°C, tem-se que $E = 2,22 \times 10^9$ Pa, de forma que a variação de volume é dada por

$$d\forall = -\frac{\forall \, dp}{E} = -45,6 \times 10^{-6} \text{ m}^3 \approx -\frac{1}{22000}\text{m}^3.$$

Assim, a aplicação de uma variação de pressão de uma atmosfera (101,3 kPa) sobre a água causa uma redução em seu volume de apenas uma parte em 22000, de forma que a consideração de um líquido como a água ser incompressível é uma aproximação bem razoável.

1.9 EQUAÇÃO DE ESTADO PARA UM GÁS PERFEITO

Na termodinâmica, as variáveis usualmente utilizadas para descrever um sistema são a pressão p, o volume $\forall$ e a temperatura T. Em muitas situações é conveniente trabalhar com o volume específico v (ou com a massa específica ρ) no lugar do volume total $\forall$. Essas três variáveis de estado $\forall$ (ou v ou ρ), p e T não são independentes e, geralmente, uma variação em uma das três altera as demais. Uma relação analítica entre essas variáveis é chamada de *equação de estado*.

Um gás perfeito, em que não existem forças de interação intermolecular de origem eletromagnética, com interações somente através de colisões entre as moléculas, pode ser definido como uma substância que satisfaz à lei dos gases perfeitos ou ideais, que pode ser expressa através da equação de estado

$$pv = RT \tag{1.9.1}$$

em que:

p é a pressão absoluta;
v é o volume específico;
R é a constante do gás; e
T é a temperatura absoluta.

Como o volume específico é definido como o inverso da massa específica, a equação de estado de um gás perfeito pode ser escrita como

$$\frac{p}{\rho} = RT \tag{1.9.2}$$

na qual ρ é a massa específica.

Não existe um gás perfeito; entretanto, os gases reais submetidos a pressões bastante abaixo da pressão crítica e a temperaturas bem acima da temperatura crítica, ou seja, distantes da fase líquida, geralmente podem ser considerados gases perfeitos ou ideais.

A Eq. (1.9.2) também pode ser expressa da seguinte forma:

$$p\forall = mRT \tag{1.9.3}$$

em que:

$\forall$ é o volume ocupado pelo gás; e
m é a massa do gás.

A unidade da constante do gás R pode ser determinada da equação de estado, e, no SI, tem-se a pressão em pascal, a massa específica em quilogramas por metro cúbico e a temperatura em kelvin, de forma que

$$\text{unidade de } R = \frac{\text{N} \cdot \text{m}^3}{\text{m}^2 \cdot \text{kg} \cdot \text{K}} = \frac{\text{N} \cdot \text{m}}{\text{kg} \cdot \text{K}} = \frac{\text{J}}{\text{kg} \cdot \text{K}}.$$

A equação de estado de um gás perfeito também pode ser escrita em termos molares. Um mol é a quantidade de matéria de um sistema contendo tantas entidades elementares quantos forem os átomos existentes em 0,012 quilograma de carbono 12. Se n é o número de mols existentes no volume $\forall$, a massa do gás é dada por $m = n\,M$, na qual M é a massa molecular do gás, de forma que a Eq. (1.9.3) pode ser expressa como

$$p\forall = n\,M\,RT. \qquad (1.9.4)$$

Para os gases que se comportam como perfeitos, o produto MR é uma constante, representada por R_u, chamada de *constante universal dos gases*, de forma que $R_u = MR$, resultando

$$p\forall = n\,R_u\,T. \qquad (1.9.5)$$

A constante universal dos gases no SI é dada por

$$R_u = 8{,}314 \,\frac{\text{J}}{\text{mol} \cdot \text{K}}.$$

1.10 ENERGIA INTERNA. CAPACIDADE TÉRMICA E CALOR ESPECÍFICO

A energia interna de um sistema é uma função do estado termodinâmico e inclui a energia de atividade térmica (cinética) de suas moléculas e, também, a energia das interações intermoleculares no sistema. Geralmente, a energia interna de uma substância é função da temperatura e da pressão, e, para um gás perfeito, pode-se considerar que ela dependa somente da temperatura. Em geral, trata-se com variações da energia interna entre dois estados térmicos.

Denomina-se *capacidade térmica C* de um corpo o quociente entre a quantidade de calor fornecida ao corpo e o correspondente acréscimo de temperatura. No SI, a unidade de capacidade térmica é joule por kelvin (J/K).

Calor específico c de uma substância é a quantidade de calor que deve ser fornecida para uma unidade de massa para aumentar a sua temperatura em um grau. No SI, a unidade de calor específico é joule por quilograma e por kelvin (J/kg · K). Para definir completamente calor específico, deve-se especificar as condições segundo as quais o calor é transferido para o sistema.

Define-se *calor específico a volume constante $c_\forall$* de uma substância como a quantidade de calor recebido por unidade de massa e por unidade de temperatura quando o volume do sistema permanece constante, ou seja,

$$c_\forall = \frac{1}{m}\left(\frac{\delta Q}{dT}\right)_\forall. \qquad (1.10.1)$$

Define-se *calor específico a pressão constante c_p* de uma substância como a quantidade de calor recebido por unidade de massa e por unidade de temperatura quando a pressão do sistema permanece constante, ou seja,

$$c_p = \frac{1}{m}\left(\frac{\delta Q}{dT}\right)_p. \qquad (1.10.2)$$

Nas Eqs. (1.10.1) e (1.10.2), a quantidade infinitesimal de calor foi simbolizada por δQ e não por dQ, para lembrar que Q não é função de estado, ou seja, que o calor Q depende da trajetória, ou seja, do processo termodinâmico.

Nos gases, os efeitos de compressibilidade são significativos, e é importante fazer distinção entre o calor específico a volume constante c_V e o calor específico a pressão constante c_p. Os líquidos, em geral, apresentam variações desprezíveis de volume específico. Para os líquidos, geralmente pode-se considerar que o calor específico a volume constante é praticamente igual ao calor específico a pressão constante.

1.11 TENSÃO SUPERFICIAL. CAPILARIDADE

Observa-se que a superfície livre de um líquido assemelha-se a uma película esticada, de maneira que existe tensão atuando no plano da superfície. Isso pode ser evidenciado pelas seguintes experiências simples: enchendo, cuidadosamente, um copo com água, pode-se tê-la acima da borda, observando que a película superficial da água, que se curva acima da borda do copo, não a deixa derramar; colocando, cuidadosamente, um pequeno objeto metálico (uma pequena agulha, por exemplo) na superfície da água em repouso, pode-se verificar que ele é sustentado pela película superficial; e observa-se, também, que alguns insetos podem andar sobre a água sem afundar, pois a película superficial os sustenta.

Pode-se explicar a formação dessa película da seguinte forma. As moléculas da camada superficial encontram-se em condições diferentes das outras localizadas no interior da massa líquida. No interior, as moléculas estão cercadas por todos os lados por outras partículas idênticas, sendo, assim, atraídas igualmente em todas as direções por suas vizinhas, enquanto as moléculas que se encontram na superfície têm partículas vizinhas iguais a elas somente do lado de dentro do líquido. Dessa forma, resulta que, na superfície livre de um líquido, praticamente não existem forças que atraem as moléculas para fora do líquido. Assim, as moléculas localizadas na superfície livre sofrem uma força de atração de fora para dentro do líquido, resultando em uma película com efeito de tensão ao longo do plano da superfície.

A grandeza física associada a esse efeito é a *tensão superficial*, representada por σ. Considerando uma linha traçada na superfície livre, a tensão superficial pode ser definida como a força por unidade de comprimento que atua perpendicularmente a essa linha e no plano da superfície. No SI, a unidade de tensão superficial é N/m. A tensão superficial decorre das forças de coesão intermolecular, de forma que ela diminui com o aumento da temperatura. A tensão superficial depende, também, do fluido que está sobre a superfície livre, sendo, geralmente, tabelada para o caso de ser o ar o fluido sobre o líquido.

Por causa da tensão superficial, a superfície livre de um líquido tende sempre a se contrair, de maneira que sua área seja a menor possível. Essa é a razão pela qual as gotas de um líquido são esféricas, pois esta é a geometria que apresenta menor área de superfície para igual volume. Outros efeitos da tensão superficial são o aumento da pressão dentro de gotas e dentro de jatos de líquidos com pequeno diâmetro, e a agregação de material granular úmido.

Capilaridade é o nome dado ao fenômeno de um líquido se elevar num tubo capilar que está parcialmente imerso no líquido. A elevação capilar depende da tensão superficial e da relação entre a adesão líquido-sólido e a coesão do líquido. Um líquido que molha o sólido (ângulo de contato $\theta < \pi/2$, conforme o esquema da Figura 1.7), tem uma adesão maior que a coesão e, nesse caso, observa-se que em função da tensão superficial o líquido sobe dentro de um tubo capilar que está parcialmente imerso no líquido. A força de tensão superficial atua ao longo da circunferência interna do tubo e tem a direção dada pelo ângulo de contato θ entre o líquido e o sólido, conforme é mostrado na Figura 1.7.

Para líquidos que não molham o sólido, como o mercúrio, a tensão superficial causa um rebaixamento do menisco num tubo capilar. Pode-se calcular a altura que o líquido sobe num tubo capilar para situações em que são conhecidos o ângulo de contato entre o líquido e o sólido e a tensão superficial.

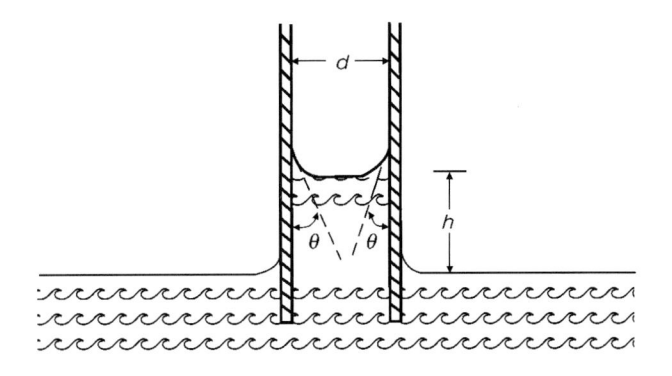

FIGURA 1.7

Efeito de capilaridade para o caso de um líquido que molha o sólido.

■ **Exemplo 1.3**   Determine a altura h acima do nível do reservatório em que a água se eleva num tubo capilar de vidro com diâmetro interno $d = 2$ mm, conforme é mostrado na Figura 1.7.

Considerando que, para o caso água-vidro, o ângulo de contato θ é praticamente nulo, o problema resulta em um equilíbrio de forças, na direção vertical, entre as forças de peso e de tensão superficial:

$$\gamma h \frac{\pi d^2}{4} = \sigma \pi d$$

$$h = \frac{4\sigma}{\gamma d}.$$

Para a água na temperatura de 20°C, sendo $\sigma = 0{,}074$ N/m e $\gamma = 9810$ N/m³, resulta

$$h = 0{,}015 \text{ m} = 1{,}5 \text{ cm}.$$

1.12 PRESSÃO DE VAPOR. EBULIÇÃO. CAVITAÇÃO

Os líquidos se vaporizam devido à atividade molecular interna que causa a emissão de móleculas através da superfície livre. As moléculas de vapor sobre a superfície livre exercem uma pressão parcial, chamada de *pressão de vapor*. A intensidade do movimento das moléculas depende da temperatura, de forma que a pressão de vapor aumenta com o acréscimo de temperatura. Define-se como pressão de vapor saturado a pressão de vapor para a qual ocorre um equilíbrio na troca de moléculas entre o líquido e o vapor.

A *ebulição* consiste na formação de bolhas de vapor no interior do líquido. Essas bolhas de vapor, que possuem massa específica menor que a do líquido, se deslocam para a superfície livre produzindo a turbulência característica do processo de ebulição. A ebulição de um líquido depende da temperatura e também da pressão à qual ele está submetido. Observa-se que um líquido entra em ebulição a uma temperatura mais baixa quando submetido a uma pressão menor.

Nos escoamentos de líquidos, em função de algumas condições dinâmicas, podem ocorrer pressões menores que a pressão de vapor do líquido, resultando na formação de bolhas de vapor. *Cavitação* é o nome dado a esse fenômeno de formação de bolhas de vapor em certas regiões do escoamento de um líquido em função de algumas condições dinâmicas. Essas bolhas de vapor geralmente se deslocam e acabam colapsando quando atingem regiões do escoamento onde a pressão é maior que a pressão de vapor.

A ocorrência de cavitação prejudica o funcionamento de algumas máquinas hidráulicas, tais como bombas e turbinas, podendo afetar também o desempenho dos hélices de navios e submarinos. Esse fenômeno de cavitação pode danificar os componentes desses equipamentos, além de introduzir vibrações indesejadas no sistema. Os danos causados às superfícies sólidas que estão em contato com o escoamento, associados à cavitação, relacionam-se com o processo de implosão das bolhas de vapor que provoca pulsos de pressão que, ao atingirem as paredes, retiram das mesmas pequenas partículas de material sólido.

1.13 GRANDEZAS, DIMENSÕES E UNIDADES

O Sistema Internacional de Unidades (SI) foi adotado oficialmente no país, de forma que, neste texto, usaremos somente o SI. Apresentaremos a seguir, resumidamente, o Sistema Internacional de Unidades com as grandezas de base usuais na área de Fenômenos de Transporte.

Cada grandeza física tem uma dimensão e uma unidade SI. As grandezas físicas podem ser classificadas em dois grupos: grandezas de base (fundamentais) e grandezas derivadas. As grandezas de base são aquelas para as quais se estabelecem unidades de medida arbitrárias, enquanto as grandezas derivadas são aquelas cujas unidades são expressas em função das unidades das grandezas de base. Sempre é importante lembrar que qualquer equação que relaciona grandezas físicas deve ser dimensionalmente homogênea, ou seja, cada termo na equação deve ter as mesmas dimensões.

Em Fenômenos de Transporte usualmente se trata com as seguintes grandezas e dimensões fundamentais: massa M, comprimento L, tempo t e temperatura T. No SI, a unidade de massa é o quilograma (kg), a unidade de comprimento é o metro (m), a unidade de tempo é o segundo (s) e a unidade de temperatura é o kelvin (K). A força é uma grandeza derivada, sendo a sua unidade o newton (N), definido pela segunda lei de Newton para o movimento como

$$1\,\mathrm{N} = 1\frac{\mathrm{kg} \cdot \mathrm{m}}{\mathrm{s}^2}.$$

Da segunda lei de Newton para o movimento, que pode ser escrita como

$$\sum \vec{F} = m\vec{a} \tag{1.13.1}$$

obtém-se que a dimensão da grandeza força é dada por

$$[F] = [ma] = M\,Lt^{-2}.$$

1.14 CONSIDERAÇÕES SOBRE A TERMINOLOGIA

Verifica se que os livros de texto na área de Fenômenos de Transporte apresentam uma terminologia não uniforme e, em alguns casos, em desacordo com a regulamentação metrológica brasileira.

Neste texto, utilizamos uma terminologia seguindo a regulamentação metrológica brasileira. Consideremos a transferência de massa e de calor (energia). Segundo o Quadro Geral de Unidades de Medida, anexo à Resolução do Conselho Nacional de Metrologia, Normalização e Qualidade Industrial – CONMETRO n.º 12, de 12 de outubro de 1988, têm-se as seguintes definições:

Fluxo de massa, com a unidade quilograma por segundo (kg/s), é o *fluxo de massa de um material que, em regime permanente através de uma superfície determinada, escoa a massa de 1 quilograma do material em 1 segundo*;

Fluxo de energia ou potência, com a unidade watt (W), é a *potência desenvolvida quando se realiza, de maneira contínua e uniforme, o trabalho de 1 joule em 1 segundo*;

Densidade de fluxo de energia, com a unidade watt por metro quadrado (W/m^2), é a *densidade de um fluxo de energia uniforme de 1 watt, através de uma superfície plana de 1 metro quadrado de área, perpendicular à direção de propagação da energia*.

Neste texto, trataremos com transferência de algumas grandezas físicas, tais como de massa, de quantidade de movimento (momento) linear e de calor, ou seja, trataremos com fluxos e densidades de fluxo dessas grandezas.

Assim, de acordo com a regulamentação metrológica brasileira, nos fenômenos de transferência que estudaremos neste texto, fluxo de uma grandeza é a quantidade dessa grandeza que é transferida por unidade de tempo através de uma superfície perpendicular à direção de propagação da grandeza, enquanto a densidade de fluxo de uma grandeza é o fluxo dessa grandeza por unidade de área.

1.15 BIBLIOGRAFIA

BENNETT, C. O.; MYERS, J. E. *Fenômenos de Transporte*. São Paulo: McGraw-Hill do Brasil, 1978.

FOX, R. W.; MCDONALD, A. T. *Introdução à Mecânica dos Fluidos*. Rio de Janeiro: Guanabara Koogan, 1988.

INSTITUTO NACIONAL DE METROLOGIA, NORMALIZAÇÃO E QUALIDADE INDUSTRIAL – INMETRO. *Quadro Geral de Unidades de Medida*. 1989.

SHAMES, I. H. *Mecânica dos Fluidos*. São Paulo: Edgard Blücher, 1973.

SISSOM, L. E.; PITTS, D. R. *Fenômenos de Transporte*. Rio de Janeiro: Guanabara Dois, 1979.

STREETER, V. L.; WYLIE, E. B. *Mecânica dos Fluidos*. São Paulo: McGraw-Hill do Brasil, 1982.

TIMOSHENKO, S. P. *History of Strength of Materials*. McGraw-Hill Book Company, 1953.

VENNARD, J. K.; STREET, R. L. *Elementos de Mecânica dos Fluidos*. Rio de Janeiro: Guanabara Dois, 1978.

WELTY, J. R.; WICKS, C. E.; WILSON, R. E. *Fundamentals of Momentum, Heat and Mass Transfer*. John Wiley, 1976.

1.16 PROBLEMAS

1.1 Os líquidos e os gases são fluidos, mas apresentam características diferentes. Descreva as propriedades que diferenciam os gases dos líquidos.

1.2 Determine as dimensões das viscosidades absoluta (dinâmica) e cinemática.

1.3 A Figura 1.8 mostra o esquema de um escoamento de água entre duas placas planas horizontais de grandes dimensões e separadas por uma distância d pequena. A placa inferior permanece em repouso, enquanto a placa superior está em movimento com velocidade V_x constante, de forma que resulta uma distribuição linear de velocidade de escoamento da água. Sendo a viscosidade da água $\mu = 0,001$ Pa · s, determine:

a) o gradiente de velocidade de escoamento; e

b) a tensão de cisalhamento na placa superior.

Resp.: a) $\dfrac{dV_x}{dy} = 200 \text{ s}^{-1}$ b) $\tau_{yx} = -0,2$ Pa

1.4 Considere a Figura 1.8 do problema anterior. Se, no lugar da água, existe um óleo e se é necessária uma tensão cisalhante de 40 Pa para que a velocidade da placa permaneça constante, determine a viscosidade dinâmica desse óleo.

Resp.: $\mu_{\text{óleo}} = 0,2$ Pa · s

1.5 A Figura 1.9 mostra um esquema da distribuição de velocidade para um escoamento laminar de um fluido newtoniano, totalmente desenvolvido, num duto de seção circular de diâmetro constante, dada por

$$V_z(r) = V_{\text{máx}}\left[1 - \left(\frac{r}{R}\right)^2\right].$$

em que:

$V_{\text{máx}}$ é a velocidade máxima do perfil (distribuição), que ocorre no centro da seção, e

R é o raio interno do duto.

Sendo μ a viscosidade dinâmica do fluido, determine:

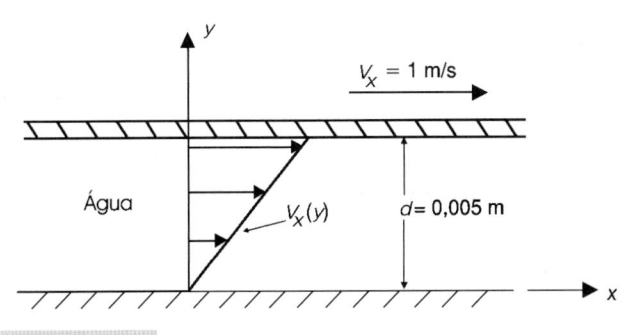

FIGURA 1.8

a) a distribuição de tensões de cisalhamento τ_{rz} no escoamento; e

b) a força por unidade de comprimento que o escoamento exerce sobre a parede do duto.

$Resp.$: a) $\tau_{rz} = \dfrac{2\mu V_{máx}}{R^2}r$ b) $\dfrac{F_z}{L} = 4\pi\mu V_{máx}$

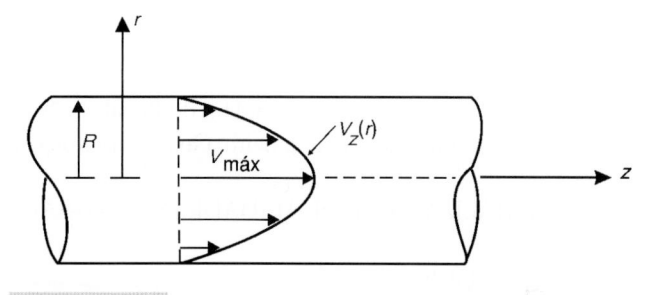

FIGURA 1.9

1.6 A Figura 1.10 mostra um esquema de um escoamento laminar, totalmente desenvolvido e em regime permanente, de um fluido newtoniano, entre duas placas paralelas e estacionárias, de grandes dimensões e separadas de uma distância h pequena. A distribuição de velocidade de escoamento é dada por

$$V_x(y) = V_{máx}\left[1 - \left(\frac{2y}{h}\right)^2\right].$$

Determine a força cisalhante, por unidade de área, exercida pelo escoamento sobre a placa superior.

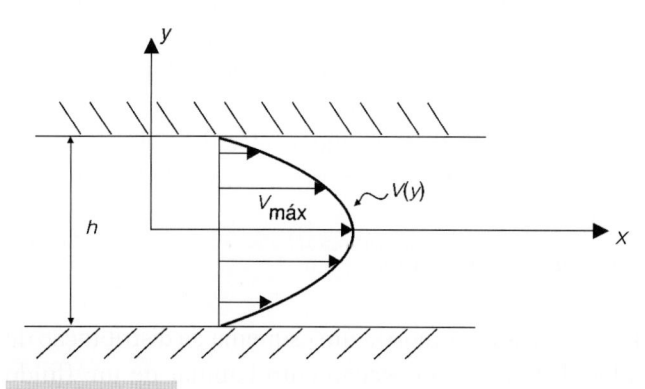

FIGURA 1.10

1.7 Considerando que o módulo de elasticidade volumétrica da água seja $E = 2,22 \times 10^9$ Pa, determine a variação de pressão necessária para reduzir o volume da água em 0,1 %.

$Resp.$: $\Delta p = 2,22 \times 10^6$ Pa

1.8 Mostre que o módulo de elasticidade volumétrica E, expresso em função da variação da massa específica, é dado por

$$E = \frac{dp}{\dfrac{d\rho}{\rho}}.$$

1.9 Considere o ar, ao nível do mar, com pressão $p = 101,3$ kPa e temperatura $T = 20°C$. Sendo $R_{ar} = 287\dfrac{\text{N} \cdot \text{m}}{\text{kg} \cdot \text{K}}$, determine a massa específica do ar.

$Resp.$: $\rho_{ar} = 1,2\dfrac{\text{kg}}{\text{m}^3}$

1.10 Determine a pressão de 2 kg de ar que estão confinados num recipiente fechado com volume igual a 160 litros, à temperatura de 25°C, considerando

$$R_{ar} = 287\frac{\text{N} \cdot \text{m}}{\text{kg} \cdot \text{K}}.$$

$Resp.$: $p = 1069$ kPa

2

Conceitos de Fenômenos de Transporte e Analogia entre os Processos Difusivos Unidimensionais de Transferência de Momento Linear, de Calor e de Massa

2.1 INTRODUÇÃO

Neste capítulo, conceituaremos e apresentaremos uma formulação básica para Fenômenos de Transporte. Vamos conceituar e analisar, a partir de uma abordagem fenomenológica, processos unidimensionais em que ocorrem fluxos de momento linear (escoamento laminar de um fluido), de energia (condução de calor) e de massa (difusão molecular), apresentando um modelo comum e mostrando a analogia existente entre esses três fenômenos unidimensionais de transferência difusiva.

2.2 GRANDEZAS EXTENSIVAS E INTENSIVAS. CAMPOS

Na análise de uma situação física, geralmente centramos nossa atenção em uma determinada porção de matéria que denominamos *sistema*. Devemos escolher, adequadamente, grandezas observáveis, que são as propriedades adotadas para a descrição do comportamento do sistema.

Grandezas extensivas são aquelas que dependem do volume ou da massa, ou seja, são propriedades do sistema como um todo. Exemplos de grandezas extensivas: massa, momento (quantidade de movimento) linear e energia.

Grandezas intensivas são aquelas definidas em um ponto e que não dependem do volume ou da massa do sistema. Exemplos de grandezas intensivas: massa específica, concentração, velocidade e temperatura. Em muitas situações, elas possuem valores diferentes em pontos distintos do sistema, de forma que o conceito de campo é muito útil.

Campo é uma distribuição contínua de uma grandeza intensiva que pode ser descrita por funções de coordenadas espaciais e do tempo. Em outras palavras, campo é uma representação da região e do valor da propriedade intensiva em cada ponto da região. Se a grandeza intensiva é um escalar, tem-se um campo escalar. Exemplos: campo de temperatura numa placa e campo de concentração de um soluto numa solução. Se a grandeza intensiva é um vetor, tem-se um campo vetorial. Exemplos: campo de aceleração gravitacional e campo de velocidade de escoamento de um fluido.

O *gradiente* de uma grandeza intensiva fornece a taxa de variação máxima dessa grandeza em relação à distância. Considerando um campo de temperatura descrito por $T = T(x, y, z)$, tem-se que o gradiente de temperatura, representado por $\text{grad } T$ ou $\vec{\nabla}T$, é dado por

$$\vec{\nabla}T = \frac{\partial T}{\partial x}\vec{i} + \frac{\partial T}{\partial y}\vec{j} + \frac{\partial T}{\partial z}\vec{k} \qquad (2.2.1)$$

que fornece a taxa de variação máxima da temperatura com a distância.

2.3 DESEQUILÍBRIO LOCAL E FLUXOS. FENÔMENOS DE TRANSPORTE

Quando o gradiente é nulo na vizinhança de um ponto, existe equilíbrio local na distribuição da grandeza intensiva, isto é, o campo é uniforme em torno do ponto considerado. Se, na vizinhança de um ponto, o gradiente é diferente de zero, existe um desequilíbrio local na distribuição da grandeza intensiva, ou seja, o campo é não uniforme.

Observa-se na natureza que, geralmente, a existência de desequilíbrio local na distribuição de uma grandeza intensiva causa um fluxo da grandeza extensiva correspondente. Esses fluxos consistem em transferência de grandezas extensivas, cuja tendência é restabelecer o equilíbrio nas distribuições das grandezas intensivas correspondentes. A área da ciência que estuda os fenômenos nos quais ocorrem fluxos que tendem a uniformizar os campos é chamada de *Fenômenos de Transporte*.

Neste texto, que se destina a cursos básicos, vamos estudar somente os fundamentos do transporte difusivo de momento linear, de calor e de massa. Nas próximas seções, vamos caracterizar esses fenômenos de transferência para processos unidimensionais e apresentar, a partir de uma abordagem fenomenológica, um modelo comum e as equações básicas que descrevem esses fenômenos difusivos unidimensionais, apresentando a analogia existente entre eles.

2.4 TRANSPORTE DIFUSIVO DE MOMENTO LINEAR

Os fluidos reais possuem viscosidade, em maior ou menor grau, de forma que a existência de gradientes de velocidade de escoamento cria tensões cisalhantes que causam fenômenos de transferência de momento linear nos escoamentos de fluidos. Consideremos um processo unidimensional que ocorre para um escoamento laminar (no qual o movimento do fluido se passa como se o fluido fosse constituído de lâminas paralelas que deslizam umas em relação às outras) de um fluido newtoniano localizado entre duas placas horizontais paralelas, de grandes dimensões, separadas por uma distância pequena d, conforme é mostrado no esquema da Figura 2.1.

Inicialmente, as placas e o fluido estão em repouso. No instante $t = 0$, a placa superior é colocada em movimento a uma velocidade constante V_{0x}, permanecendo a placa inferior estacionária. Devido à propriedade de aderência dos fluidos viscosos às superfícies sólidas com as quais estão em contato, verifica-se que as lâminas muito delgadas de fluido em contato direto com as placas adquirem as suas velocidades, de maneira que, no instante $t = 0$, a lâmina superior do fluido se move com velocidade V_{0x}, enquanto o resto do fluido ainda permanece em repouso.

Para $t > 0$, observa-se que o restante do fluido entra progressivamente em movimento, ou seja, adquire momento linear na direção x. O fluido adjacente à lâmina superior recebe momento linear proveniente da placa superior e, por sua vez, também transfere momento linear na direção x para outra camada e, assim, sucessivamente, ocorre uma transferência de momento linear de camada em camada. Como a placa inferior e a lâmina de fluido em contato com a placa permanecem estacionárias, verifica-se que a velocidade de escoamento de cada camada é progressivamente menor, de cima para baixo, até ser nula. Dessa forma, desenvolve-se, durante um certo intervalo de tempo, uma distribuição (perfil) de velocidade de escoamento $V_x(y, t)$ em regime transiente, ou seja, dependente do tempo.

Após esse certo intervalo de tempo, para $t \gg 0$, observa-se o estabelecimento de um perfil de velocidade de escoamento $V_x(y)$ em regime permanente que, para esse caso com geometria plana, é linear.

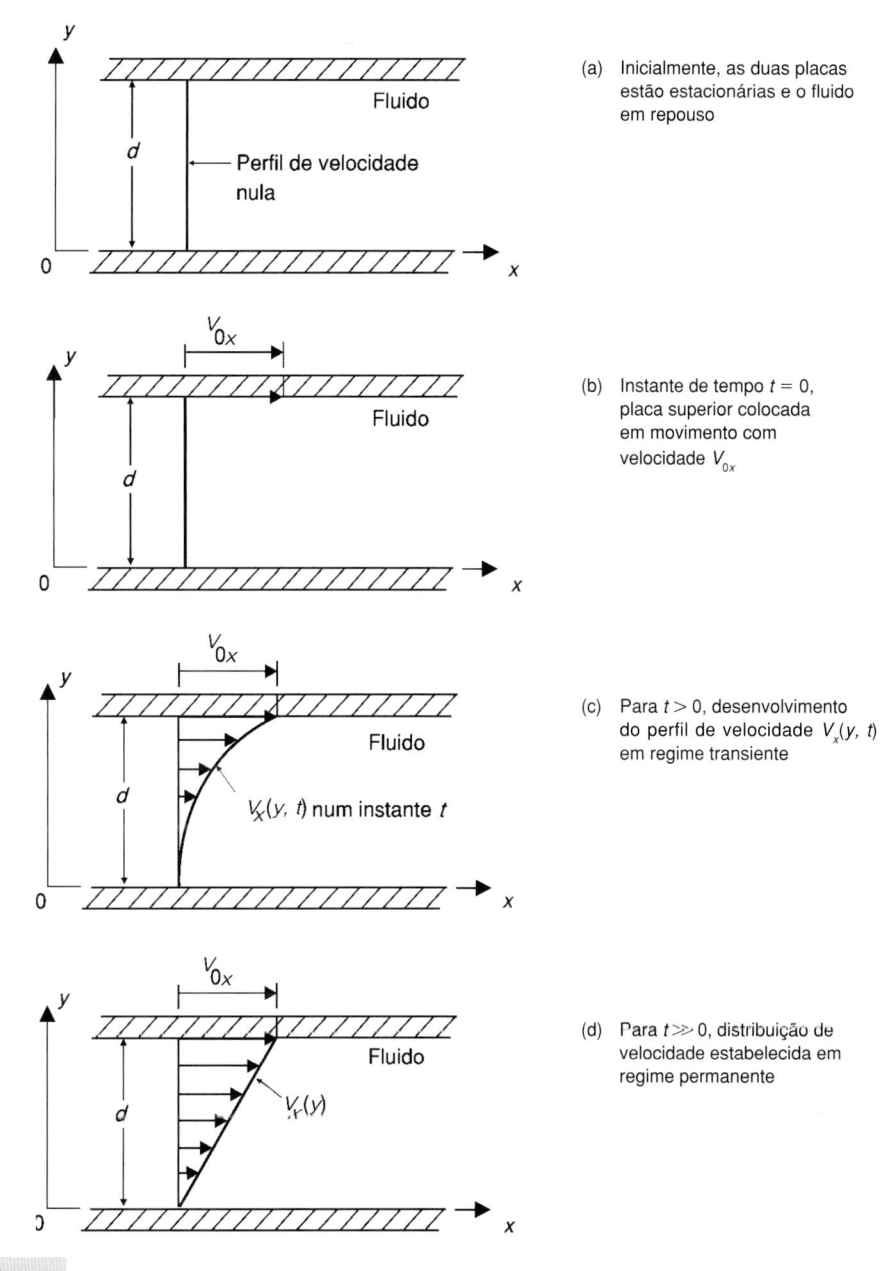

(a) Inicialmente, as duas placas estão estacionárias e o fluido em repouso

(b) Instante de tempo $t = 0$, placa superior colocada em movimento com velocidade V_{0x}

(c) Para $t > 0$, desenvolvimento do perfil de velocidade $V_x(y, t)$ em regime transiente

(d) Para $t \gg 0$, distribuição de velocidade estabelecida em regime permanente

FIGURA 2.1

Desenvolvimento da distribuição de velocidade de escoamento para um fluido localizado entre duas placas planas de grandes dimensões, separadas por uma distância d pequena, após a placa superior ser colocada em movimento.

Assim, observa-se um transporte de momento linear na direção x, que ocorre transversalmente ao escoamento, ou seja, na direção y, de cima para baixo, causado pelas tensões cisalhantes τ_{yx} existentes entre as camadas de fluido nesse escoamento laminar. Nesse processo, há uma fase dependente do tempo na qual $V_x = V_x(y, t)$, de forma que a lei de Newton para a viscosidade [Eq. (1.7.4.10)] fica escrita como

$$\tau_{yx} = -\mu \frac{\partial V_x}{\partial y}. \tag{2.4.1}$$

Essa Eq. (2.4.1) relaciona a tensão cisalhante com o gradiente de velocidade existente num escoamento laminar de um fluido newtoniano. O sinal negativo é devido ao fato de que o fluxo de momento linear ocorre no sentido contrário ao gradiente de velocidade de escoamento.

A tensão cisalhante τ_{yx} pode ser interpretada como a densidade de fluxo de momento linear. Da segunda lei de Newton para o movimento tem-se que

$$F_x = \frac{d(mV_x)}{dt} \tag{2.4.2}$$

ou seja, a força é igual à taxa de variação de momento linear em relação ao tempo. A tensão de cisalhamento τ_{yx} é definida como

$$\tau_{yx} = \lim_{\Delta A_y \to 0} \frac{\Delta F_x}{\Delta A_y} \tag{2.4.3}$$

de forma que a tensão cisalhante τ_{yx} fornece a quantidade de momento linear na direção x que cruza uma superfície, na direção y, por unidade de tempo e por unidade de área, isto é, a tensão de cisalhamento representa a densidade de fluxo de momento linear, de maneira que ambas têm as mesmas dimensões:

$$[\text{tensão}] = \left[\frac{\text{força}}{\text{área}} \right] = \frac{MLt^{-2}}{L^2} = ML^{-1}t^{-2}$$

$$\left[\frac{\text{momento linear}}{\text{área} \times \text{tempo}} \right] = \frac{MLt^{-1}}{L^2 t} = ML^{-1}t^{-2}.$$

Assim, a existência de gradiente de velocidade de escoamento causa um transporte difusivo de momento linear através do fluido, na direção transversal ao escoamento. Consideremos a situação de regime permanente esquematizada na Figura 2.1, na qual o fluido está em movimento na direção x, em escoamento laminar, com uma distribuição de velocidade $V_x(y)$. Além do movimento macroscópico na direção x, tem-se o movimento aleatório das moléculas, de forma que resulta uma transferência de moléculas entre as camadas. Cada molécula transporta seu momento linear na direção x correspondente à camada de origem, de maneira que resulta um fluxo de momento linear na direção x transversalmente ao escoamento (na direção y) em função do gradiente de velocidade $\frac{dV_x}{dy}$. Esse processo decorrente do movimento molecular aleatório é chamado de *difusivo*, enquanto o movimento macroscópico do fluido costuma ser denominado *convectivo*.

2.5 TRANSPORTE DE CALOR POR CONDUÇÃO

Calor pode ser definido como a forma de energia que é transferida em função de uma diferença de temperatura. A transferência de calor pode ocorrer por distintos mecanismos: condução, convecção e radiação. A condução se caracteriza quando o transporte de calor ocorre em um meio estacionário, sólido ou fluido, causado pela existência de gradiente de temperatura.

A convecção acontece nos fluidos e se caracteriza pela transferência de calor pelo movimento de massa fluida. A radiação se caracteriza por uma transferência de calor entre dois corpos pelas radiações térmicas emitidas por suas superfícies. Estudaremos somente a condução de calor.

Consideremos um processo unidimensional de condução de calor que ocorre através de uma placa plana de grandes dimensões e espessura d pequena, constituída de um material sólido homogêneo, conforme é mostrado no esquema da Figura 2.2.

Inicialmente, a placa toda está com temperatura uniforme T_0. No instante $t = 0$, coloca-se a placa entre dois reservatórios térmicos (que mantêm temperaturas constantes, apesar de estarem recebendo ou cedendo calor), resultando que a superfície superior da placa adquire uma temperatura T_1, enquanto a superfície inferior é mantida à temperatura T_0. Verifica-se que o resto da placa ainda permanece com temperatura T_0 no instante $t = 0$.

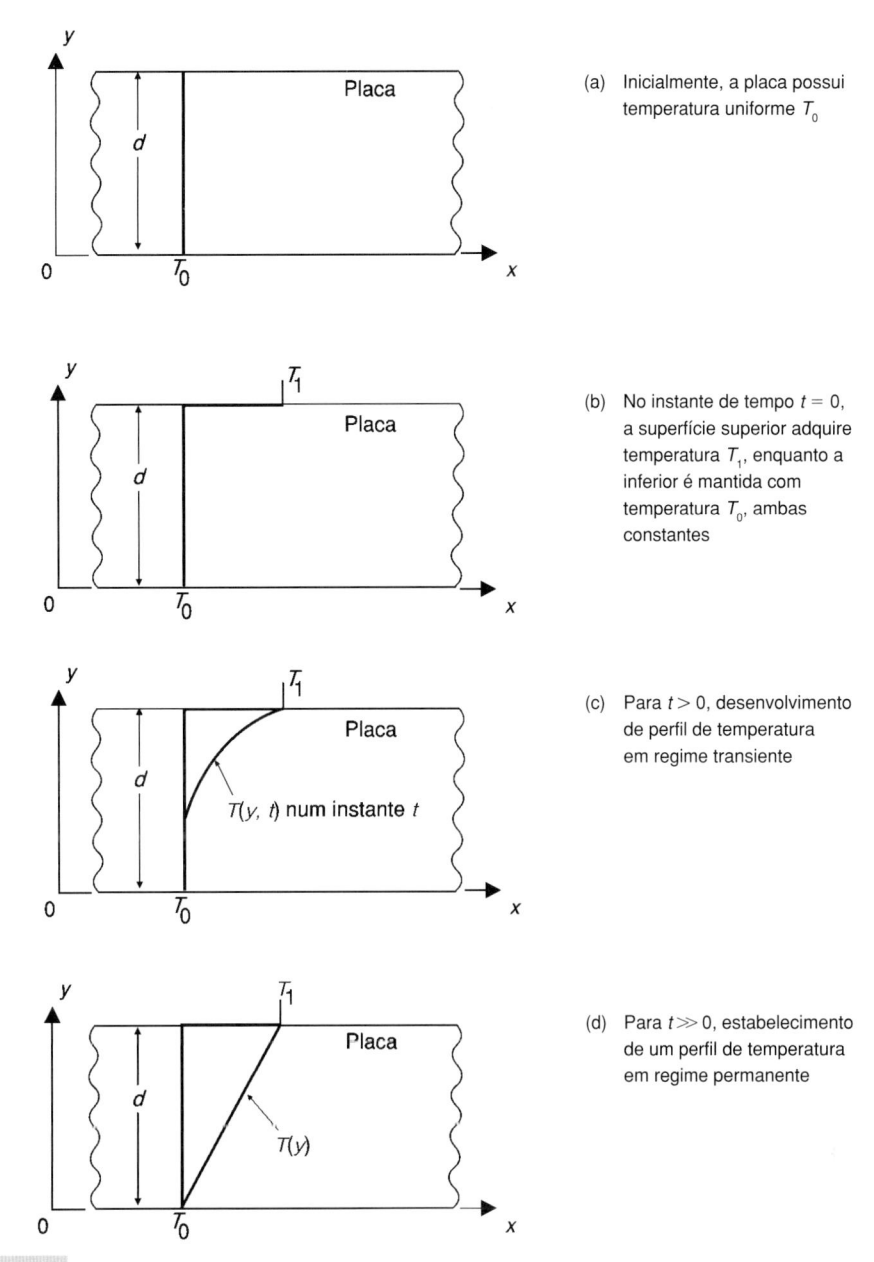

(a) Inicialmente, a placa possui temperatura uniforme T_0

(b) No instante de tempo $t = 0$, a superfície superior adquire temperatura T_1, enquanto a inferior é mantida com temperatura T_0, ambas constantes

(c) Para $t > 0$, desenvolvimento de perfil de temperatura em regime transiente

(d) Para $t \gg 0$, estabelecimento de um perfil de temperatura em regime permanente

FIGURA 2.2

Desenvolvimento do perfil de temperatura em uma placa plana de grandes dimensões e espessura d pequena, constituída de um material sólido homogêneo, colocada entre dois reservatórios térmicos com temperaturas T_1 e T_0 constantes.

Para $t > 0$, durante um determinado intervalo de tempo observa-se o desenvolvimento de uma distribuição de temperatura $T(y, t)$ em regime transiente, ou seja, dependente do tempo, que, para esse caso unidimensional, é função de y e t somente.

Após esse determinado intervalo de tempo, para $t \gg 0$, verifica-se um regime permanente estabelecido, ou seja, invariante com o tempo, resultando, para essa geometria plana, um perfil linear de temperatura $T(y)$.

Observa-se, experimentalmente, que a densidade de fluxo de calor por condução é diretamente proporcional ao gradiente de temperatura, de forma que, para esse caso unidimensional, em que há uma fase dependente do tempo na qual $T = T(y, t)$, tem-se

$$q_y = -k \frac{\partial T}{\partial y} \qquad (2.5.1)$$

em que:

q_y é a densidade de fluxo de calor por condução na direção y;

$\dfrac{\partial T}{\partial y}$ é o gradiente de temperatura na direção y; e

k é o coeficiente de proporcionalidade conhecido como condutividade térmica do material.

O sinal negativo na Eq. (2.5.1) é devido ao fato de o fluxo de calor ser no sentido contrário ao gradiente de temperatura.

A Eq. (2.5.1) é uma expressão unidimensional da *equação de Fourier para a condução de calor* que, para um caso geral tridimensional, pode ser escrita como

$$\vec{q} = -k\vec{\nabla}T \,. \tag{2.5.2}$$

O mecanismo de condução de calor consiste em uma transferência de energia térmica, através de um meio material, da região de maior temperatura para a região de menor temperatura devido à existência de gradiente de temperatura. A temperatura pode ser interpretada como uma medida macroscópica da atividade térmica molecular em uma substância, de forma que a condução de calor consiste em uma transferência de energia térmica entre as partículas, e as mais energéticas cedem parte de sua energia às moléculas vizinhas que possuem energia menor.

Assim, a existência de gradiente de temperatura causa um fluxo de calor por condução, cuja tendência é restabelecer o equilíbrio no campo de temperatura.

2.6 TRANSPORTE DE MASSA POR DIFUSÃO MOLECULAR

A transferência de massa ocorre pelos mecanismos de convecção e difusão. O modo de convecção se caracteriza por um transporte de massa causado pelo movimento do meio, como acontece, por exemplo, na dissolução de um torrão de açúcar na água contida em um copo quando se cria um escoamento mexendo com uma colher. O mecanismo de difusão se caracteriza pela transferência de massa pelo movimento molecular devido à existência de um gradiente de concentração de uma substância. Na situação em que se tem um torrão de açúcar num copo com água em repouso observa-se a dissolução relativamente lenta do mesmo, enquanto existir gradiente de concentração de açúcar na água. Estudaremos somente os fundamentos do transporte de massa por difusão molecular.

Nesta seção, vamos apresentar a lei de Fick para a difusão em uma mistura (ou solução) binária (de dois componentes), que descreve a transferência de massa de um componente denominado A através de uma mistura (ou solução) de componentes A e B, devido à existência de um gradiente de concentração da espécie A.

A grandeza intensiva concentração pode ser definida de várias maneiras. Consideremos uma mistura binária de componentes A e B, sendo $\forall$ o volume da mistura, m_A a massa do componente A e m_B a massa do componente B, de forma que a massa total da mistura de volume $\forall$ seja $m = m_A + m_B$. Uma maneira de expressar concentração é através da definição de massa específica, feita no item 1.3 *Massa Específica em um Ponto*, no Capítulo 1, como

$$\rho = \lim_{\Delta\forall \to \delta\forall} \frac{\Delta m}{\Delta \forall} \tag{2.6.1}$$

em que:

Δm é a massa contida no elemento de volume $\Delta\forall$; e
$\delta\forall$ é o menor volume, em torno de um ponto, onde existe uma média estatística definida.

Assim, para a mistura binária considerada, tem-se que

concentração do componente A: $\rho_A = \lim\limits_{\Delta\forall \to \delta\forall} \dfrac{\Delta m_A}{\Delta\forall}$ (2.6.2)

concentração do componente B: $\rho_B = \lim\limits_{\Delta\forall \to \delta\forall} \dfrac{\Delta m_B}{\Delta\forall}$ (2.6.3)

massa específica da mistura: $\rho = \lim\limits_{\Delta\forall \to \delta\forall} \dfrac{\Delta m_A + \Delta m_B}{\Delta\forall}$ (2.6.4)

resultando em

$$\rho = \rho_A + \rho_B.$$ (2.6.5)

As concentrações dos componentes A e B também podem ser definidas como uma fração de massa, da seguinte forma:

$$c_A = \frac{\rho_A}{\rho}$$ (2.6.6)

e

$$c_B = \frac{\rho_B}{\rho}.$$ (2.6.7)

Consideremos um processo unidimensional de transferência de água, por difusão molecular, através de uma placa plana de cerâmica, homogênea, de grandes dimensões e espessura d pequena, conforme é mostrado no esquema da Figura 2.3.

Inicialmente, a placa de cerâmica tem suas superfícies em contato com ar seco, de maneira que existe uma distribuição nula de concentração de água na cerâmica.

No instante $t = 0$ coloca-se água sobre a placa, de forma que a cerâmica junto à superfície superior passa a apresentar uma concentração c_{A0} de água. O restante da cerâmica ainda apresenta concentração nula de água, nesse instante $t = 0$, pois a superfície inferior da placa de cerâmica é mantida seca com a incidência de um jato de ar seco.

Para $t > 0$, durante um determinado intervalo de tempo, observa-se o desenvolvimento de uma distribuição de concentração de água $c_A(y, t)$, em regime transiente, na placa de cerâmica.

Após esse determinado intervalo de tempo, para $t \gg 0$ fica estabelecido um regime permanente, resultando um perfil de concentração de água $c_A(y)$ que é linear para essa geometria do sistema.

Verifica-se, experimentalmente, que a densidade de fluxo de massa por difusão molecular é diretamente proporcional ao gradiente de concentração. Assim, para um processo unidimensional, genérico, de difusão molecular do componente A numa mistura binária de componentes A e B, que tem uma fase dependente do tempo na qual $c_A = c_A(y, t)$, tem-se

$$J_{A,\,y} = -D_{AB}\,\frac{\partial \rho_A}{\partial y}$$ (2.6.8)

ou

$$J_{A,\,y} = -D_{AB}\,\frac{\partial(\rho c_A)}{\partial y}$$ (2.6.9)

em que:

$J_{A,\,y}$ é a densidade de fluxo de massa por difusão molecular do componente A através da mistura na direção y;

$\dfrac{\partial \rho_A}{\partial y}$ ou $\dfrac{\partial(\rho c_A)}{\partial y}$ é o gradiente de concentração do componente A na mistura; e

D_{AB} é o coeficiente de difusão molecular ou difusividade de massa do componente A na mistura de componentes A e B.

As Eqs. (2.6.8) e (2.6.9) são expressões unidimensionais da *lei de Fick para a difusão molecular*

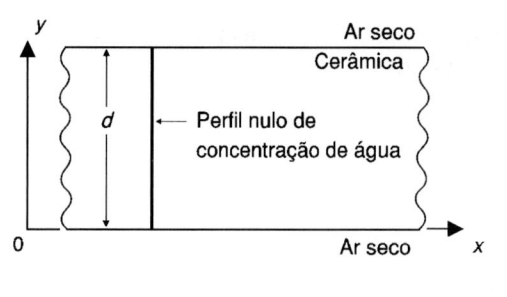

(a) Inicialmente, a placa de cerâmica apresenta um perfil nulo de concentração de água

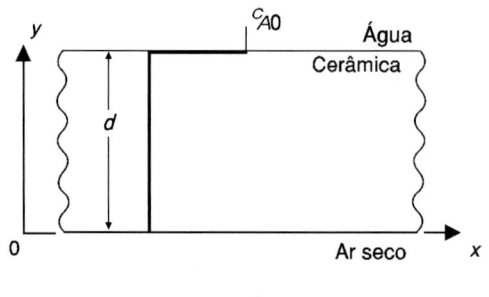

(b) No instante de tempo $t = 0$, coloca-se água sobre a superfície superior da placa de cerâmica

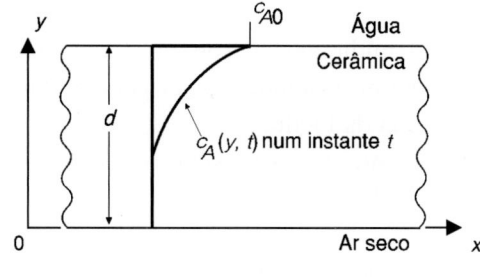

(c) Para $t > 0$, desenvolvimento da distribuição de concentração de água $c_A(y, t)$ em regime transiente

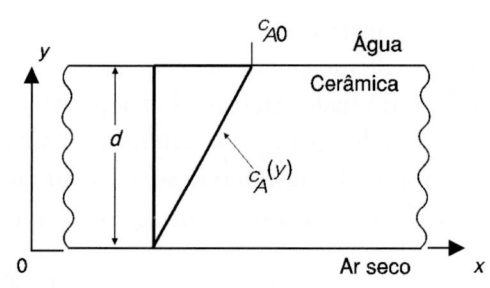

(d) Para $t \gg 0$, estabelecimento de um perfil de concentração de água $c_A(y)$ em regime permanente

FIGURA 2.3

Desenvolvimento da distribuição de concentração de água em uma placa plana de cerâmica, de grandes dimensões e espessura d pequena, após ser colocada entre água e ar seco.

do componente A numa mistura binária de componentes A e B, que pode ser escrita numa forma vetorial como

$$\vec{J}_A = -D_{AB}\ \vec{\nabla}\rho_A \tag{2.6.10}$$

ou

$$\vec{J}_A = -D_{AB}\ \vec{\nabla}(\rho c_A). \tag{2.6.11}$$

O sinal negativo nessas equações que expressam a lei de Fick para a difusão é devido ao fato de o fluxo de massa ocorrer no sentido contrário ao gradiente de concentração, ou seja, a difusão molecular ocorre da região de maior concentração para a região de menor concentração. O mecanismo de transferência de massa por difusão se origina no movimento molecular e, como no caso de gases, por exemplo, como a probabilidade de uma molécula se dirigir em qualquer direção é a mesma, resulta um fluxo líquido do componente considerado da região de maior concentração para a região de menor concentração. Os fluxos de massa por difusão molecular são medidos em relação a um referencial que se move com a velocidade mássica média da mistura que será definida no Capítulo 10.

Assim, a existência de um gradiente de concentração de um componente numa mistura (solução) causa um fluxo de massa por difusão molecular desse componente através da mistura (solução).

2.7 EQUAÇÕES PARA AS DENSIDADES DE FLUXOS DE MOMENTO LINEAR, DE CALOR E DE MASSA

Nas seções anteriores descrevemos processos unidimensionais de transferência difusiva de momento linear, de calor e de massa, tendo apresentado as seguintes equações:

a) Transferência difusiva de momento linear

$$\tau_{yx} = -\mu \frac{\partial V_x}{\partial y}. \tag{2.7.1}$$

A viscosidade cinemática foi definida como

$$\nu = \frac{\mu}{\rho} \tag{2.7.2}$$

de forma que podemos expressar a Eq. (2.7.1) como

$$\tau_{yx} = -\nu \frac{\partial (\rho V_x)}{\partial y}. \tag{2.7.3}$$

A tensão de cisalhamento τ_{yx} pode ser interpretada como a densidade de fluxo de momento linear na direção y, sendo a viscosidade cinemática ν a correspondente difusividade.

b) Transferência de calor por condução

$$q_y = -k \frac{\partial T}{\partial y}. \tag{2.7.4}$$

Define-se a difusividade térmica α como

$$\alpha = \frac{k}{\rho c_p} \tag{2.7.5}$$

em que:

k é a condutividade térmica do material;
ρ é a massa específica do material; e
c_p é o calor específico a pressão constante do material.

Com a difusividade térmica, a Eq. (2.7.4) pode ser escrita da seguinte forma

$$q_y = -\alpha \frac{\partial (\rho c_p T)}{\partial y}. \tag{2.7.6}$$

O produto $c_p T$ representa a energia interna específica, de forma que a Eq. (2.7.6) pode ser escrita como

$$q_y = -\alpha \frac{\partial (\rho e)}{\partial y} \tag{2.7.7}$$

na qual e é a energia interna específica, ou seja, a energia interna por unidade de massa.

c) Transferência de massa por difusão molecular

$$J_{A,y} = -D_{AB} \frac{\partial \rho_A}{\partial y}. \tag{2.7.8}$$

Da definição de concentração, numa mistura, pode-se expressar a concentração do componente A como ρc_A, resultando que a Eq. (2.7.8) pode ser escrita como

$$J_{A,y} = -D_{AB}\frac{\partial(\rho c_A)}{\partial y}$$

(2.7.9)

em que D_{AB} é o coeficiente de difusão molecular ou a difusividade de massa do componente A na mistura de componentes A e B.

Nesses processos de transferência por difusão, observa-se que a existência de desequilíbrio na distribuição de uma grandeza intensiva, ou seja, a ocorrência de gradiente da grandeza intensiva, causa um fluxo da grandeza extensiva correspondente.

As densidades de fluxos de momento linear, de calor e de massa são representadas matematicamente por equações do tipo

$$f_y = -C\frac{\partial(\rho\beta)}{\partial y}$$

(2.7.10)

em que:

f_y é a densidade de fluxo da grandeza extensiva na direção y;

$\dfrac{\partial\beta}{\partial y}$ é o gradiente da grandeza intensiva correspondente, que cria a "força motriz" causadora do processo difusivo; e

C é uma constante de proporcionalidade chamada de coeficiente de difusão ou difusividade.

Tem-se que ρ é a massa específica do meio e a grandeza intensiva β é a grandeza extensiva correspondente por unidade de massa, de forma que o produto $\rho\beta$ é a grandeza extensiva por unidade de volume.

O quadro a seguir apresenta as equações para as densidades de fluxos referentes aos processos unidimensionais de transporte difusivo de momento linear, de calor e de massa.

Grandeza extensiva transferida	Equação para a densidade de fluxo da grandeza extensiva	Características do processo considerado
Momento linear	$\tau_{yx} = -\mu\dfrac{\partial V_x}{\partial y} = -\nu\dfrac{\partial(\rho V_x)}{\partial y}$	Escoamento laminar incompressível
Calor	$q_y = -k\dfrac{\partial T}{\partial y} = -\alpha\dfrac{\partial(\rho c_p T)}{\partial y} = -\alpha\dfrac{\partial(\rho e)}{\partial y}$	Meio estacionário com calor específico e massa específica constantes
Massa	$J_{A,y} = -D_{AB}\dfrac{\partial \rho_A}{\partial y} = -D_{AB}\dfrac{\partial(\rho c_A)}{\partial y}$	Mistura binária em repouso, de componentes A e B, com massa específica ρ constante

A densidade de fluxo da grandeza extensiva é proporcional ao gradiente da grandeza intensiva correspondente. Os processos unidimensionais de transferência difusiva de momento linear, de calor e de massa são decorrentes dos movimentos moleculares e se caracterizam pela tendência ao equilíbrio das distribuições das grandezas intensivas. Têm-se mecanismos semelhantes, nesses processos de transporte por difusão molecular, em que os gradientes das grandezas intensivas criam "forças motrizes" que causam os fluxos das grandezas extensivas correspondentes. Esses três fenômenos difusivos unidimensionais podem ser descritos por um modelo matemático comum. É interessante comparar as Eqs. (2.7.3), (2.7.7) e (2.7.9) com a Eq. (2.7.10). Observe que a diferença entre essas equações está somente nas grandezas físicas envolvidas e nos respectivos coeficientes de difusão.

As difusividades térmica, de massa e de momento linear (viscosidade cinemática) possuem a mesma dimensão dada por

$$[\nu] = [\alpha] = [D_{AB}] = L^2\,t^{-1} \tag{2.7.11}$$

e, no Sistema Internacional, têm a unidade metro quadrado por segundo (m^2/s).

Como essas difusividades possuem a mesma dimensão, resulta que qualquer quociente entre duas delas será um parâmetro adimensional que é conveniente na análise de situações em que os dois fenômenos de transferência ocorrem simultaneamente.

Quando, no sistema em estudo, ocorrem transferências simultâneas de momento linear e de calor, tem-se o parâmetro adimensional chamado de número de Prandtl, representado por Pr, definido por

$$\mathrm{Pr} = \frac{\nu}{\alpha} = \frac{\mu\,c_p}{k}. \tag{2.7.12}$$

O número de Prandtl indica a intensidade relativa entre os processos de transporte difusivo de momento linear e de calor. Para os gases, o número de Prandtl é próximo da unidade. Para outros fluidos, ele varia muito, tendo, geralmente, valores elevados para óleos viscosos e muito baixos para metais líquidos.

Quando ocorrem transferências simultâneas de momento linear e de massa, aparece o parâmetro adimensional chamado de número de Schmidt, representado por Sc, definido por

$$\mathrm{Sc} = \frac{\nu}{D_{AB}} = \frac{\mu}{\rho\,D_{AB}}. \tag{2.7.13}$$

O número de Schmidt indica a intensidade relativa entre os processos de transporte difusivo de momento linear e de massa.

Quando, no sistema em estudo, ocorrem transferências simultâneas de calor e de massa, surge o parâmetro adimensional chamado de número de Lewis, representado por Le, definido por

$$\mathrm{Le} = \frac{\alpha}{D_{AB}} = \frac{k}{\rho\,c_p\,D_{AB}}. \tag{2.7.14}$$

O número de Lewis indica a intensidade relativa entre os processos de transporte difusivo de calor e de massa.

Os processos simultâneos de transferência difusiva são ditos similares quando o quociente entre suas difusividades é igual a um (unidade), de forma que as grandezas envolvidas são transportadas com a mesma intensidade relativa.

2.8 EQUAÇÕES DA DIFUSÃO

Nos itens 2.4–*Transporte Difusivo de Momento Linear*, 2.5–*Transporte de Calor por Condução* e 2.6–*Transporte de Massa por Difusão Molecular*, realizamos um breve estudo de fenômenos unidimensionais de transferência difusiva de momento linear, de calor e de massa. Na fase dependente do tempo desses processos ocorrem fluxos das grandezas extensivas na direção y através de um elemento de volume, com uma taxa de variação da grandeza extensiva dentro do elemento. Considerando os princípios de conservação, pode-se expressar o seguinte balanço para uma grandeza extensiva genérica:

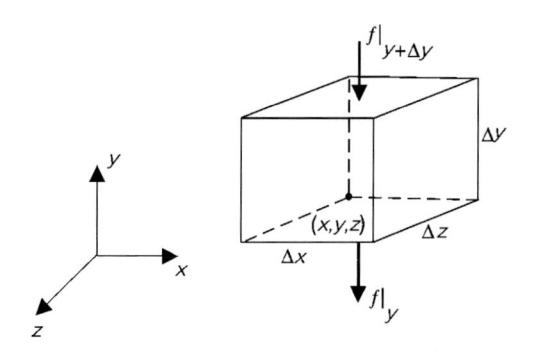

FIGURA 2.4

Esquema das densidades de fluxos de uma grandeza extensiva genérica através de um elemento de volume.

$$\begin{pmatrix} \text{fluxo da grandeza} \\ \text{extensiva que entra no} \\ \text{elemento de volume} \end{pmatrix} = \begin{pmatrix} \text{fluxo da grandeza} \\ \text{extensiva que sai do} \\ \text{elemento de volume} \end{pmatrix} + \begin{pmatrix} \text{taxa de variação da} \\ \text{grandeza extensiva} \\ \text{dentro do elemento} \end{pmatrix}. \quad (2.8.1)$$

Consideremos o elemento de volume mostrado na Figura 2.4, através do qual ocorrem fluxos de uma grandeza extensiva genérica, na direção y, sendo:

f a densidade de fluxo da grandeza extensiva genérica; e
G a grandeza extensiva genérica por unidade de volume.

Estão ocorrendo as densidades de fluxos difusivos $f|_y$ e $f|_{y+\Delta y}$ no sentido negativo do eixo y, através das faces situadas nas coordenadas y e $y + \Delta y$, respectivamente, causando uma taxa de variação da grandeza extensiva dentro do elemento, de forma que o balanço expresso pela Eq. (2.8.1) fica sendo

$$-\left(f|_{y+\Delta y}\right)\Delta x \Delta z = -\left(f|_y\right)\Delta x \Delta z + \frac{\partial G}{\partial t}\,\Delta x \Delta y \Delta z. \quad (2.8.2)$$

Dividindo pelo volume $\Delta x \Delta y \Delta z$, rearranjando os termos e fazendo o limite quando o volume do elemento tende a zero, obtém-se

$$-\left[\lim_{\Delta y \to 0}\left(\frac{f|_{y+\Delta y} - f|_y}{\Delta y}\right)\right] = \frac{\partial G}{\partial t}. \quad (2.8.3)$$

Considerando a definição de derivada, tem-se

$$-\frac{\partial f}{\partial y} = \frac{\partial G}{\partial t}. \quad (2.8.4)$$

Substituindo f pelas densidades de fluxos dadas pelas Eqs. (2.7.3), (2.7.6) e (2.7.9) e G pela respectiva grandeza extensiva por unidade de volume, resulta:
a) Para momento linear:

$$-\frac{\partial}{\partial y}\left[-\nu\frac{\partial(\rho V_x)}{\partial y}\right] = \frac{\partial(\rho V_x)}{\partial t} \quad (2.8.5)$$

ou

$$\frac{\partial}{\partial y}\left[\nu\frac{\partial(\rho V_x)}{\partial y}\right] = \frac{\partial(\rho V_x)}{\partial t}. \quad (2.8.6)$$

Para os casos onde ν e ρ são constantes, resulta

$$\frac{\partial^2 V_x}{\partial y^2} = \frac{1}{\nu}\,\frac{\partial V_x}{\partial t}. \tag{2.8.7}$$

A solução da Eq. (2.8.7), submetida às condições de contorno e inicial do problema, fornece a distribuição de velocidade $V_x(y, t)$ para o escoamento considerado.

Para o processo unidimensional de transferência difusiva de momento linear esquematizado na Figura 2.1, tem-se a seguinte formulação matemática:

Equação diferencial:

$$\frac{\partial^2 V_x}{\partial y^2} = \frac{1}{\nu}\,\frac{\partial V_x}{\partial t} \quad \text{para} \quad \begin{cases} 0 \leq y \leq d \\ t \geq 0 \end{cases} \tag{2.8.8}$$

com as condições de contorno

$$V_x(0, t) = 0 \quad \text{para} \quad \begin{cases} y = 0 \\ t > 0 \end{cases} \tag{2.8.9a}$$

$$V_x(d, t) = V_{0x} \quad \text{para} \quad \begin{cases} y = d \\ t > 0 \end{cases} \tag{2.8.9b}$$

e a condição inicial

$$V_x(y, 0) = 0 \quad \text{para} \quad \begin{cases} 0 \leq y \leq d \\ t = 0 \end{cases}. \tag{2.8.10}$$

b) Para condução de calor:

$$-\frac{\partial}{\partial y}\left[-\alpha\,\frac{\partial(\rho c_p T)}{\partial y}\right] = \frac{\partial(\rho c_p T)}{\partial t} \tag{2.8.11}$$

ou

$$\frac{\partial}{\partial y}\left[\alpha\,\frac{\partial(\rho c_p T)}{\partial y}\right] = \frac{\partial(\rho c_p T)}{\partial t}. \tag{2.8.12}$$

Para casos onde α, ρ e c_p são constantes, resulta

$$\frac{\partial^2 T}{\partial y^2} = \frac{1}{\alpha}\,\frac{\partial T}{\partial t} \tag{2.8.13}$$

A solução da Eq. (2.8.13), que é chamada de *equação da difusão de calor*, submetida às condições de contorno e inicial do problema, fornece a distribuição de temperatura $T(y, t)$ para o problema de condução de calor considerado.

Para o processo unidimensional de transferência difusiva de calor esquematizado na Figura 2.2, tem-se a seguinte formulação matemática:

Equação diferencial:

$$\frac{\partial^2 T}{\partial y^2} = \frac{1}{\alpha}\,\frac{\partial T}{\partial t} \quad \text{para} \quad \begin{cases} 0 \leq y \leq d \\ t \geq 0 \end{cases} \tag{2.8.14}$$

com as condições de contorno

$$T(0, t) = T_0 \quad \text{para} \quad \begin{cases} y = 0 \\ t > 0 \end{cases} \tag{2.8.15a}$$

$$T(d, t) = T_1 \quad \text{para} \quad \begin{cases} y = d \\ t > 0 \end{cases} \tag{2.8.15b}$$

e a condição inicial

$$T(y, 0) = T_0 \quad \text{para} \quad \begin{cases} 0 \leq y \leq d \\ t = 0 \end{cases}. \tag{2.8.16}$$

c) Para a difusão de massa numa mistura binária:

$$-\frac{\partial}{\partial y}\left[-D_{AB}\frac{\partial(\rho c_A)}{\partial y}\right] = \frac{\partial(\rho c_A)}{\partial t} \tag{2.8.17}$$

ou

$$\frac{\partial}{\partial y}\left[D_{AB}\frac{\partial(\rho c_A)}{\partial y}\right] = \frac{\partial(\rho c_A)}{\partial t}. \tag{2.8.18}$$

Sendo D_{AB} e ρ constantes, resulta

$$\frac{\partial^2 c_A}{\partial y^2} = \frac{1}{D_{AB}}\frac{\partial c_A}{\partial t}. \tag{2.8.19}$$

A solução da Eq. (2.8.19), que é chamada de *equação da difusão de massa*, submetida às condições de contorno e inicial do problema, fornece a distribuição de concentração $c_A(y, t)$ do componente A na mistura considerada.

Para o processo unidimensional de transferência difusiva de água na placa de cerâmica esquematizado na Figura 2.3, tem-se a seguinte formulação matemática:

Equação diferencial:

$$\frac{\partial^2 c_A}{\partial y^2} = \frac{1}{D_{AC}}\frac{\partial c_A}{\partial t} \quad \text{para} \quad \begin{cases} 0 \leq y \leq d \\ t \geq 0 \end{cases} \tag{2.8.20}$$

com as condições de contorno

$$c_A(0, t) = 0 \quad \text{para} \quad \begin{cases} y = 0 \\ t > 0 \end{cases} \tag{2.8.21a}$$

$$c_A(d, t) = c_{A0} \quad \text{para} \quad \begin{cases} y = d \\ t > 0 \end{cases} \tag{2.8.21b}$$

e a condição inicial

$$c_A(y, 0) = 0 \quad \text{para} \quad \begin{cases} 0 \leq y \leq d \\ t = 0 \end{cases}. \tag{2.8.22}$$

Comparando as Eqs. (2.8.8), (2.8.14) e (2.8.20) e suas correspondentes condições inicial e de contorno, verifica-se que as formulações matemáticas para esses processos unidimensionais de transferência difusiva de momento linear, de calor e de massa são análogas. As diferenças entre essas equações estão nas variáveis dependentes envolvidas e nos respectivos coeficientes de difusão para os fenômenos considerados.

A Figura 2.5 mostra de forma integrada as distribuições das grandezas intensivas nas fases de regimes transiente e permanente dos processos difusivos unidimensionais esquematizados nas Figuras 2.1, 2.2 e 2.3. Observe que o tempo t_1 pode ser diferente para cada um dos processos

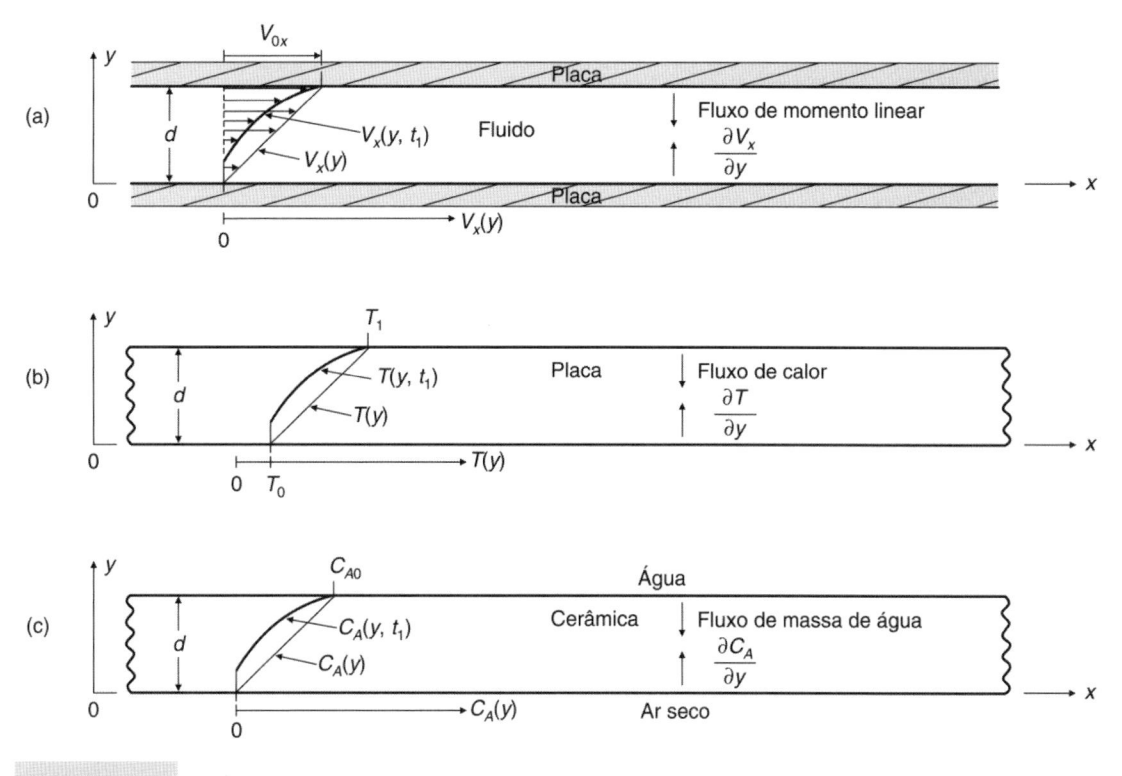

FIGURA 2.5

(a) Desenvolvimento da distribuição de velocidade de escoamento para um fluido localizado entre duas placas planas de grandes dimensões, separadas por uma distância d pequena, inicialmente com perfil nulo de velocidade de escoamento, após a placa superior ser colocada em movimento com velocidade V_{0x} constante, permanecendo a inferior em repouso. (b) Desenvolvimento da distribuição de temperatura em uma placa plana de grandes dimensões e espessura d pequena, constituída de um material sólido homogêneo, inicialmente à temperatura T_0, após ser colocada entre dois reservatórios térmicos com temperaturas T_0 e T_1 constantes. (c) Desenvolvimento da distribuição de concentração de água em uma placa plana de cerâmica, de grandes dimensões e espessura d pequena, inicialmente com perfil nulo de concentração de água, após ser colocada entre água o ar seco.

considerados. No caso do fluido entre as duas placas, a existência de gradiente de velocidade de escoamento causa um fluxo de momento linear no sentido contrário ao gradiente de velocidade de escoamento $\dfrac{\partial V_x}{\partial y}$. Para a condução de calor na placa, o gradiente de temperatura causa um fluxo de calor no sentido contrário ao gradiente de temperatura $\dfrac{\partial T}{\partial y}$. No caso da cerâmica, o gradiente de concentração de água causa um fluxo de massa de água no sentido contrário ao gradiente de concentração de água $\dfrac{\partial C_A}{\partial y}$. Têm-se mecanismos semelhantes nesses processos de transporte por difusão molecular em que os gradientes das grandezas intensivas causam os fluxos das grandezas extensivas correspondentes. Assim, esses processos unidimensionais de transferência difusiva de momento linear, de calor e de massa são análogos e podem ser descritos por um modelo matemático comum.

Essa analogia fica mais evidente com a utilização de variáveis adimensionais.

Considerando as variáveis adimensionais

$$V^* = \frac{V_x}{V_{0x}} \tag{2.8.23}$$

$$y^* = \frac{y}{d} \tag{2.8.24}$$

$$t^* = \frac{\nu t}{d^2} \tag{2.8.25}$$

resulta, para o processo unidimensional de transferência difusiva de momento linear esquematizado na Figura 2.1, a seguinte formulação matemática:

Equação diferencial:

$$\frac{\partial^2 V^*}{\partial y^{*2}} = \frac{\partial V^*}{\partial t^*} \qquad \text{para} \qquad \begin{cases} 0 \leq y^* \leq 1 \\ t^* \geq 0 \end{cases} \tag{2.8.26}$$

com as condições de contorno

$$V^*(0, t^*) = 0 \qquad \text{para} \qquad \begin{cases} y^* = 0 \\ t^* > 0 \end{cases} \tag{2.8.27a}$$

$$V^*(1, t^*) = 1 \qquad \text{para} \qquad \begin{cases} y^* = 1 \\ t^* > 0 \end{cases} \tag{2.8.27b}$$

e a condição inicial

$$V^*(y^*, 0) = 0 \qquad \text{para} \qquad \begin{cases} 0 \leq y^* \leq 1 \\ t^* = 0 \end{cases} \tag{2.8.28}$$

Considerando as variáveis adimensionais

$$T^* = \frac{T - T_0}{T_1 - T_0} \tag{2.8.29}$$

$$y^* = \frac{y}{d} \tag{2.8.30}$$

$$t^* = \frac{\alpha t}{d^2} \tag{2.8.31}$$

resulta, para o processo unidimensional de transferência difusiva de calor esquematizado na Figura 2.2, a seguinte formulação matemática:

Equação diferencial:

$$\frac{\partial^2 T^*}{\partial y^{*2}} = \frac{\partial T^*}{\partial t^*} \qquad \text{para} \qquad \begin{cases} 0 \leq y^* \leq 1 \\ t^* \geq 0 \end{cases} \tag{2.8.32}$$

com as condições de contorno

$$T^*(0, t^*) = 0 \qquad \text{para} \qquad \begin{cases} y^* = 0 \\ t^* > 0 \end{cases} \tag{2.8.33a}$$

$$T^*(1, t^*) = 1 \qquad \text{para} \qquad \begin{cases} y^* = 1 \\ t^* > 0 \end{cases} \tag{2.8.33b}$$

e a condição inicial

$$T^*(y^*, 0) = 0 \qquad \text{para} \qquad \begin{cases} 0 \leq y^* \leq 1 \\ t^* = 0 \end{cases} \tag{2.8.34}$$

Considerando as variáveis adimensionais

$$c_A^* = \frac{c_A}{c_{A0}} \tag{2.8.35}$$

$$y^* = \frac{y}{d} \tag{2.8.36}$$

$$t^* = \frac{D_{AC}t}{d^2} \tag{2.8.37}$$

resulta, para o processo unidimensional de transferência difusiva de água na placa de cerâmica esquematizado na Figura 2.3, a seguinte formulação matemática:

Equação diferencial:

$$\frac{\partial^2 c_A^*}{\partial y^{*2}} = \frac{\partial c_A^*}{\partial t^*} \quad \text{para} \quad \begin{cases} 0 \leq y^* \leq 1 \\ t^* \geq 0 \end{cases} \tag{2.8.38}$$

com as condições de contorno

$$c_A^*(0, t^*) = 0 \quad \text{para} \quad \begin{cases} y^* = 0 \\ t^* > 0 \end{cases} \tag{2.8.39a}$$

$$c_A^*(1, t^*) = 1 \quad \text{para} \quad \begin{cases} y^* = 1 \\ t^* > 0 \end{cases} \tag{2.8.39b}$$

e a condição inicial

$$c_A^*(y^*, 0) = 0 \quad \text{para} \quad \begin{cases} 0 \leq y^* \leq 1 \\ t^* = 0 \end{cases} \tag{2.8.40}$$

Assim, considerando sistemas que possuem a mesma geometria e situações físicas tais que as condições iniciais e de contorno dos problemas sejam similares, verifica-se que as formulações matemáticas para os processos unidimensionais de transferência difusiva de momento linear, de calor e de massa são diferentes somente nas variáveis dependentes envolvidas e nos respectivos coeficientes de difusão.

Com a utilização de variáveis adimensionais, verifica-se que a única diferença entre as formulações matemáticas adimensionalizadas que descrevem esses fenômenos está nas variáveis dependentes envolvidas, de forma que as soluções das equações diferenciais (2.8.26), (2.8.32) e (2.8.38) são equivalentes e, assim, conclui-se que os processos difusivos unidimensionais de transferência de momento linear, de calor e de massa são análogos.

O estudo dessa analogia é interessante para ilustrar como esses diferentes fenômenos físicos podem ser descritos por um mesmo modelo matemático. As equações de difusão serão estudadas detalhadamente mais adiante, neste curso.

2.9 BIBLIOGRAFIA

BENNETT, C. O.; MYERS, J. E. *Fenômenos de Transporte*. São Paulo: McGraw-Hill do Brasil, 1978.

BIRD, R. B.; STEWART, W.; LIGHTFOOT, E. N. *Transport Phenomena*, John Wiley, 1960.

INCROPERA, F. P.; DEWITT, D. P. *Fundamentos de Transferência de Calor e de Massa*. Rio de Janeiro: Guanabara Koogan, 1992.

SISSOM, L. E.; PITTS, D. R. *Fenômenos de Transporte*. Rio de Janeiro: Guanabara Dois, 1979.

WELTY, J. R.; WICKS, C. E.; WILSON, R. E. *Fundamentals of Momentum, Heat and Mass Transfer*. John Wiley, 1976.

2.10 PROBLEMAS

2.1 Conceitue grandezas físicas extensivas e intensivas.

2.2 De maneira geral, pode-se associar uma grandeza extensiva a uma grandeza intensiva correspondente. Classifique e indique os pares correspondentes da seguinte lista de grandezas extensivas e intensivas: energia, momento linear, energia específica, massa, massa de um soluto, a unidade (1), velocidade e concentração.

2.3 Conceitue campo e gradiente de uma grandeza intensiva.

2.4 A Figura 2.6 mostra um esquema de um escoamento laminar de água em regime permanente, localizado entre duas placas horizontais de grandes dimensões e separadas por uma distância $y = 0{,}03$ m. A placa superior está em repouso, enquanto a inferior está em movimento com velocidade $V_x = 0{,}5$ m/s, resultando um perfil linear de velocidade $V_x(y)$ para o escoamento. Sendo a viscosidade da água $\mu = 0{,}001$ Pa $\cdot$ s (para $T = 20°C$), calcule a densidade de fluxo de momento linear que ocorre nesse escoamento.

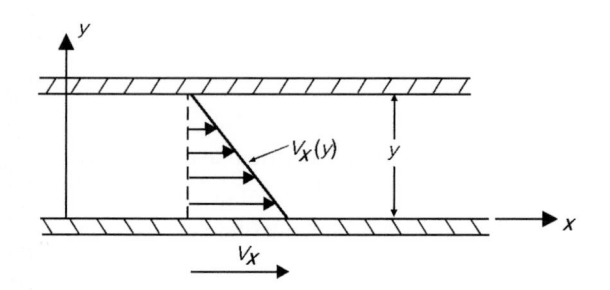

FIGURA 2.6

Resp.: $\tau_{yx} = 0{,}017$ N/m²

2.5 A Figura 2.7 mostra um esquema de uma parede plana com espessura L, constituída de um material com condutividade térmica K. Se está ocorrendo um fluxo de calor por condução através da parede, em regime permanente, de forma que a distribuição de temperatura é linear, conforme mostrado na Figura 2.7, determine:

a) a distribuição de temperatura $T(x)$ na parede;

b) a densidade de fluxo de calor que atravessa a parede.

Resp.:

a) $T(x) = T_0 - \dfrac{(T_0 - T_L)}{L}x$ b) $q_x = \dfrac{K}{L}(T_0 - T_L)$

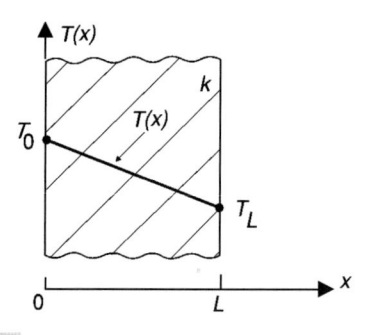

FIGURA 2.7

2.6 A segunda lei da termodinâmica trata do sentido dos processos naturais. A Eq. (2.7.10) é a equação matemática correspondente ao modelo comum para as densidades de fluxos para os processos de transporte difusivo unidimensional de momento linear, de calor e de massa. Discuta a relação desse modelo de transferência difusiva com a segunda lei da termodinâmica.

2.7 Considere o processo unidimensional de transporte difusivo de momento linear em um fluido, esquematizado na Figura 2.1. Na fase em regime permanente, têm-se as condições invariantes com o tempo, de forma que a placa superior está com velocidade constante $V_x = V_{0x}$, enquanto a placa inferior permanece em repouso. Determine, pela Eq. (2.8.8), a distribuição de velocidade $V_x(y)$ em regime permanente.

Resp.: $V_x = \dfrac{V_{0x}}{d}y$

2.8 Considere o processo unidimensional de transferência difusiva de calor em uma placa, esquematizado na Figura 2.2. Na fase em regime permanente, têm-se as condições invariantes com o tempo, de forma que a superfície superior da placa tem temperatura T_1 constante, enquanto a superfície inferior da placa permanece com temperatura T_0. Determine, pela Eq. (2.8.14), a distribuição de temperatura $T(y)$ em regime permanente.

Resp.: $T(y) = T_0 + \left(\dfrac{T_1 - T_0}{d}\right)y$

2.9 Considere o processo unidimensional de difusão de água através de uma placa de cerâmica, esquematizado na Figura 2.3. Na fase em regime permanente, têm-se as condições invariantes com o tempo, e a cerâmica junto à superfície superior da placa tem uma concentração c_{A0} de água, enquanto a cerâmica junto à superfície inferior permanece com concentração nula de água. Determine, pela Eq. (2.8.20), a distribuição de concentração de água na cerâmica $c_A(y)$ em regime permanente.

Resp.: $c_A(y) = \dfrac{c_{A0}}{d} y$

2.10 Considere o Problema 2.8. Determine a distribuição de temperatura $T(y)$ para a situação em que a superfície inferior da placa é mantida com temperatura T_0 igual a zero. Compare o resultado com as respostas dos Problemas 2.7 e 2.9.

3

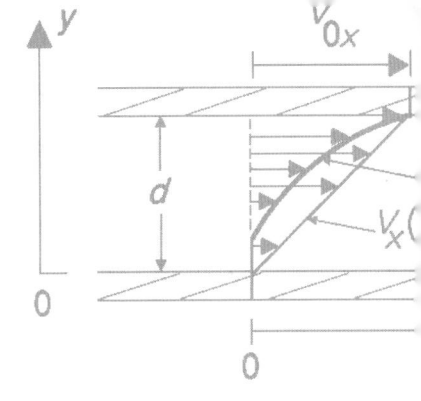

Fundamentos da Estática dos Fluidos

3.1 INTRODUÇÃO

Neste capítulo, abordaremos as noções básicas do estudo da pressão e sua variação em um fluido e do estudo das forças de pressão sobre superfícies planas submersas. Em um fluido em repouso não existem tensões de cisalhamento, ou seja, a tensão é exclusivamente normal. Os fluidos em movimento de *corpo rígido* (onde todas as partículas mantêm a mesma posição relativa) também não apresentam tensões cisalhantes, pois não existem gradientes de velocidade no fluido. Assim, em todos os sistemas que estudaremos na estática dos fluidos atuarão somente forças normais às superfícies devidas à pressão.

3.2 PRESSÃO EM UM PONTO

Existe uma determinada pressão em cada ponto de um fluido. Define-se pressão como a força normal por unidade de área em que atua, ou seja, a pressão p num ponto é o limite do quociente entre a força normal e a área em que atua quando a área tende a zero no entorno do ponto:

$$p = \lim_{\Delta A \to 0} \frac{\Delta F_n}{\Delta A}. \tag{3.2.1}$$

Princípio de Pascal

A pressão, num ponto de um fluido em repouso, é a mesma em qualquer direção. Assim, a pressão estática é uma grandeza escalar, já que possui um valor numérico e atua igualmente em qualquer direção.

O princípio de Pascal pode ser demonstrado considerando-se um elemento de volume infinitesimal, de forma prismática, isolado de uma massa fluida em repouso, conforme é mostrado na Figura 3.1.

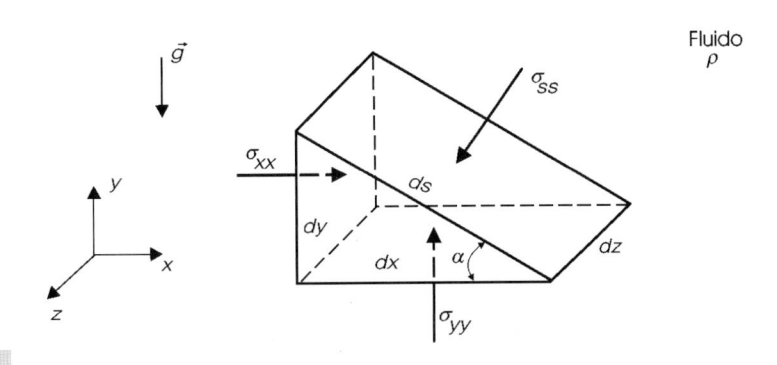

FIGURA 3.1

Elemento de volume prismático isolado de uma massa fluida em repouso.

Sobre o elemento de volume atuam dois tipos de forças:

- forças devidas às pressões estáticas exercidas pelo fluido ao redor; e
- peso devido ao campo gravitacional.

Como o fluido está em repouso, a resultante das forças que atuam sobre o elemento deve ser nula, ou seja, a condição de equilíbrio estabelece que

$$\sum \vec{F} = 0. \tag{3.2.2}$$

Na direção x atuam somente forças de superfície devidas às pressões estáticas representadas pelas componentes normais de tensão σ_{xx} e σ_{ss}, de forma que

$$\sum F_x = \sigma_{xx}\, dy\, dz - \sigma_{ss}\, ds\, dz\, \mathrm{sen}\,\alpha = 0. \tag{3.2.3}$$

Mas, tem-se que

$$ds\, \mathrm{sen}\,\alpha = dy \tag{3.2.4}$$

de forma que

$$\sigma_{xx}\, dy\, dz - \sigma_{ss}\, dy\, dz = 0 \tag{3.2.5}$$

resultando

$$\sigma_{xx} = \sigma_{ss} \tag{3.2.6}$$

Na direção y tem-se que, além das forças de superfície, devidas às pressões estáticas, atua também o peso do elemento, de maneira que

$$\sum F_y = \sigma_{yy}\, dx\, dz - \sigma_{ss}\, ds\, dz\, \cos\alpha - \rho\, g\, \frac{dx\, dy\, dz}{2} = 0. \tag{3.2.7}$$

Mas, tem-se que

$$ds\, \cos\alpha = dx \tag{3.2.8}$$

logo,

$$\sigma_{yy}\, dx\, dz - \sigma_{ss}\, dx\, dz - \rho\, g\, \frac{dx\, dy\, dz}{2} = 0. \tag{3.2.9}$$

Dividindo por $dx\, dz$, tem-se que

$$\sigma_{xx} - \sigma_{ss} - \rho\, g\, \frac{dy}{2} = 0. \tag{3.2.10}$$

A pressão é definida em um ponto que se obtém fazendo o limite quando o volume do elemento tende a zero, de forma que

$$\lim_{dy \to 0} \left(\rho\, g\, \frac{dy}{2} \right) = 0 \tag{3.2.11}$$

resultando em

$$\sigma_{xx} = \sigma_{ss}. \tag{3.2.12}$$

Assim, tem-se que

$$\sigma_{xx} = \sigma_{yy} = \sigma_{ss} \tag{3.2.13}$$

conforme estabelece o princípio de Pascal, de forma que, para um fluido em repouso, sendo p a pressão estática, o tensor tensão é dado pela matriz

$$\begin{bmatrix} -p & 0 & 0 \\ 0 & -p & 0 \\ 0 & 0 & -p \end{bmatrix}. \tag{3.2.14}$$

Pelo princípio de Pascal, tem-se que a pressão estática, num ponto de um fluido em repouso, é transmitida igualmente em qualquer direção. Assim, a pressão aplicada em um fluido incompressível, contido em um recipiente fechado, será transmitida integralmente a todos os pontos do fluido e à parede do recipiente. Esse fenômeno da transmissão de pressão nos fluidos incompressíveis é utilizado em diversos equipamentos hidráulicos, tais como prensas, freios e macacos hidráulicos.

3.3 EQUAÇÃO BÁSICA DA ESTÁTICA DOS FLUIDOS

Em um fluido em repouso, submetido ao campo gravitacional, as únicas forças que atuam sobre um elemento fluido são o peso e as forças devidas às pressões estáticas. Tem-se, em princípio, que a pressão $p = p(x, y, z)$. Consideremos um elemento de volume $\Delta x \Delta y \Delta z$, com faces paralelas aos planos coordenados de um sistema de coordenadas retangulares, isolado de um fluido em repouso com massa específica ρ, conforme é mostrado na Figura 3.2, na qual designamos as pressões que atuam sobre o elemento fluido de acordo com a coordenada de posição da face do elemento cúbico sobre a qual atua a pressão.

O peso do elemento fluido é dado por

$$\vec{W} = \rho \, \vec{g} \, \Delta x \Delta y \Delta z. \tag{3.3.1}$$

A força de superfície resultante, devida às pressões estáticas que atuam sobre o elemento, é dada por

$$\vec{F}_p = \left(p|_x - p|_{x+\Delta x}\right)\Delta y \Delta z \, \vec{i} + \left(p|_y - p|_{y+\Delta y}\right)\Delta x \Delta z \, \vec{j} + \left(p|_z - p|_{z+\Delta z}\right)\Delta x \Delta y \, \vec{k}. \tag{3.3.2}$$

Como o fluido está em repouso, a força resultante que atua sobre um elemento de volume deve ser nula, ou seja, tem-se uma condição de equilíbrio dada por

$$\sum \vec{F} = \vec{W} + \vec{F}_p = 0 \tag{3.3.3}$$

de forma que

$$\rho \, \vec{g} \, \Delta x \Delta y \Delta z + \left(p|_x - p|_{x+\Delta x}\right)\Delta y \Delta z \, \vec{i} + \left(p|_y - p|_{y+\Delta y}\right)\Delta x \Delta z \, \vec{j} + \left(p|_z - p|_{z+\Delta z}\right)\Delta x \Delta y \, \vec{k} = 0 \tag{3.3.4}$$

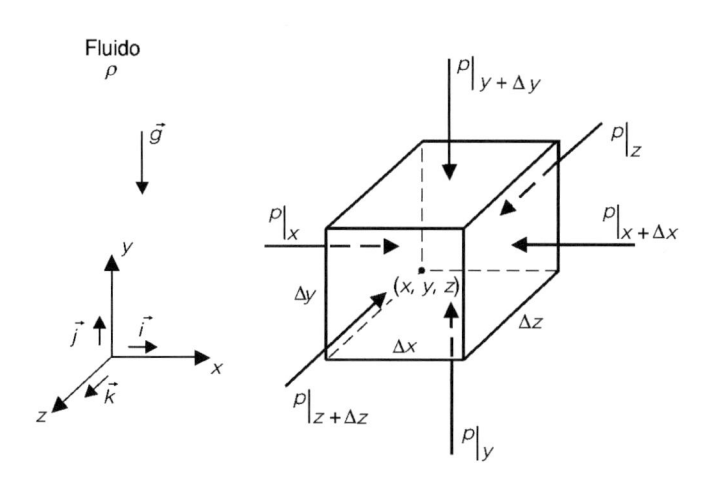

FIGURA 3.2

Elemento de volume isolado de um fluido em repouso com as pressões estáticas exercidas pelo restante do fluido.

Dividindo pelo volume $\Delta x \Delta y \Delta z$, rearranjando os termos e fazendo o limite quando o volume do elemento tende a zero, obtém-se

$$\lim_{\Delta x, \Delta y, \Delta z \to 0} \left(\frac{p|_{x+\Delta x} - p|_x}{\Delta x} \vec{i} + \frac{p|_{y+\Delta y} - p|_y}{\Delta y} \vec{j} + \frac{p|_{z+\Delta z} - p|_z}{\Delta z} \vec{k} \right) = \rho \vec{g}. \qquad (3.3.5)$$

O termo do lado esquerdo da Eq. (3.3.5) é a definição do gradiente de pressão, em coordenadas retangulares, dado por

$$\vec{\nabla} p = \frac{\partial p}{\partial x} \vec{i} + \frac{\partial p}{\partial y} \vec{j} + \frac{\partial p}{\partial z} \vec{k} \qquad (3.3.6)$$

de forma que a Eq. (3.3.5) pode ser escrita como

$$\vec{\nabla} p = \rho \vec{g}. \qquad (3.3.7)$$

Essa Eq. (3.3.7) é a equação básica da estática dos fluidos que diz que, para um fluido em repouso, a taxa de variação máxima da pressão com a distância ocorre na direção do vetor campo gravitacional $\vec{g}$. Considerando o sistema de coordenadas retangulares mostrado na Figura 3.2, a Eq. (3.3.7) pode ser decomposta nas componentes escalares

$$\frac{\partial p}{\partial x} = \rho g_x \qquad (3.3.8a)$$

$$\frac{\partial p}{\partial y} = \rho g_y \qquad (3.3.8b)$$

$$\frac{\partial p}{\partial z} = \rho g_z. \qquad (3.3.8c)$$

Por conveniência, escolhemos o referencial com o eixo y paralelo ao vetor $\vec{g}$, de forma que $g_x = 0$, $g_y = -g$ e $g_z = 0$, resultando

$$\frac{\partial p}{\partial x} = 0 \qquad (3.3.9a)$$

$$\frac{\partial p}{\partial y} = -\rho g \qquad (3.3.9b)$$

$$\frac{\partial p}{\partial z} = 0. \qquad (3.3.9c)$$

Assim, das Eqs. (3.3.9), considerando um eixo y vertical com sentido positivo para cima, conclui-se que a pressão varia somente em função de y, de maneira que se pode escrever

$$\frac{dp}{dy} = -\rho g \qquad (3.3.10)$$

e que os planos xz horizontais são planos isobáricos, ou seja, pontos que estão à mesma altura (ou profundidade) dentro do mesmo fluido possuem pressões estáticas iguais.

3.4 VARIAÇÃO DA PRESSÃO EM UM FLUIDO EM REPOUSO

A variação da pressão com a altura (ou profundidade) é obtida por meio da integração da equação básica da estática dos fluidos, que é aplicável para qualquer fluido em repouso. O peso específico

$\vec{\gamma} = \rho\,\vec{g}$ pode ser constante ou variável em função da variação da massa específica ρ do fluido e, também, da variação do campo gravitacional. Estudaremos somente casos em que a aceleração gravitacional pode ser considerada constante.

3.4.1 Variação da Pressão em um Fluido Incompressível

Um fluido incompressível tem a massa específica constante, de forma que a integração da equação básica da estática dos fluidos fica simplificada.

Tem-se que

$$\vec{\nabla}p = \rho\vec{g} \tag{3.4.1}$$

e, considerando um referencial com eixo y vertical, com sentido positivo para cima, resulta que a Eq. (3.4.1) fica sendo

$$\frac{dp}{dy} = -\rho\,g = \text{constante}. \tag{3.4.2}$$

A variação da pressão com a altura é determinada por meio da integração da Eq. (3.4.2) com as condições de contorno adequadas. Considerando que a pressão num nível de referência y_0 é p_0, determina-se a pressão $p(y)$ numa altura y com a integração da Eq. (3.4.2), de forma que

$$\int_{p0}^{p(y)} dp = -\int_{y0}^{y} \rho\,g\,dy \tag{3.4.3}$$

resultando em

$$p(y) - p_0 = -\rho g(y - y_0) \tag{3.4.4}$$

ou seja, a diferença de pressão entre dois pontos, num fluido incompressível, é diretamente proporcional à diferença de altura entre esses dois pontos.

Para os líquidos, geralmente é mais conveniente a adoção de um referencial com um eixo h, paralelo ao vetor campo gravitacional, com origem na superfície livre onde atua a pressão atmosférica p_{atm} e sentido positivo para baixo, conforme é mostrado na Figura 3.3.

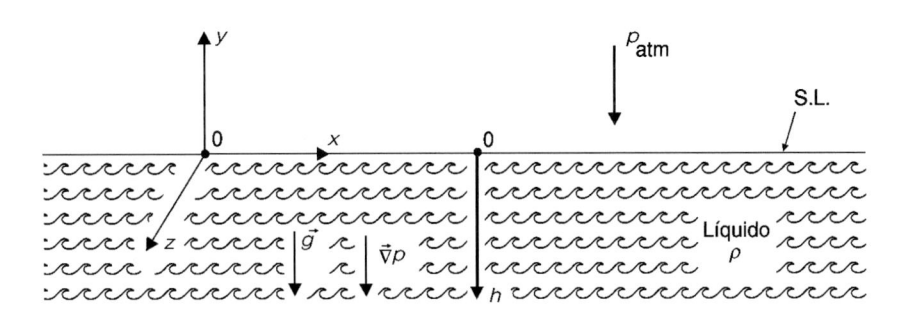

FIGURA 3.3

Eixo referencial adequado para a determinação da variação da pressão num líquido.

A variação da pressão com a profundidade pode ser determinada a partir da equação

$$\vec{\nabla}\,p = \rho\,\vec{g} \tag{3.4.5}$$

que, com o eixo h considerado, fica sendo

$$\frac{dp}{dh} = \rho\,g. \tag{3.4.6}$$

Considerando que

$$\text{para} \quad h = 0 \quad \text{tem-se} \quad p(0) = p_{atm}$$

e
$$(3.4.7)$$

$$\text{para} \quad h = h \quad \text{tem-se} \quad p = p(h)$$

obtém-se

$$\int_{p_{atm}}^{p(h)} dp = \int_0^h \rho\, g\, dh \qquad (3.4.8)$$

resultando

$$p(h) = p_{atm} + \rho g h \qquad (3.4.9)$$

Assim, num fluido incompressível ($\rho = $ constante) a pressão varia linearmente com a profundidade.

3.4.2 Variação da Pressão em um Fluido Compressível

A variação da pressão em um fluido compressível também é determinada através da integração da equação básica da estática dos fluidos dada por

$$\vec{\nabla} p = \rho \vec{g}. \qquad (3.4.10)$$

Para um fluido compressível a massa específica ρ não é constante, de forma que é necessário expressá-la em função de outra variável na Eq. (3.4.10). Uma relação entre a massa específica e a pressão pode ser obtida da equação de estado do gás ou por meio de dados experimentais.

Para os gases, geralmente a massa específica depende da pressão e da temperatura. Não existe um gás perfeito, entretanto os gases reais submetidos a pressões bastante abaixo da pressão crítica e a temperaturas bem acima da temperatura crítica, isto é, distantes da fase líquida, tendem a obedecer à lei dos gases ideais, que pode ser escrita como

$$\frac{p}{\rho} = RT \qquad (3.4.11)$$

em que:

p é a pressão absoluta;
ρ é a massa específica;
R é a constante do gás; e
T é a temperatura absoluta.

Assim, para um gás perfeito, tem-se que

$$\rho = \frac{p}{RT} \qquad (3.4.12)$$

resultando que a Eq. (3.4.10) pode ser escrita como

$$\vec{\nabla} p = \frac{p\vec{g}}{RT} \qquad (3.4.13)$$

A Eq. (3.4.13) introduz outra variável, que é a temperatura, de maneira que é necessária uma relação adicional da variação da temperatura com a altura. Na atmosfera, por exemplo, a variação da temperatura com a altura depende da camada considerada. Verifica-se que, na troposfera (definida como a camada entre o nível do mar até a altitude de 11 km), a temperatura decresce linearmente com a altura, segundo uma taxa de aproximadamente 6,5°C/km.

3.5 VARIAÇÃO DA PRESSÃO EM UM FLUIDO COM MOVIMENTO DE CORPO RÍGIDO

No item *Equação Básica da Estática dos Fluidos*, deduzimos a Eq. (3.3.7), que descreve a variação da pressão em um fluido em repouso. Quando um fluido está acelerado, mas em movimento de *corpo rígido* (onde todas as partículas mantêm as mesmas posições relativas), de modo que não ocorre movimento relativo entre camadas adjacentes, ou seja, quando o fluido se movimenta sem deformação, de maneira que não existem tensões cisalhantes, a variação da pressão pode ser determinada com a aplicação da segunda lei de Newton para o movimento.

Consideremos um elemento de volume $\Delta x \Delta y \Delta z$, com faces paralelas aos planos coordenados de um sistema de coordenadas retangulares, isolado de um fluido com massa específica ρ que se encontra com aceleração constante $\vec{a}$ para a direita, conforme é mostrado na Figura 3.4.

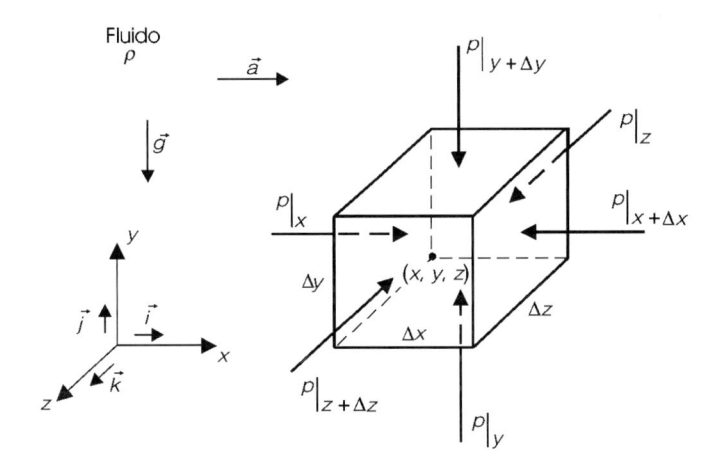

FIGURA 3.4

Elemento de volume isolado de um fluido com aceleração $\vec{a}$ constante.

O peso do elemento de volume é dado por

$$\vec{W} = \rho \, \Delta x \Delta y \Delta z \, \vec{g}. \tag{3.5.1}$$

Designamos as pressões que atuam sobre o elemento de acordo com a coordenada de posição da face do elemento cúbico, sobre a qual atua a pressão, de forma que a força de superfície resultante $\vec{F}_p$, devida às pressões estáticas, é dada por

$$\vec{F}_p = \left(p|_x - p|_{x+\Delta x} \right) \Delta y \Delta z \, \vec{i} + \left(p|_y - p|_{y+\Delta y} \right) \Delta x \Delta z \, \vec{j} + \left(p|_z - p|_{z+\Delta z} \right) \Delta x \Delta y \, \vec{k} \tag{3.5.2}$$

Como o fluido está com aceleração $\vec{a}$ constante, aplicando-se a segunda lei de Newton para o elemento de volume resulta

$$\sum \vec{F} = \vec{W} + \vec{F}_p = \rho \, \Delta x \Delta y \Delta z \, \vec{a} \tag{3.5.3}$$

ou seja,

$$\rho \left(\Delta x \Delta y \Delta z \right) \vec{g} + \left(p|_x - p|_{x+\Delta x} \right) \Delta y \Delta z \, \vec{i} + \left(p|_y - p|_{y+\Delta y} \right) \Delta x \Delta z \, \vec{j} +$$
$$+ \left(p|_z - p|_{z+\Delta z} \right) \Delta x \Delta y \, \vec{k} = \rho \left(\Delta x \Delta y \Delta z \right) \vec{a}. \tag{3.5.4}$$

Dividindo pelo volume $\Delta x \Delta y \Delta z$, rearranjando os termos e fazendo o limite, quando o volume do elemento tende a zero, obtém-se

$$\lim_{\Delta x, \Delta y, \Delta z \to 0} \left(\frac{p|_{x+\Delta x} - p|_x}{\Delta x} \vec{i} + \frac{p|_{y+\Delta y} - p|_y}{\Delta y} \vec{j} + \frac{p|_{z+\Delta z} - p|_z}{\Delta z} \vec{k} \right) = \rho \left(\vec{g} - \vec{a} \right). \tag{3.5.5}$$

O termo do lado esquerdo da Eq. (3.5.5) é a definição do gradiente da pressão em coordenadas retangulares, dado por

$$\vec{\nabla}p = \frac{\partial p}{\partial x}\vec{i} + \frac{\partial p}{\partial y}\vec{j} + \frac{\partial p}{\partial z}\vec{k} \tag{3.5.6}$$

resultando que a Eq. (3.5.5) pode ser escrita como

$$\vec{\nabla}p = \rho\left(\vec{g} - \vec{a}\right). \tag{3.5.7}$$

Assim, para um fluido que se move como um *corpo rígido* com aceleração $\vec{a}$ constante, a taxa de variação máxima da pressão com a distância ocorre na direção da gravidade aparente $(\vec{g} - \vec{a})$, e as linhas isobáricas são perpendiculares a esse vetor $(\vec{g} - \vec{a})$.

■ **Exemplo 3.1** Um tanque com água é mostrado na Figura 3.5 para os casos de repouso e com aceleração constante. Para o caso do tanque em repouso, a superfície livre (S.L.) da água é horizontal. Considerando que o tanque está com uma aceleração constante $\vec{a} = a_x\vec{i}$ para a direita, determine a orientação da superfície livre (ângulo θ), a aceleração a_x máxima, para que a água não derrame, e a pressão estática no ponto A.

Escolhemos o sistema de coordenadas xy mostrado na Figura 3.5 com o eixo y paralelo ao vetor $\vec{g}$, ou seja, na vertical.

Determinação do Ângulo θ

Para o sistema com aceleração $\vec{a} = a_x\vec{i}$ constante, a variação da pressão na água é dada pela equação

$$\vec{\nabla}p = \rho\left(\vec{g} - \vec{a}\right)$$

ou seja, a taxa de variação máxima da pressão com a distância ocorre na direção de $(\vec{g} - \vec{a})$, resultando que a superfície livre (S.L.), que é perpendicular ao vetor $(\vec{g} - \vec{a})$, forma um ângulo θ com a horizontal. Do diagrama de subtração vetorial da Figura 3.5 tem-se que

$$\theta = \text{arctg}\,\frac{a_x}{g}.$$

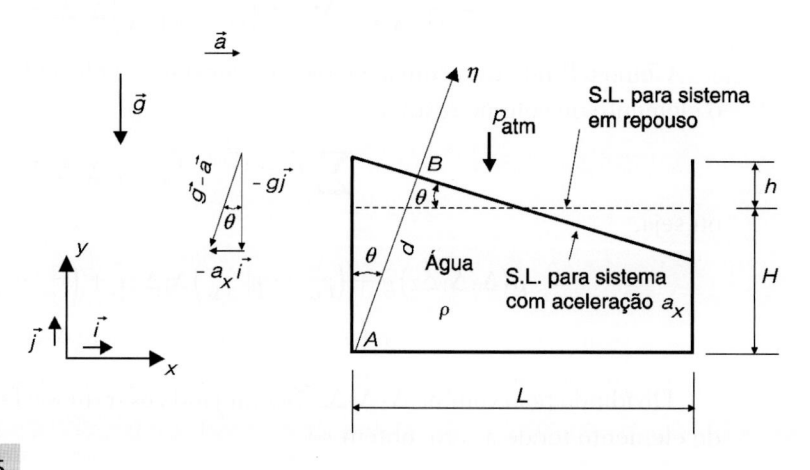

FIGURA 3.5

Tanque com água mostrando as superfícies livres para os casos do sistema em repouso e com aceleração a_x.

Cálculo da Aceleração Máxima Permitida $a_{x,\text{máx}}$

Da Figura 3.5, tem-se que

$$\text{tg }\theta = \frac{h}{L/2} = \frac{2h}{L}$$

mas,

$$\text{tg }\theta = \frac{a_{x,\text{máx}}}{g} = \frac{2h}{L}$$

resultando

$$a_{x,\text{máx}} = \frac{2h}{L}\,g.$$

Cálculo da Pressão no Ponto A

Considerando o eixo referencial η, com origem no ponto A e paralelo ao vetor gravidade aparente, conforme é mostrado na Figura 3.5, tem-se que

$$\frac{dp}{d\eta} = -\rho\left|\vec{g} - \vec{a}\right| = -\rho\sqrt{g^2 + a_x^2}.$$

Integrando essa equação entre os pontos A e B, considerando que a pressão no ponto B é a pressão atmosférica local p_{atm}, obtém-se

$$p_{\text{atm}} - p_A = -\rho\sqrt{g^2 + a_x^2}\ d$$

mas,

$$d = (H + h)\cos\theta$$

resultando

$$p_A = p_{\text{atm}} + \rho\sqrt{g^2 + a_x^2}\,(H + h)\cos\theta.$$

3.6 MEDIDAS DE PRESSÃO. BARÔMETRO DE MERCÚRIO E MANÔMETROS DE TUBO EM U E TIPO BOURDON

As medidas de pressão são realizadas em relação a uma determinada pressão de referência. Usualmente, adota-se como referência a pressão nula existente no vácuo absoluto ou a pressão atmosférica local. Chama-se pressão absoluta aquela que é medida em relação à pressão nula do vácuo absoluto. Denomina-se pressão relativa aquela que é medida em relação à pressão atmosférica local. A Figura 3.6 ilustra uma medida de pressão p_A em relação ao nível zero do vácuo absoluto e em relação à pressão atmosférica local (p_{atm}).

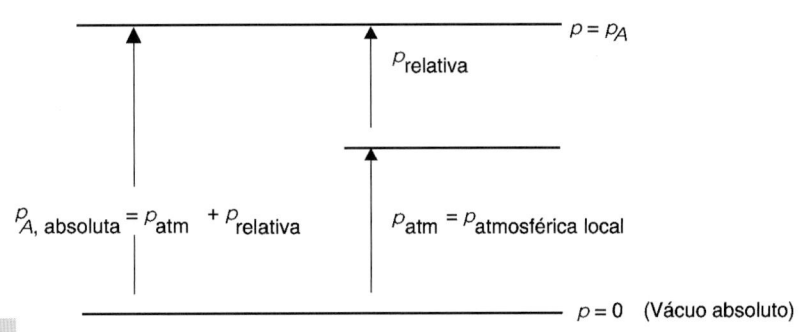

FIGURA 3.6

Medida da pressão p_A em relação à pressão nula e à pressão atmosférica local.

Geralmente, os instrumentos medidores de pressão, os manômetros, indicam a diferença entre a pressão medida e a pressão atmosférica local, ou seja, medem a pressão relativa, que pode ser positiva ou negativa. As pressões relativas negativas, também chamadas de pressões de vácuo, são aquelas menores que a pressão atmosférica local.

Deve-se observar que, nas equações de estado, a pressão utilizada é a absoluta, dada por

$$p_{absoluta} = p_{atm} + p_{relativa}. \tag{3.6.1}$$

A pressão atmosférica local, representada por p_{atm}, pode ser medida por um barômetro. O mais simples é o barômetro de mercúrio, que consiste basicamente em um tubo de vidro contendo mercúrio com sua extremidade aberta imersa num recipiente com mercúrio, conforme o esquema mostrado na Figura 3.7. Esse barômetro foi inventado por Evangelista Torricelli. O dispositivo é obtido com um recipiente contendo mercúrio aberto para a atmosfera e um tubo com uma extremidade fechada cheio de mercúrio até a outra extremidade que é aberta. Emborcando o tubo no recipiente, obtém-se a configuração mostrada na Figura 3.7.

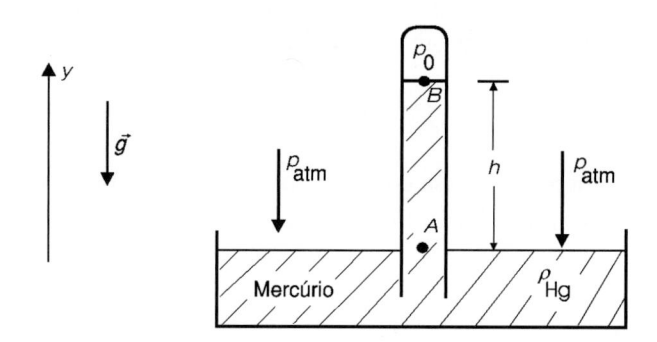

FIGURA 3.7

Esquema simplificado de um barômetro de mercúrio.

No esquema da Figura 3.7, tem-se que:

h é a altura da coluna de mercúrio no tubo de vidro;
p_{atm} é a pressão atmosférica local; e
p_0 é a pressão de vapor do mercúrio.

Aplicando a equação básica da estática dos fluidos

$$\vec{\nabla} p = \rho \vec{g} \tag{3.6.2}$$

obtém-se

$$\frac{dp}{dy} = -\rho_{Hg} \, g. \tag{3.6.3}$$

Integrando essa equação entre os pontos A e B, tem-se

$$p_B - p_A = -\rho_{Hg} \, g h. \tag{3.6.4}$$

Pontos que estão à mesma altura, dentro do mesmo fluido, têm a mesma pressão, de forma que $p_A = p_{atm}$ e como $p_B = p_0$, obtém-se

$$p_0 - p_{atm} = -\rho_{Hg} \, g h \tag{3.6.5}$$

ou

$$p_{atm} = p_0 + \rho_{Hg} \, g h. \tag{3.6.6}$$

Em condições normais de temperatura e pressão, a pressão de vapor do mercúrio é praticamente nula, ou seja, $p_0 \approx 0$, resultando

$$p_{atm} = \rho_{Hg}\, gh. \qquad (3.6.7)$$

A pressão atmosférica, ao nível do mar, corresponde a uma coluna de mercúrio com altura $h = 760$ mm. Considerando os dados

$$\rho_{Hg} = 13600\ \frac{kg}{m^3}$$

$$g = 9,8\ \frac{m}{s^2}$$

$$h = 0,76\ m$$

obtém-se

$$p_{atm} = 101293\ Pa = 101,3\ kPa.$$

Observe que os dados considerados para a massa específica do mercúrio e para a aceleração gravitacional são valores aproximados, de forma que o valor encontrado para a pressão atmosférica, ao nível do mar, também é aproximado. Além disso, verifica-se que a aceleração gravitacional sofre uma pequena variação em função da posição na superfície terrestre.

A Resolução 4 da 10.ª Conferência Geral de Pesos e Medidas, realizada em 1954, estabelece que a designação "atmosfera normal" é admitida para a pressão de referência 101325 Pa. Portanto, tem-se que

$$1\ atm = 101325\ Pa.$$

A unidade de pressão no Sistema Internacional é o Pascal, com símbolo Pa, sendo $1\ Pa = 1\frac{N}{m^2}$.

Em algumas áreas científicas e na prática ainda se encontra o emprego das seguintes unidades:
bar   símbolo bar $1\ bar = 0,1\ MPa = 10^5\ Pa$

torr   símbolo torr $1\ torr = \left(\dfrac{101325}{760}\right) Pa$

ou seja, 1 torr corresponde a 1 mm de coluna de mercúrio com massa específica $\rho_{Hg} = 13595,2$ kg/m³ submetida à aceleração gravitacional com valor-padrão $g = 9,80665$ m/s².

No Sistema Inglês, a unidade de pressão é a libra-força por polegada quadrada (*pound per square inch*) com a abreviatura inglesa psi.

Assim, tem-se a seguinte relação:

$$1\ atm = 101325\ Pa = 1,01325\ bar = 760\ torr = 14,7\ psi.$$

Os instrumentos medidores de pressão são chamados de manômetros. O manômetro de tubo em U, cujo princípio de funcionamento está no equilíbrio de uma coluna de líquido, chamado de fluido manométrico, confinado em um tubo, é mostrado no esquema da Figura 3.8.

O manômetro está conectado por meio de uma mangueira flexível a uma tomada de pressão na câmara pressurizada, localizada na altura do ponto A, de forma que o fluido do interior da câmara desloca o fluido manométrico, resultando uma configuração de equilíbrio com uma coluna de fluido manométrico de altura h_M, conforme é mostrado no esquema da Figura 3.8, em que:

$\gamma_M = \rho_M g$ é o peso específico do fluido manométrico;
h_M é a diferença de altura entre os pontos C e D, ou seja, é a altura da coluna manométrica;
$\gamma_c = \rho_c g$ é o peso específico do fluido confinado na câmara; e
h_c é a diferença de altura entre os pontos A e B, ou seja, é o desnível entre a tomada de pressão e a base da coluna manométrica.

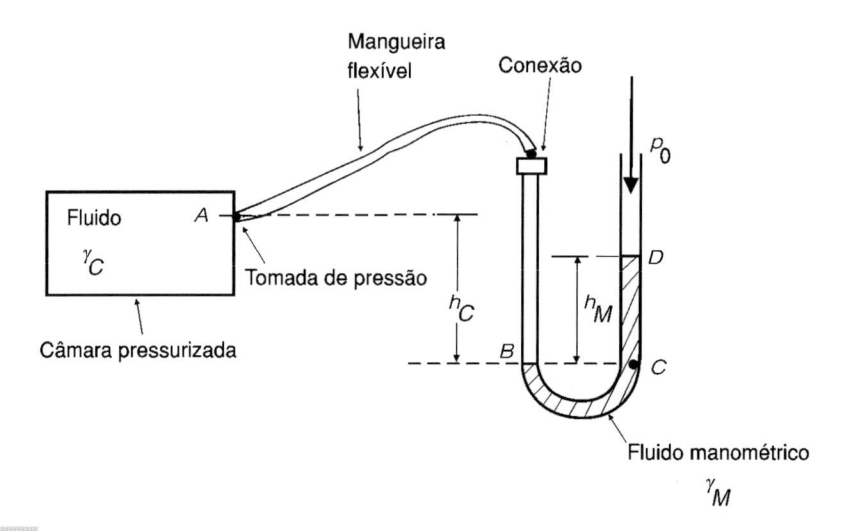

FIGURA 3.8

Esquema simplificado de um manômetro de tubo em U conectado a uma câmara pressurizada.

Determina-se a pressão no ponto A por meio da identificação das pressões conhecidas e dos pontos que possuem uma mesma pressão e de relações com as equações que fornecem as variações de pressão ao longo do manômetro em função das alturas h_C e h_M das colunas manométricas medidas.

Aplicando a equação básica da estática dos fluidos, obtém-se

$$\vec{\nabla} p = \vec{\gamma} \tag{3.6.8}$$

que, considerando um eixo y vertical com sentido positivo para cima, fica sendo

$$\frac{dp}{dy} = -\gamma. \tag{3.6.9}$$

Integrando a Eq. (3.6.9) no fluido manométrico entre os pontos C e D, obtém-se

$$p_0 - p_c = -\gamma_M h_M. \tag{3.6.10}$$

Integrando a Eq. (3.6.9) no fluido do interior da câmara pressurizada, entre os pontos B e A, tem-se

$$p_A - p_B = -\gamma_c h_c. \tag{3.6.11}$$

Como os pontos B e C estão à mesma altura dentro do mesmo fluido, tem-se

$$p_B = p_C. \tag{3.6.12}$$

Subtraindo a Eq. (3.6.10) da Eq. (3.6.11), obtém-se

$$p_A - p_0 = \gamma_M h_M - \gamma_c h_c. \tag{3.6.13}$$

Estando a extremidade do ramo livre do manômetro aberta para a atmosfera, tem-se que

$$p_0 = p_{atm} \tag{3.6.14}$$

resultando

$$p_A - p_{atm} = \gamma_M h_M - \gamma_c h_c \tag{3.6.15}$$

que é a pressão relativa no ponto A.

Em muitas situações o fluido de trabalho, que está confinado na câmara, é um gás com peso específico muito menor que o peso específico do fluido manométrico, que deve sempre ser um líquido, de forma que

$$\gamma_c << \gamma_M \qquad (3.6.16)$$

e, sendo o termo $\gamma_c h_c$ insignificante em relação ao termo $\gamma_M h_M$, resulta que a Eq. (3.6.15) torna-se

$$p_A - p_{atm} = \gamma_M\, h_M. \qquad (3.6.17)$$

Como ρ_M é a massa específica do fluido manométrico, a Eq. (3.6.17) pode ser escrita como

$$p_{A,\text{relativa}} = \rho_M g h_M \qquad (3.6.18)$$

em que $p_{A,\text{relativa}}$ é a pressão relativa no ponto A.

■ **Exemplo 3.2**   A Figura 3.9 mostra um esquema simplificado e fora de escala de um manômetro de tubo em U instalado entre um tanque que contém um gás A com pressão p_A e um tanque que contém um gás B com pressão p_B. O esquema do manômetro mostra uma configuração de equilíbrio com uma coluna de mercúrio de altura h_m e uma coluna de água de altura h_a. Determine a diferença de pressão entre os gases.

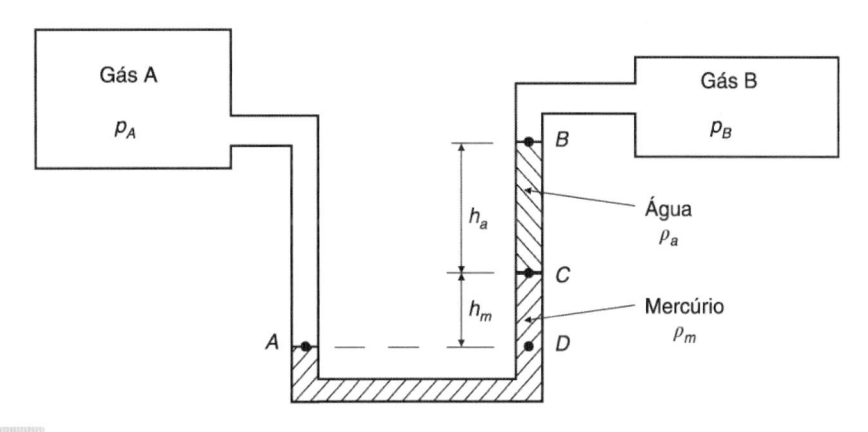

FIGURA 3.9

Determina-se uma pressão ou diferença de pressão com um manômetro de tubo em U por meio da identificação das pressões conhecidas e a serem determinadas, dos pontos que possuem uma mesma pressão e de relações com expressões para as variações de pressão ao longo do manômetro em função das alturas das colunas dos fluidos manométricos.

Tratando-se de gases, a pressão no ponto A pode ser considerada igual à pressão p_A do gás A no tanque, e a pressão no ponto B igual à pressão p_B do gás B no outro tanque.

Na interface entre o mercúrio e a água, no ponto C, os dois líquidos têm a mesma pressão p_C.

Os pontos A e D estão à mesma elevação e dentro do mesmo fluido em repouso, de maneira que possuem a mesma pressão, ou seja, $p_D = p_A$.

Observa-se que os líquidos manométricos foram deslocados no sentido do reservatório com o gás B, de forma que $p_A > p_B$.

Integrando a equação básica da estática dos fluidos, Eq. (3.6.9), na coluna de mercúrio entre os pontos D e C, obtém-se

$$p_A - p_C = \rho_m g h_m.$$

Integrando a Eq. (3.6.9) na coluna de água entre os pontos C e B, obtém-se

$$p_C - p_B = \rho_a g h_a$$

resultando

$$p_A - p_B = \rho_m g h_m + \rho_a g h_a.$$

O manômetro tipo Bourdon, muito utilizado na prática, consiste basicamente em um tubo metálico curvo, de seção reta achatada, com uma extremidade fechada e a outra aberta que é conectada à tomada de pressão, conforme é mostrado no esquema da Figura 3.10. A extremidade fechada é ligada por um mecanismo a um ponteiro. Quando é introduzido um fluido pressurizado, o tubo tende a se endireitar e o movimento desloca o ponteiro sobre uma escala. Atuando a pressão atmosférica local externamente ao tubo, esse aparelho mede pressões relativas que podem ser positivas (maiores que a pressão atmosférica local) ou negativas (menores que a pressão atmosférica local). O manômetro tipo Bourdon é prático, mas necessita de calibração.

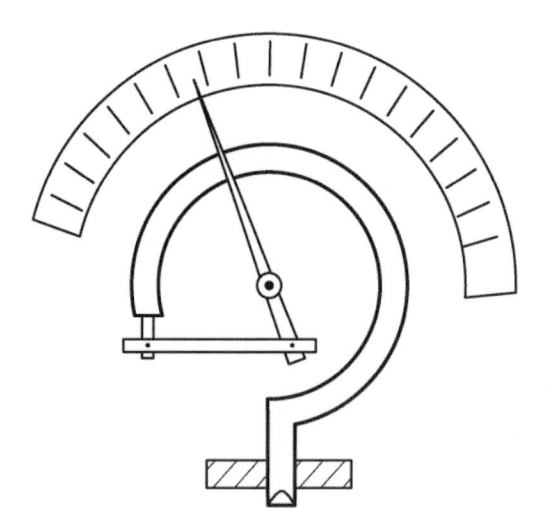

FIGURA 3.10

3.7 FORÇAS SOBRE SUPERFÍCIES PLANAS SUBMERSAS

A determinação das forças que atuam sobre superfícies planas submersas é um problema frequente da estática dos fluidos. Essas forças são devidas às distribuições de pressões nos fluidos, e calcula-se a força resultante pela integração da distribuição de pressões sobre a superfície plana submersa. Estudaremos a determinação do módulo da força resultante e da profundidade do seu ponto de aplicação.

Consideremos a face superior da superfície plana submersa de área A, mostrada no esquema da Figura 3.11, que apresenta as vistas lateral e de cima dessa superfície, cujo plano forma um ângulo θ com a superfície livre do líquido.

A pressão varia com a profundidade h, segundo a relação

$$\frac{dp}{dh} = \rho\,g \tag{3.7.1}$$

de forma que a distribuição (perfil) de pressões no fluido é dada por

$$p(h) = p_0 + \int_0^h \rho\,g\,dh \tag{3.7.2}$$

na qual p_0 é a pressão ambiente que atua sobre a superfície livre (S.L.) do líquido.

Como será necessário integrar essa distribuição de pressões sobre a superfície plana submersa, é conveniente a adoção do eixo referencial $\boldsymbol{\eta}$, mostrado na Figura 3.11, que está contido no plano dessa superfície e tem origem na superfície livre do líquido. Assim, existe a seguinte relação

$$h = \boldsymbol{\eta}\,\mathrm{sen}\theta. \tag{3.7.3}$$

Sobre um elemento de área dA atua uma força

$$dF = p\,dA \tag{3.7.4}$$

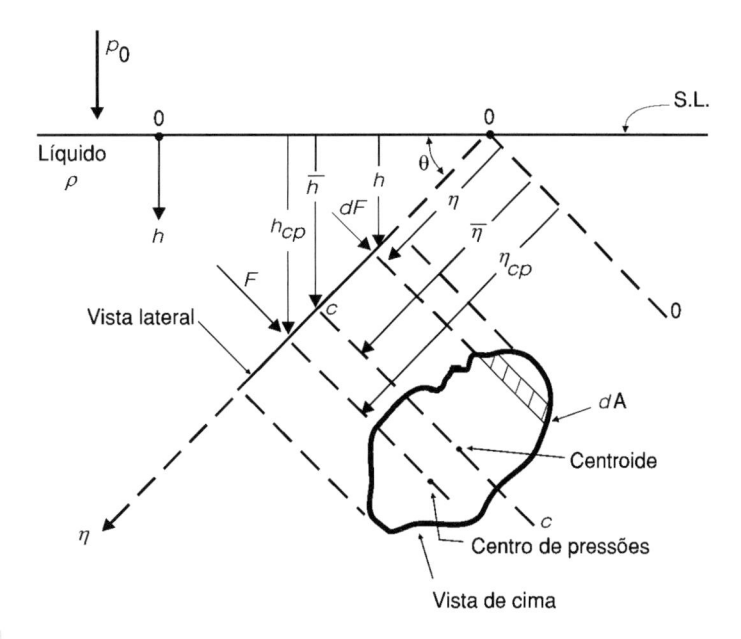

FIGURA 3.11

Vistas lateral e de cima de uma superfície plana submersa.

de forma que a força resultante F que atua sobre a superfície plana submersa é obtida pela integração da distribuição de pressões sobre a área, ou seja,

$$F = \iint_A p \, dA. \tag{3.7.5}$$

Observe que, na integral da Eq. (3.7.5), a pressão p e o elemento de área dA devem estar expressos em função das mesmas variáveis. A força $\vec{F}$ é perpendicular à superfície plana submersa.

O ponto de aplicação da força resultante, chamado de centro de pressões, geralmente está localizado abaixo do centroide (centro geométrico) da superfície plana submersa, pois a pressão aumenta com a profundidade.

O centro de pressões é o ponto no qual a força resultante F deve atuar para produzir o mesmo momento de força devido à distribuição de pressões, de forma que a profundidade do ponto de aplicação da força resultante é determinada pela relação

$$\eta_{cp} F = \iint_A \eta \, dF \tag{3.7.6}$$

em que η_{cp} é a coordenada η do centro de pressões, resultando

$$\eta_{cp} = \frac{\displaystyle\iint_A \eta \, p(\eta) \, dA}{\displaystyle\iint_A p(\eta) \, dA} \tag{3.7.7}$$

Para líquidos incompressíveis, a massa específica ρ é constante, de forma que ela pode ser retirada para fora das integrais, resultando fórmulas gerais mais simples. Consideremos a situação esquematizada na Figura 3.11 para um líquido incompressível, considerando também a pressão relativa, ou seja, que a pressão ambiente p_0 é nula, determinando somente a força exercida pelo líquido sobre a superfície plana submersa.

A força que o líquido exerce sobre um elemento de área dA é dada por

$$dF = p_{rel} \, dA \tag{3.7.8}$$

em que

$$p_{\text{rel}} = \rho\, g\, h = \rho\, g\, \eta\, \text{sen}\,\theta \tag{3.7.9}$$

é a pressão relativa.

Considerando o eixo referencial η com origem na superfície livre do líquido, conforme é mostrado na Figura 3.11, a Eq. (3.7.8) fica sendo

$$dF = \rho\, g\, \eta\, (\text{sen}\,\theta)\, dA. \tag{3.7.10}$$

A força resultante F é obtida pela integração da Eq. (3.7.10) sobre a área da superfície plana submersa e, como ρ, g e θ são constantes, tem-se que

$$F = \rho\, g (\text{sen}\,\theta) \iint_{A} \eta\, dA \tag{3.7.11}$$

sendo a integral sobre a área A de $\eta\, dA$ o momento da área A em relação ao eixo 00.

Define-se $\bar{\eta}$ como a coordenada η do centroide da superfície plana submersa, dada por

$$\bar{\eta} = \frac{1}{A} \iint_{A} \eta\, dA \tag{3.7.12}$$

de forma que a força resultante F pode ser determinada pela equação

$$F = \rho\, g\, \bar{\eta}\, (\text{sen}\,\theta)\, A \tag{3.7.13}$$

ou seja, o módulo da força resultante exercida por um líquido incompressível sobre uma superfície plana submersa é igual ao produto da pressão no centroide pela área da superfície plana submersa.

O ponto de aplicação da força resultante, o centro de pressões, é o ponto no qual a força resultante F deve atuar para produzir o mesmo momento de força devido à distribuição de pressões, ou seja,

$$F\, \eta_{cp} = \iint_{A} \eta\, p_{\text{rel}}\, dA \tag{3.7.14}$$

em que η_{cp} é a coordenada η do centro de pressões.

Substituindo F e p_{rel} pelas Eqs. (3.7.13) e (3.7.9), respectivamente, obtém-se

$$\rho\, g\, \bar{\eta}\, (\text{sen}\,\theta)\, A\, \eta_{cp} = \rho\, g\, (\text{sen}\,\theta) \iint_{A} \eta^2\, dA \tag{3.7.15}$$

de maneira que a coordenada η do centro de pressões é dada por

$$\eta_{cp} = \frac{1}{\bar{\eta}\, A} \iint_{A} \eta^2\, dA. \tag{3.7.16}$$

Tem-se que

$$\iint_{A} \eta^2\, dA = I_{00} \tag{3.7.17}$$

é o segundo momento da área A em relação ao eixo 00 situado na superfície livre do líquido e paralelo ao plano da superfície submersa, de forma que

$$\eta_{cp} = \frac{I_{00}}{\bar{\eta}\, A}. \tag{3.7.18}$$

Geralmente, é mais fácil calcular os momentos de área (ou de inércia) em relação a um eixo contido na área (ou no corpo), principalmente em situações nas quais existe simetria em relação a esse eixo, de maneira que se deve expressar a Eq. (3.7.18) em função do segundo momento da área em relação ao eixo cc contido na superfície plana submersa, paralelo ao eixo 00 e que passa pelo centroide, conforme é mostrado no esquema da Figura 3.11.

Utilizando o teorema dos eixos paralelos, tem-se que

$$I_{00} = I_{cc} + \overline{\eta}^2 A \tag{3.7.19}$$

em que:

I_{cc} é o segundo momento da área A em relação ao eixo cc que passa pelo centroide da superfície plana submersa e que é paralelo ao eixo 00; e
$\overline{\eta}$ é a distância entre os eixos 00 e cc.

Assim, a Eq. (3.7.18) pode ser escrita como

$$\eta_{cp} = \overline{\eta} + \frac{I_{cc}}{\overline{\eta} A}. \tag{3.7.20}$$

O termo $\dfrac{I_{cc}}{\overline{\eta} A}$ é sempre positivo, de forma que o centro de pressões (ponto de aplicação da força resultante) fica situado a uma distância $\dfrac{I_{cc}}{\overline{\eta} A}$ abaixo do centroide ao longo do eixo η.

■ **Exemplo 3.3**   Determinação do módulo e da profundidade do ponto de aplicação da força resultante exercida pela água sobre a comporta plana retangular, colocada na posição vertical, mostrada no esquema da Figura 3.12.

Como estamos interessados somente na força exercida pela água, usamos a pressão relativa, ou seja, consideramos $p_0 = 0$.

A distribuição de pressões sobre a comporta é determinada pela equação básica da estática dos fluidos

$$\vec{\nabla} p - \rho \vec{g}$$

ou

$$\frac{d p}{d h} = \rho g$$

resultando

$$p(h) = \rho g h$$

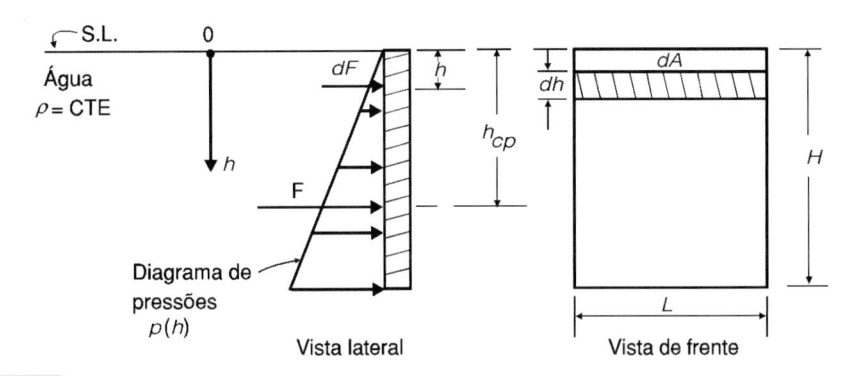

FIGURA 3.12

Vistas lateral e de frente de uma comporta plana retangular na posição vertical.

Sobre um elemento de área $dA = L\,dh$ atua a força

$$dF = p(h)\,dA.$$

A força resultante exercida pela água sobre a comporta é dada por

$$F = \iint\limits_{A} p(h)\,dA = \int_{0}^{H} \rho\,g\,h\,L\,dh$$

$$F = \rho\,g\,L\,\frac{H^2}{2}.$$

A profundidade do ponto de aplicação da força resultante, ou seja, a profundidade do centro de pressões, é obtida por meio da relação

$$h_{cp}\,F = \iint\limits_{A} h\,dF$$

de forma que

$$h_{cp} = \frac{\displaystyle\int_{0}^{H} h\,\rho\,g\,h\,L\,dh}{\rho\,g\,L\,\dfrac{H^2}{2}}$$

resultando

$$h_{cp} = \frac{2}{3}H.$$

Como a água é um fluido incompressível e a comporta é plana, também podemos determinar a força resultante F aplicando a Eq. (3.7.13), que pode ser escrita da seguinte forma

$$F = p_{\text{centroide}}\,A.$$

Da Figura 3.12, tem-se que

$$p_{\text{centroide}} = \rho\,g\,\frac{H}{2}$$

$$A = LH$$

resultando

$$F = \rho\,g\,L\,\frac{H^2}{2}.$$

A profundidade do ponto de aplicação da força resultante F, como a água é incompressível e a comporta é plana, também pode ser calculada pela relação

$$h_{cp} = \bar{h} + \frac{I_{cc}}{\bar{h}\,A}$$

em que:

$\bar{h} = \dfrac{H}{2}$ é a profundidade do centroide da comporta;

$A = LH$ é a área da comporta; e

I_{cc} é o segundo momento da área A da comporta em relação ao eixo cc que passa pelo centroide.

Considerando a Figura 3.13, o segundo momento da área A é dado por

$$I_{cc} = \iint_A y^2 \, dA$$

de forma que

$$I_{cc} = \int_{-\frac{H}{2}}^{\frac{H}{2}} y^2 \, L \, dy = \frac{LH^3}{12}.$$

Assim, tem-se que

$$h_{cp} = \overline{h} + \frac{I_{cc}}{\overline{h} \, A} = \frac{H}{2} + \frac{\dfrac{LH^3}{12}}{\dfrac{H}{2} LH}$$

resultando

$$h_{cp} = \frac{2}{3} H.$$

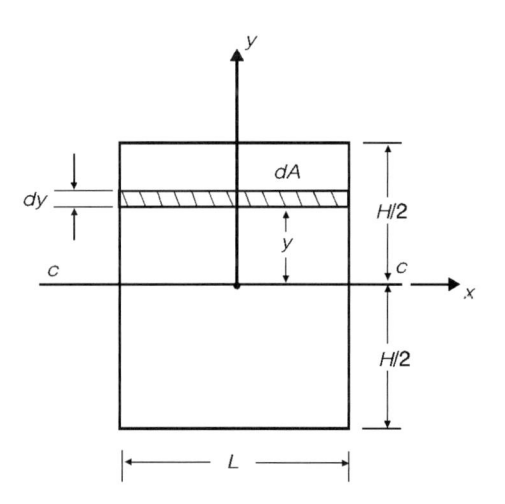

FIGURA 3.13

Vista de frente da comporta com o eixo *cc* que passa pelo centroide.

3.8 EMPUXO E FLUTUAÇÃO

Um corpo que está imerso num fluido ou flutuando na superfície livre de um líquido está submetido a uma força resultante devida à distribuição de pressões ao redor do corpo, chamada de *força de empuxo*. A força de empuxo num corpo submerso é dada pela diferença entre a componente vertical da força devida à distribuição de pressões que atua na sua parte inferior e a componente vertical da força devida à distribuição de pressões que atua na sua parte superior.

Consideremos o corpo cilíndrico com base de área A e altura h, na posição vertical, constituído de um material com massa específica ρ_c submerso em um líquido com massa específica ρ que está em repouso, conforme é mostrado no esquema da Figura 3.14. A força resultante horizontal devida à distribuição de pressões ao redor do corpo é nula, pois os planos horizontais são planos isobáricos. A força resultante vertical exercida sobre o corpo pela distribuição de pressões é dada por

$$F_E = (p_1 - p_2) \, A \tag{3.8.1}$$

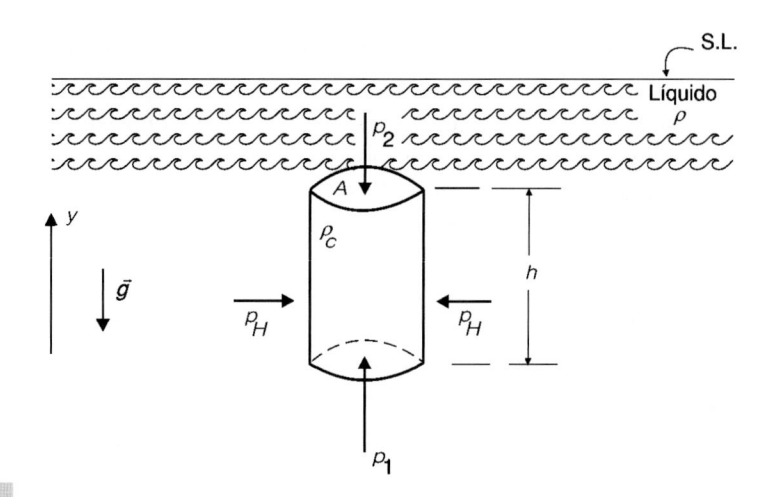

FIGURA 3.14

Corpo cilíndrico, na posição vertical, imerso num fluido em repouso.

mas tem-se que

$$p_1 - p_2 = \rho\, g\, h \qquad (3.8.2)$$

de forma que

$$F_E = \rho\, g\, h\, A \qquad (3.8.3)$$

e, como o volume $\forall$ do corpo submerso é dado por

$$\forall = h\, A \qquad (3.8.4)$$

resulta

$$F_E = \rho\, g\, \forall. \qquad (3.8.5)$$

A Eq. (3.8.5) é uma expressão matemática do princípio de Arquimedes, que diz que *um corpo submerso está submetido a uma força de sustentação, chamada de força de empuxo, com módulo igual ao peso do fluido deslocado*. A força de empuxo que atua sobre um corpo imerso num fluido em repouso tem a direção da vertical com sentido de baixo para cima, e o seu ponto de aplicação está localizado no centro de gravidade do volume de fluido deslocado.

Nas situações em que a massa específica do líquido é maior que a massa específica do corpo submerso, resulta que o corpo sobe e fica em flutuação na superfície livre submetido a uma força de empuxo, com módulo igual ao peso do fluido deslocado, dada por

$$F_E = \rho\, g\, \forall_s \qquad (3.8.6)$$

em que $\forall_s$ é o volume da parte submersa do corpo.

Algumas Considerações Básicas sobre Estabilidade de Corpos Imersos ou em Flutuação

Quando um corpo está em equilíbrio num fluido, imerso ou em flutuação, o módulo de seu peso é igual ao módulo da força de empuxo exercida pelo fluido.

A estabilidade de um corpo imerso ou em flutuação depende das posições relativas do centro de gravidade do corpo (ponto de aplicação do peso) e do centro de gravidade do volume de fluido deslocado (ponto de aplicação da força de empuxo), que é chamado de centro de empuxo.

Um corpo imerso está em equilíbrio indiferente quando o centro de gravidade do corpo e o centro de empuxo são coincidentes. Um corpo submerso está em equilíbrio estável quando o seu centro de gravidade localiza-se diretamente abaixo do centro de empuxo.

De maneira geral, a estabilidade (ou instabilidade) é determinada pela existência (ou inexistência) de um momento de força restaurador que surge quando o centro de empuxo e o centro de gravidade do corpo saem do alinhamento vertical.

Para um balão na atmosfera e para um navio em flutuação na superfície livre da água, por exemplo, verifica-se que estão em equilíbrio quando o peso e o empuxo são iguais em módulo e os centros de gravidade e de empuxo estão com alinhamento vertical. Para o balão, tem-se que a massa está praticamente localizada no cesto que fica dependurado, enquanto quase todo o volume do sistema está no balão, propriamente, de forma que o centro de gravidade fica localizado abaixo do centro de empuxo e, portanto, quando ocorre uma inclinação cria-se um momento de força restaurador cuja tendência é restabelecer o alinhamento vertical.

Para o caso de navios em flutuação, geralmente o centro de gravidade está localizado acima do centro de empuxo, de maneira que há um limite de inclinação para a existência de um momento de força restaurador. Para ângulos de inclinação maiores que esse limite, cria-se um momento de força que faz o navio emborcar.

3.9 BIBLIOGRAFIA

ASSY, T. M. *Mecânica dos Fluidos*. Rio de Janeiro: LTC, 2004.

BRAGA FILHO, W. *Fenômenos de Transporte para Engenharia*. Rio de Janeiro: LTC, 2006.

INSTITUTO NACIONAL DE METROLOGIA, NORMALIZAÇÃO E QUALIDADE INDUSTRIAL – INMETRO. *SI Sistema Internacional de Unidades*. 3. ed. 1984.

FOX, R. W.; MCDONALD, A. T. *Introdução à Mecânica dos Fluidos*. Rio de Janeiro: Guanabara Koogan, 1988.

ROBERSON, J. A.; CROWE, C. T. *Engineering Fluid Mechanics*. Boston: Houghton Mifflin Company, 1975.

SHAMES, I. H. *Mecânica dos Fluidos*. São Paulo: Edgard Blücher, 1973.

SISSOM, L. E.; PITTS, D. R. *Fenômenos de Transporte*. Rio de Janeiro: Guanabara Dois, 1979.

STREETER, V. L.; WYLIE, E. B. *Mecânica dos Fluidos*. São Paulo: McGraw-Hill do Brasil, 1982.

VENNARD, J. K.; STREET, R. L. *Elementos de Mecânica dos Fluidos*. Rio de Janeiro: Guanabara Dois, 1978.

WELTY, J. R.; WICKS, C. E.; WILSON, R. E. *Fundamentals of Momentum, Heat and Mass Transfer*. John Wiley, 1976.

3.10 PROBLEMAS

3.1 O recipiente mostrado no esquema da Figura 3.15 está pressurizado, de forma que a água sobe uma altura $h = 2$ m no tubo manométrico. Sendo $p_{atm} = 101,3$ kPa e $\rho_{água} = 1000$ kg/m³, determine a pressão no ponto A.

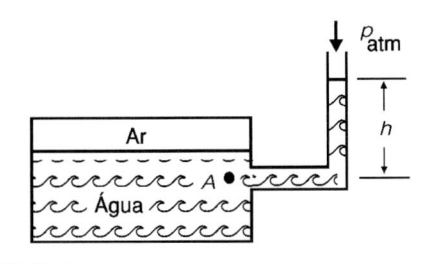

FIGURA 3.15

Resp.: $p_A = 120,9$ kPa

3.2 Considere um tanque, com fundo horizontal, que contém água até a altura H, aberto para a atmosfera.

a) Determine a pressão relativa no fundo do tanque;

b) Determine o peso da coluna de água que está sobre o fundo por unidade de área; e

c) Compare os resultados dos itens (a) e (b), e interprete fisicamente.

3.3 A Figura 3.16 mostra um esquema de um recipiente pressurizado contendo água, com um manômetro de tubo em "U" conectado na altura do ponto A. Determine a pressão existente no ponto A.

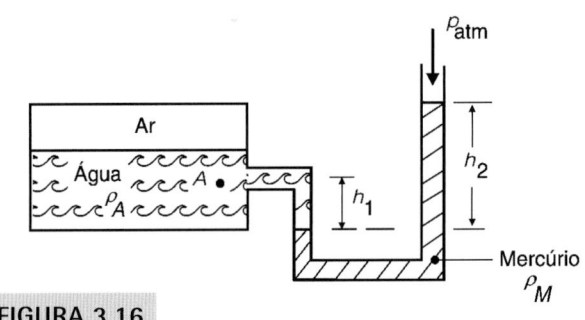

FIGURA 3.16

3.4 A Figura 3.17 mostra um esquema de um manômetro de tubo em U, com um ramo aberto para a atmosfera, instalado em um tanque pressurizado que contém água. Determine a pressão relativa no ponto A.

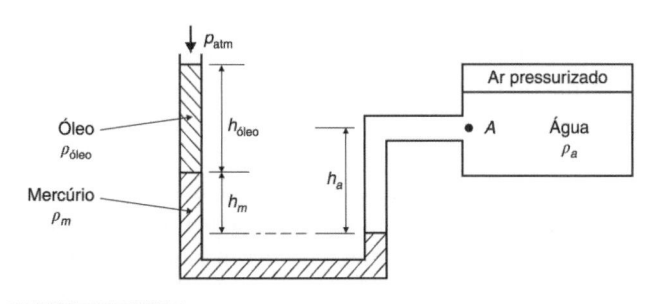

FIGURA 3.17

3.5 Determine a pressão relativa no ponto A na água contida na câmara pressurizada mostrada no esquema da Figura 3.18. Considere que: $\rho_A = 1000$ kg/m^3, $\rho_M = 13,6 \rho_A$, $g = 9,8$ m/s^2, $h_1 = 20$ cm, $h_2 = 15$ cm e $h_3 = 30$ cm.

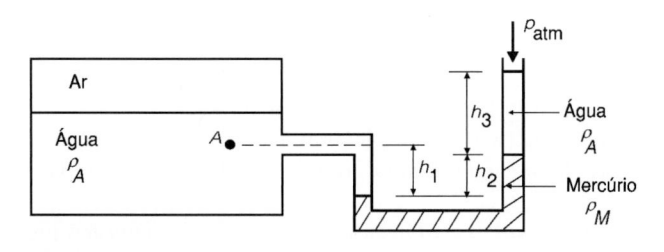

FIGURA 3.18

Resp.: $p_A = 20972$ Pa

3.6 O tanque mostrado no esquema da Figura 3.19 contém um óleo com massa específica ρ. Determine o módulo da força resultante exercida pelo óleo sobre a janela retangular localizada na parede vertical do tanque.

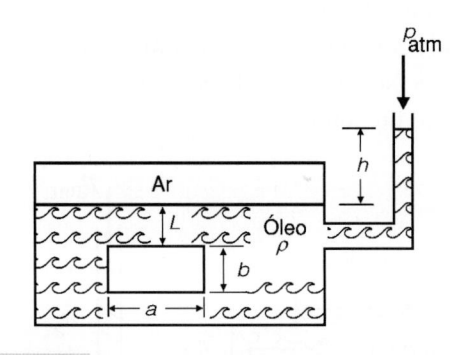

FIGURA 3.19

Resp.: $F = \rho g \left(h + L + \dfrac{b}{2} \right) ab$

3.7 O tanque pressurizado mostrado na Figura 3.20 contém uma camada de água e outra de óleo com peso específico $\gamma_{óleo} = 0,8\, \gamma_{água}$. Determine o módulo da força resultante exercida pela água sobre a janela quadrada de lado a situada na parede vertical do tanque.

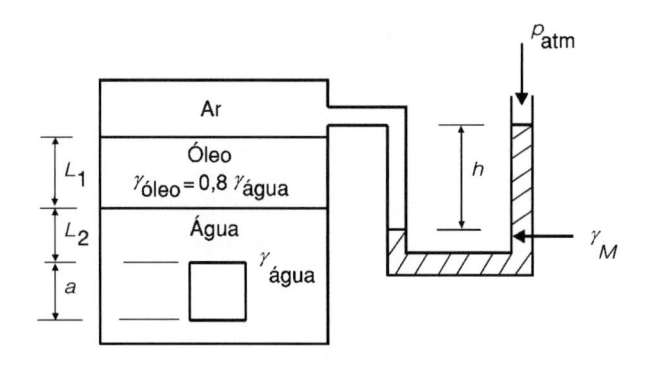

FIGURA 3.20

Resp.: $F = \left[\gamma_M h + \gamma_{água}\left(0,8L_1 + L_2 + \dfrac{a}{2} \right) \right] a^2$

3.8 O tanque pressurizado mostrado no esquema da Figura 3.21 contém uma camada de água com massa específica ρ_A e outra de óleo com massa específica $\rho_{óleo} = 0,8\rho_A$. Determine a força resultante exercida pela água sobre a janela quadrada de lado L situada na parede vertical do tanque.

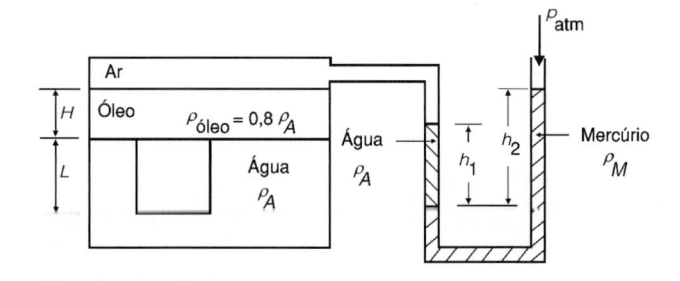

FIGURA 3.21

3.9 Considere o tanque de base quadrada de lado L mostrado no esquema da Figura 3.22. Determine:

a) o diagrama de pressões sobre o fundo inclinado;

b) a força resultante exercida pela água sobre o fundo inclinado;

c) a inclinação da superfície livre da água para o caso de o tanque estar com aceleração $\vec{a}$ constante para a direita; e

d) se a altura manométrica $(d_1 + d_2)$ da situação do item (c) será maior, menor ou igual àquela do caso do tanque em repouso.

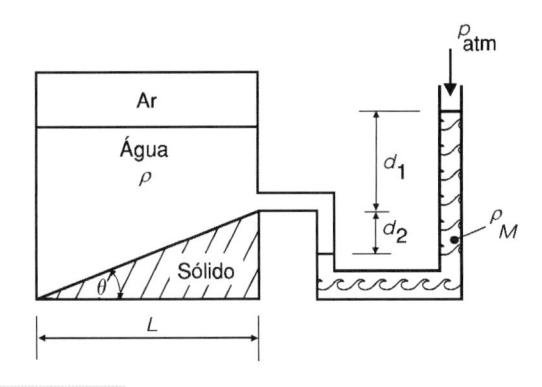

FIGURA 3.22

Resp.: b) $F = \left[p_{atm} + \rho_M\, g(d_1 + d_2) - \rho\, g\, d_2 + \right.$

$\left. \dfrac{\rho\, g\, L\, tg\theta}{2} \right] \dfrac{L^2}{\cos\theta}$

c) $\alpha = arctg\, \dfrac{a}{g}$

3.10 Considere a comporta retangular, de largura b e altura L, articulada no ponto A, mostrada no esquema da Figura 3.23. Determine:

a) o diagrama de pressões relativas exercidas pela água sobre a comporta;

b) a força resultante exercida pela água sobre a comporta;

c) o momento de força (torque), em relação ao ponto A, exercido pela água sobre a comporta; e

d) a força que deve ser aplicada no ponto B para manter a comporta fechada. Despreze o peso da comporta.

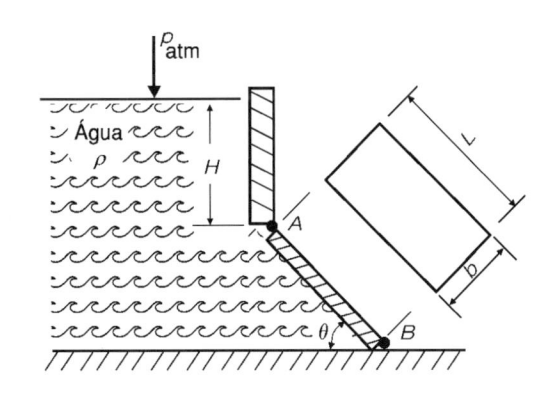

FIGURA 3.23

Resp.: b) $F = \rho\, g\, H\, b\, L + \rho\, g\, b\, \dfrac{L^2}{2}\, sen\theta$

c) $M_A = \rho\, g\, b \left(\dfrac{H\, L^2}{2} + \dfrac{L^3\, sen\,\theta}{3} \right)$

d) $F_B = \rho\, g\, b \left(\dfrac{H\, L}{2} + \dfrac{L^2\, sen\,\theta}{3} \right)$

3.11 A Figura 3.24 mostra um esquema de uma comporta retangular, de altura H e largura L, articulada no ponto A, na posição vertical. A massa específica do fluido varia linearmente com a profundidade segundo a relação $\rho = \rho_0 + ch$, onde ρ_0 e c são constantes. Determine a força resultante e o momento de força em relação ao ponto A exercidos pelo fluido sobre a comporta.

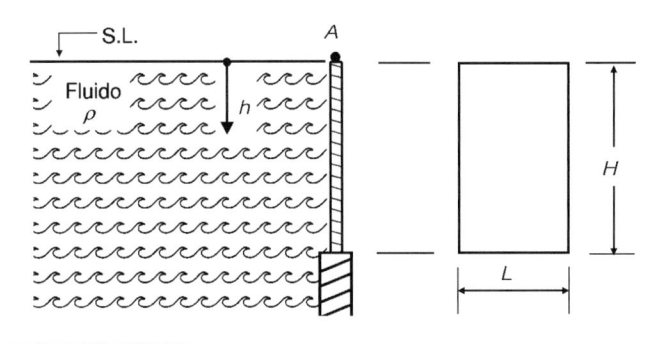

FIGURA 3.24

Resp.: $F = \dfrac{\rho_0\, g\, L\, H^2}{2} + \dfrac{c\, g\, L\, H^3}{6}$

$M = \dfrac{\rho_0\, g\, L\, H^3}{3} + \dfrac{c\, g\, L\, H^4}{8}$

3.12 A Figura 3.25 mostra um esquema de uma janela quadrada de lado $L = 2$ m, localizada na parede vertical de um tanque com água e aberto para a atmosfera. Determine a força resultante exercida pela água sobre a janela e a profundidade de seu ponto de aplicação. Considere $\rho_{água} = 1000$ kg/m³.

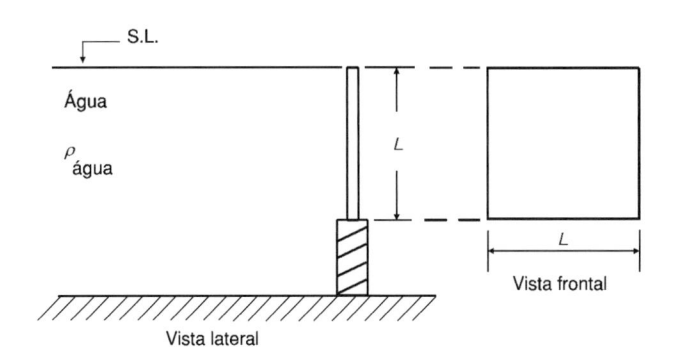

FIGURA 3.25

Resp.: $F = 39200$ N

$h_{cp} = 1,33$ m

3.13 A Figura 3.26 mostra um esquema de uma janela circular de diâmetro $D = 2$ m, localizada na parede vertical de um tanque com água e aberto para a atmosfera. Determine a força resultante exercida pela água sobre a janela e a profundidade de seu ponto de aplicação.

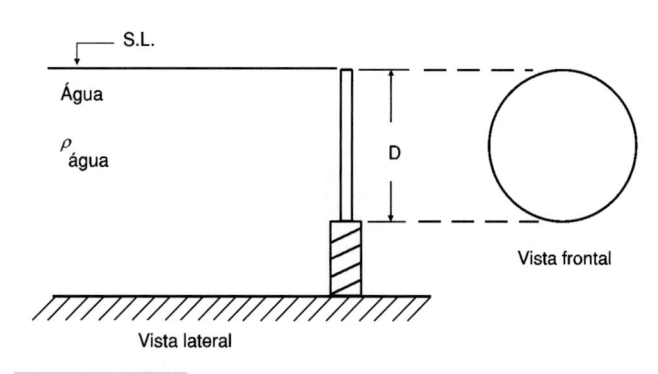

FIGURA 3.26

Resp.: $F = 30772$ N

$h_{cp} = 1{,}25$ m

3.14 A Figura 3.27 mostra um esquema de uma janela triangular de base $B = 2$ m e altura $H = 2$ m, localizada na parede vertical de um tanque com água e aberto para a atmosfera. Determine a força resultante exercida pela água sobre a janela e a profundidade de seu ponto de aplicação.

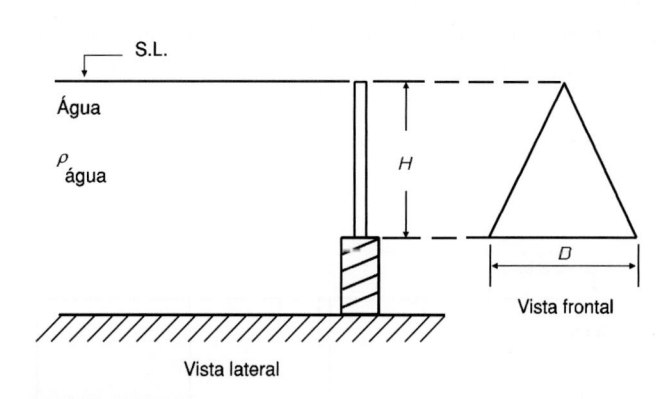

FIGURA 3.27

Resp.: $F = 26133$ N

$h_{cp} = 1{,}500$ m

3.15 A Figura 3.28 mostra um esquema de uma janela triangular de base $B = 2$ m e altura $H = 2$ m, localizada na parede vertical de um tanque com água e aberto para a atmosfera. Determine a força resultante exercida pela água sobre a janela e a profundidade de seu ponto de aplicação.

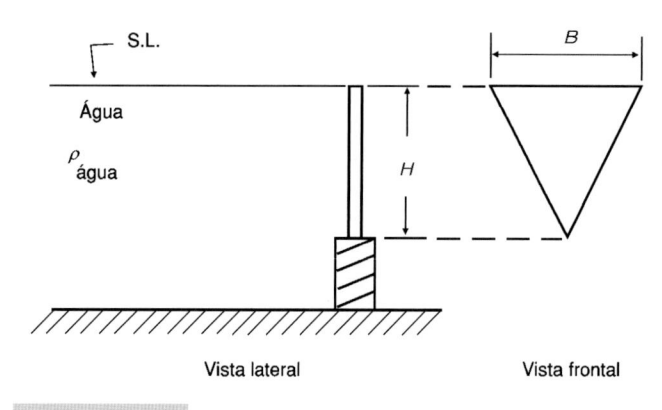

FIGURA 3.28

Resp.: $F = 13067$ N

$h_{cp} = 1{,}000$ m

3.16 A Figura 3.29 mostra um esquema da vista lateral de uma comporta quadrada de lado L, articulada no ponto A, na posição vertical. Determine:

a) a distribuição de pressões relativas exercidas pela água sobre a comporta;

b) a força resultante exercida pela água sobre a comporta;

c) o torque (momento de força), em relação ao ponto A, exercido pela água sobre a comporta; e

d) a força que deve ser aplicada no ponto B para manter a comporta na posição vertical.

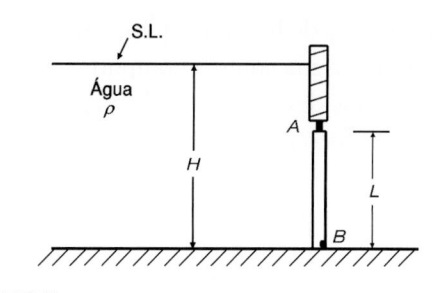

FIGURA 3.29

Resp.: b) $F_{água} = \rho g L^2 \left(H - \dfrac{L}{2} \right)$

c) $M = \rho g L^3 \left(\dfrac{H}{2} - \dfrac{L}{6} \right)$

d) $F_B = \rho g L^2 \left(\dfrac{H}{2} - \dfrac{L}{6} \right)$

3.17 Considere o esquema da Figura 3.29 do problema anterior. Se a comporta estiver articulada no ponto B, determine a força que deve ser aplicada no ponto A para mantê-la na posição vertical.

Resp.: $F_A = \rho g L^2 \left(\dfrac{H}{2} - \dfrac{L}{3} \right)$

3.18 Considere a Figura 3.30. Dada a altura L que a água sobe no manômetro com extremidade aberta para a atmosfera, determine o nível h máximo que a água do reservatório à esquerda pode atingir, antes que a comporta quadrada de lado a, articulada no ponto O, gire no sentido anti-horário.

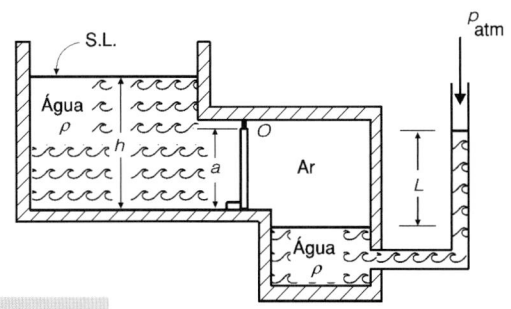

FIGURA 3.30

Resp.: $h = L + \dfrac{a}{3}$

3.19 A Figura 3.31 mostra um esquema da vista lateral de uma comporta quadrada de lado L, articulada no ponto O. Considerando que a água tem massa específica ρ e o cabo tem massa desprezível, determine o volume $\forall$ do caixão cheio de ar, de peso W, necessário para manter a comporta fechada na posição vertical.

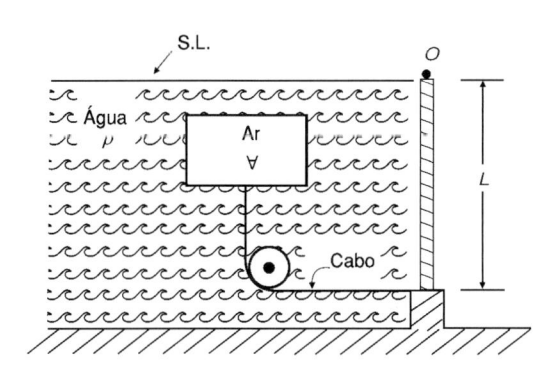

FIGURA 3.31

Resp.: $\forall = \dfrac{L^3}{3} + \dfrac{W}{\rho g}$

3.20 A Figura 3.32 mostra um esquema de um reservatório com água. A comporta retangular de altura L e largura B está articulada no eixo O, na base, e o bloco de volume $\forall$, constituído de um material com massa específica ρ_B, está imerso na água. O cabo possui massa desprezível. Estando a comporta na posição vertical, determine:

a) a força resultante exercida pela água sobre a comporta;

b) o momento de força, em relação ao ponto O, devido à distribuição de pressões exercida pela água; e

c) o volume mínimo $\forall$ do bloco necessário para manter a comporta na posição vertical.

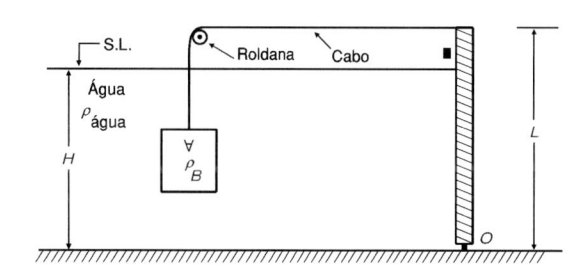

FIGURA 3.32

Resp.: a) $F = \rho_{\text{água}}\, g\, \dfrac{B H^2}{2}$

b) $M_O = \dfrac{\rho_{\text{água}}\, g B H^3}{6}$

c) $\forall = \dfrac{\rho_{\text{água}}}{\left(\rho_B - \rho_{\text{água}}\right)} \dfrac{B H^3}{6L}$

4 Descrição e Classificação de Escoamentos

4.1 INTRODUÇÃO

A descrição do escoamento de um fluido é mais complexa que a análise do movimento de uma partícula ou de um corpo rígido. Na mecânica, descreve-se o movimento de uma partícula ou de um corpo rígido ao longo de sua trajetória, ou seja, determina-se a sua posição e a sua velocidade em função do tempo. No escoamento de um fluido, tem-se um número muito grande de partículas, além dos deslocamentos relativos aleatórios das moléculas, o que torna praticamente inviável a descrição do escoamento de um fluido através dos movimentos individuais de suas partículas ao longo de suas trajetórias.

No estudo da mecânica dos fluidos, apresentaremos uma formulação adequada para a análise de escoamentos. Neste capítulo, faremos uma descrição e uma classificação mais qualitativa de escoamentos dos fluidos.

4.2 CAMPO DE VELOCIDADE DE ESCOAMENTO. ACELERAÇÃO

Pode-se descrever o movimento de um fluido por meio de dois métodos diferentes: as representações de Lagrange e de Euler. A diferença básica entre essas duas representações está na maneira em que a posição é especificada no campo de escoamento. Na representação de Lagrange, descreve-se o movimento das partículas fluidas ao longo de suas trajetórias em função do tempo, ou seja, as coordenadas de posição das partículas são funções do tempo. Assim, o campo de velocidade de escoamento, na representação de Lagrange, considerando coordenadas retangulares, pode ser escrito como

$$\vec{V} = \vec{V}[x(t), y(t), z(t), t]. \tag{4.2.1}$$

Na representação de Euler, descreve-se o movimento do fluido à medida que as partículas passam por determinados pontos em função do tempo, ou seja, as coordenadas de posição são variáveis independentes, de forma que o campo de velocidade de escoamento, considerando coordenadas retangulares, pode ser expresso como

$$\vec{V} = \vec{V}(x, y, z, t). \tag{4.2.2}$$

Na análise de escoamentos, a descrição de Euler é, em muitas situações, mais adequada, pois é difícil identificar e seguir as partículas fluidas ao longo de suas trajetórias e, também, porque as medidas das propriedades são, em geral, mais facilmente realizadas em pontos fixos no campo de escoamento.

A aceleração das partículas fluidas é obtida determinando-se a taxa de variação do campo de velocidade de escoamento expresso pela Eq. (4.2.1). Assim, o campo de aceleração das partículas fluidas é determinado por

$$\vec{a} = \frac{d}{dt}\vec{V}[x(t), y(t), z(t), t] \tag{4.2.3}$$

de forma que

$$\vec{a} = \frac{\partial \vec{V}}{\partial x}\frac{dx}{dt} + \frac{\partial \vec{V}}{\partial y}\frac{dy}{dt} + \frac{\partial \vec{V}}{\partial z}\frac{dz}{dt} + \frac{\partial \vec{V}}{\partial t}. \tag{4.2.4}$$

Mas, tem-se que $\frac{dx}{dt}$, $\frac{dy}{dt}$ e $\frac{dz}{dt}$ são as componentes escalares da velocidade das partículas, designadas por V_x, V_y e V_z, respectivamente, de maneira que a Eq. (4.2.4) pode ser escrita como

$$\vec{a} = \left(V_x \frac{\partial \vec{V}}{\partial x} + V_y \frac{\partial \vec{V}}{\partial y} + V_z \frac{\partial \vec{V}}{\partial z} \right) + \frac{\partial \vec{V}}{\partial t}. \tag{4.2.5}$$

A Eq. (4.2.5) é uma equação vetorial, de forma que ela pode ser decomposta em três equações escalares que, em relação a um sistema de coordenadas retangulares, são dadas por

$$a_x = \left(V_x \frac{\partial V_x}{\partial x} + V_y \frac{\partial V_x}{\partial y} + V_z \frac{\partial V_x}{\partial z} \right) + \frac{\partial V_x}{\partial t} \tag{4.2.6a}$$

$$a_y = \left(V_x \frac{\partial V_y}{\partial x} + V_y \frac{\partial V_y}{\partial y} + V_z \frac{\partial V_y}{\partial z} \right) + \frac{\partial V_y}{\partial t} \tag{4.2.6b}$$

$$a_z = \left(V_x \frac{\partial V_z}{\partial x} + V_y \frac{\partial V_z}{\partial y} + V_z \frac{\partial V_z}{\partial z} \right) + \frac{\partial V_z}{\partial t}. \tag{4.2.6c}$$

A Eq. (4.2.5) pode ser escrita como

$$\vec{a} = \vec{a}_{\text{convectiva}} + \vec{a}_{\text{local}} \tag{4.2.7}$$

em que:

$$\vec{a}_{\text{convectiva}} = \left(V_x \frac{\partial \vec{V}}{\partial x} + V_y \frac{\partial \vec{V}}{\partial y} + V_z \frac{\partial \vec{V}}{\partial z} \right) \tag{4.2.8}$$

$$\vec{a}_{\text{local}} = \frac{\partial \vec{V}}{\partial t}. \tag{4.2.9}$$

A aceleração convectiva é a taxa de variação da velocidade das partículas fluidas em função da mudança de posição no campo de escoamento. A aceleração local é a taxa de variação da velocidade das partículas fluidas em um ponto do campo de escoamento.

A diferenciação em relação ao tempo na Eq. (4.2.3) é chamada de derivada material ou substantiva, e costuma ser representada por $\frac{D}{Dt}$, no lugar de $\frac{d}{dt}$, para salientar que essa derivada em relação ao tempo é realizada seguindo-se a partícula fluida ao longo de sua trajetória. Assim, o operador derivada material é dado por

$$\frac{D}{Dt} = \left(V_x \frac{\partial}{\partial x} + V_y \frac{\partial}{\partial y} + V_z \frac{\partial}{\partial z} \right) + \frac{\partial}{\partial t}. \tag{4.2.10}$$

Esse operador derivada material será utilizado no Capítulo 6, *Introdução à Análise Diferencial de Escoamentos*.

4.3 DESCRIÇÃO E CLASSIFICAÇÃO DE ESCOAMENTOS

Nesta seção, apresentaremos alguns conceitos úteis para a representação de escoamentos, uma classificação segundo alguns critérios e uma descrição mais qualitativa do movimento dos fluidos.

A trajetória de uma partícula fluida consiste no caminho percorrido pela partícula. Experimentalmente, pode-se determinar as trajetórias através de traçadores, que são colocados no fluido e seguidos, em função do tempo, ao longo do escoamento. Traçadores são elementos que podem ser identificados no escoamento e que não perturbam significativamente o movimento do fluido.

Linha de corrente, num instante, é uma linha imaginária traçada no campo de escoamento, de forma que, em cada ponto, os vetores velocidade de escoamento são tangentes a ela. Assim, as configurações de linhas de corrente fornecem informações sobre as direções e as velocidades dos escoamentos. A Figura 4.1 mostra uma configuração de linhas de corrente de um escoamento em torno de um cilindro.

Uma linha de corrente pode ser descrita em função das componentes da velocidade de escoamento num ponto, relacionando as componentes da velocidade com a geometria do campo de escoamento. Consideremos a linha de corrente (L.C.) do escoamento bidimensional mostrado na Figura 4.2, descrito em relação a um sistema de coordenadas retangulares.

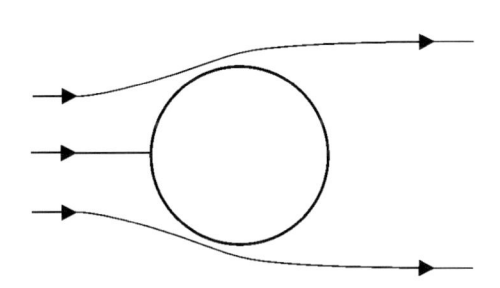

FIGURA 4.1

Uma configuração de linhas de corrente de um escoamento ao redor de um cilindro.

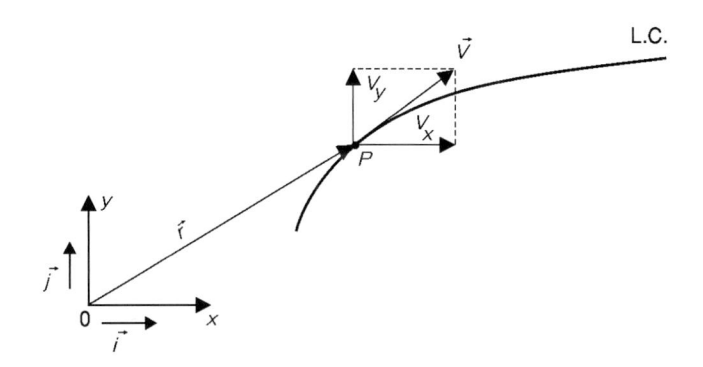

FIGURA 4.2

Linha de corrente com as componentes V_x e V_y da velocidade $\vec{V}$ no ponto P.

O vetor velocidade de escoamento $\vec{V}$ é tangente à L.C., de forma que

$$\vec{V} = \frac{d\vec{r}}{dt} = \frac{dx}{dt}\vec{i} + \frac{dy}{dt}\vec{j} \tag{4.3.1}$$

sendo

$$\frac{dx}{dt} = V_x \tag{4.3.2a}$$

$$\frac{dy}{dt} = V_y. \tag{4.3.2b}$$

As Eqs. (4.3.2), que fornecem as componentes da velocidade, podem ser combinadas entre si, pois descrevem o movimento da mesma partícula fluida tendo um intervalo de tempo dt comum, de forma que, para um escoamento bidimensional, tem-se

$$\frac{dx}{V_x} = \frac{dy}{V_y}. \tag{4.3.3}$$

Para um escoamento tridimensional, as equações das linhas de corrente são dadas por

$$\frac{dx}{V_x} = \frac{dy}{V_y} = \frac{dz}{V_z}. \tag{4.3.4}$$

As linhas de corrente nunca se cruzam, pois uma partícula fluida não pode ter duas velocidades diferentes simultaneamente.

Tubo de corrente é um tubo cuja parede é constituída pelas linhas de corrente que passam por uma curva fechada no campo de escoamento. Esse conceito é útil porque, como os vetores velocidade de escoamento são sempre tangentes às linhas de corrente, tem-se que não há fluxo de massa fluida através da parede de um tubo de corrente.

Linha de emissão de um ponto, num instante, pode ser definida como a linha formada por todas as partículas fluidas que passaram anteriormente pelo ponto. Experimentalmente, pode-se determinar a linha de emissão de um ponto do campo de escoamento injetando, continuamente, um traçador no ponto considerado. A fumaça expelida por uma chaminé é a linha de emissão dessa chaminé, pois todas as suas partículas passaram anteriormente pela boca da chaminé.

A Figura 4.3 mostra a linha de emissão de uma pequena seção de um canal onde escoa água. Os traçadores utilizados são bolhas de hidrogênio de volume muito pequeno, que são liberadas em um fio catodo muito fino colocado dentro do escoamento. Essas bolhas de hidrogênio, produzidas no fio catodo em função da eletrólise da água, são levadas pelo escoamento e devidamente iluminadas, constituindo, assim, um traçador do movimento do fluido. A fotografia mostrada na Figura 4.3 foi tirada pelo autor no Laboratório de Fenômenos de Transporte do Departamento de Hidráulica e Saneamento da Escola de Engenharia da Universidade Federal do Rio de Janeiro, utilizando a técnica de visualização de escoamentos através de bolhas de hidrogênio.

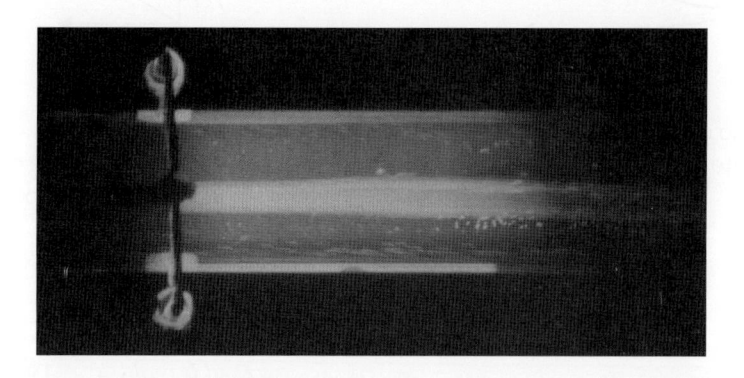

FIGURA 4.3

Linha de emissão de uma pequena seção de um canal onde escoa água. Fotografia tirada pelo autor no Laboratório de Fenômenos de Transporte do DHS/EE/UFRJ.

Quando o escoamento é invariante com o tempo (regime permanente), tem-se que as trajetórias, as linhas de corrente e as linhas de emissão, com origem no mesmo ponto, são coincidentes.

Os escoamentos podem ser classificados, em função de alguns critérios, de diversas maneiras, tais como: permanente ou transitório; incompressível ou compressível; uniforme ou variado; uni, bi ou tridimensional; laminar ou turbulento; ideal ou viscoso, e de entrada ou estabelecido. A seguir, apresentaremos uma breve descrição desses escoamentos.

Um escoamento é chamado de permanente ou estacionário quando as suas propriedades, em qualquer ponto, permanecem invariantes com o tempo. Se ocorrer variação das propriedades em um ponto, em função do tempo, o escoamento é denominado transitório ou não permanente.

Escoamento incompressível é aquele no qual as variações de massa específica são insignificantes. Tem-se um escoamento compressível quando as variações de massa específica não podem ser desprezadas. Os líquidos, em geral, são incompressíveis e escoam de forma incompressível. Os gases são compressíveis, mas em muitas situações pode ocorrer um escoamento incompressível de um gás, o que acontece quando as velocidades de escoamento são pequenas em relação à velocidade de propagação do som no fluido.

Um escoamento é classificado como uni, bi ou tridimensional em função do número de coordenadas espaciais necessárias para a especificação do campo de velocidade. Num escoamento unidimensional, desprezam-se as variações de velocidade e, geralmente, das outras propriedades, transversalmente à direção do escoamento.

Escoamento uniforme é aquele no qual o campo de vetores velocidade de escoamento no instante considerado é constante ao longo do escoamento, ou seja, quando $\dfrac{\partial \vec{V}}{\partial s} = 0$, em que s é uma coordenada ao longo do escoamento. Denomina-se escoamento variado ou não uniforme aquele em que os vetores velocidade, no instante de tempo considerado, variam ao longo do escoamento.

Observa-se que os fluidos, em função das condições do escoamento, podem escoar de uma forma suave e bem ordenada ou de uma maneira irregular, com turbilhões ou redemoinhos. Esses dois tipos de escoamento são chamados de laminar e turbulento, respectivamente. No escoamento laminar, o movimento do fluido se passa como se o fluido fosse constituído de lâminas paralelas que deslizam umas em relação às outras, sem ocorrer mistura macroscópica. No escoamento turbulento, as partículas fluidas se movem em trajetórias irregulares e ocorre mistura macroscópica, geralmente através de turbilhões.

Osborne Reynolds foi quem primeiro estudou quantitativamente a ocorrência dos escoamentos laminar e turbulento através da experiência esquematizada de forma simplificada na Figura 4.4. O fluido escoa no duto transparente horizontal com vazão (velocidade) controlada por um registro. Para se observar o comportamento do escoamento é injetado um filete do mesmo fluido com corante no centro de uma seção do duto, conforme é mostrado na Figura 4.4.

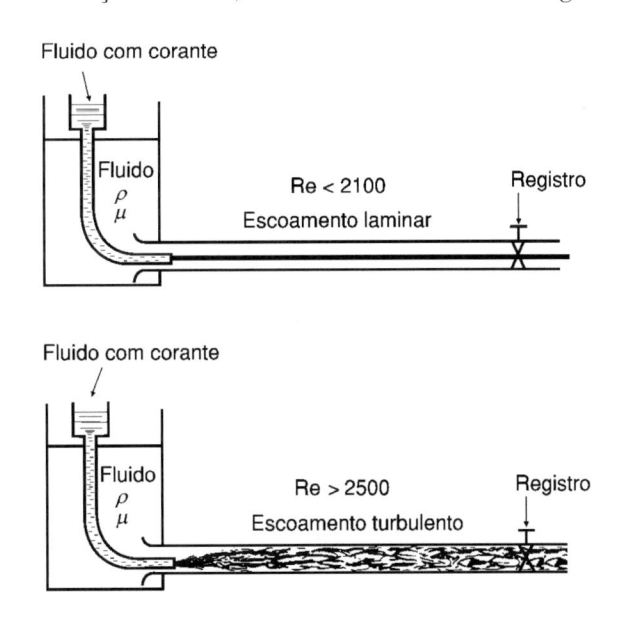

FIGURA 4.4

Esquema simplificado da experiência de Reynolds.

Verifica-se que, para pequenas velocidades, o corante é levado pelo escoamento e forma um filete retilíneo, de maneira que não ocorre mistura macroscópica, existindo, assim, um escoamento laminar. Aumentando a vazão (velocidade), observa-se uma mudança no comportamento do escoamento.

Para velocidades progressivamente maiores observa-se, primeiro, que o filete fica instável, depois, sinuoso e, posteriormente, passa a ocorrer mistura macroscópica, indicando, assim, um escoamento turbulento.

Reynolds observou que o escoamento no interior de um duto de seção circular de diâmetro constante é laminar ou turbulento em função de uma relação entre a velocidade de escoamento, o diâmetro interno do duto, a massa específica e a viscosidade dinâmica do fluido. Essa relação, que é adimensional, chamada de *número de Reynolds*, representada por Re, é dada por

$$\text{Re} = \frac{\rho V D}{\mu} \tag{4.3.5}$$

em que:

ρ é a massa específica do fluido;
V é a velocidade média de escoamento no duto;
D é o diâmetro interno do duto; e
μ é a viscosidade dinâmica do fluido.

Para escoamentos no interior de dutos com seção circular, verifica-se que, para Re < 2100, o escoamento, em geral, é laminar. Para Re > 2500, ocorre, geralmente, escoamento turbulento. Observa-se que existe uma região de transição de regime de escoamento para 2100 < Re < 2500 na qual o escoamento pode ser laminar ou turbulento em função das condições ambientes, principalmente da presença de vibrações no sistema. Pesquisadores, utilizando equipamentos semelhantes ao de Reynolds, com condições experimentais ótimas nas quais conseguiram minimizar as vibrações no equipamento e no fluido, observaram regime laminar de escoamento para números de Reynolds maiores de 30.000.

Deve-se observar que o parâmetro com dimensão de comprimento do número de Reynolds depende da geometria do sistema. O número de Reynolds pode ser interpretado como uma relação entre as forças de inércia e as forças viscosas existentes no escoamento. Num escoamento laminar, que ocorre para números de Reynolds baixos, tem-se que a turbulência é amortecida pelos efeitos viscosos.

Os fluidos reais são viscosos, entretanto observa-se que em alguns escoamentos (ou em determinadas regiões de um escoamento) não ocorre a manifestação dos efeitos viscosos. Nesses casos em que não ocorre a manifestação dos efeitos viscosos, considera-se o escoamento ideal ou não viscoso.

Os fluidos apresentam a propriedade de aderência à superfície sólida com a qual estão em contato, de forma que, num escoamento, uma película do fluido que está em contato direto com uma superfície sólida possui a mesma velocidade que essa superfície. Em outras palavras, não ocorre deslizamento do fluido sobre uma superfície sólida.

Em muitas situações, pode-se dividir o campo de escoamento em duas regiões principais. Junto às superfícies sólidas existe uma região com gradientes de velocidade no escoamento, havendo, assim, tensões de cisalhamento. Essa região com gradientes de velocidade de escoamento, na qual existe manifestação dos efeitos viscosos, é chamada de *camada-limite*. A região fora da camada-limite, em que não existem tensões cisalhantes (gradiente nulo de velocidade), costuma ser chamada de região de escoamento ideal ou livre.

A Figura 4.5 mostra um esquema simplificado da formação de uma camada-limite para o escoamento de um fluido sobre uma placa plana. O escoamento atinge a placa com um perfil uniforme de velocidade V_0. Como os fluidos possuem a propriedade de aderência às superfícies sólidas, verifica-se que uma fina película de fluido fica aderida na placa, que exerce uma força retardadora sobre o escoamento, desacelerando o fluido na vizinhança da superfície sólida. A influência da placa cria uma região no escoamento com gradientes de velocidade em que existem tensões cisalhantes, ou seja, uma camada-limite que aumenta de espessura à medida que o fluido percorre a superfície sólida. Fora da camada-limite, o escoamento não sofre a influência da placa, continuando com um perfil uniforme de velocidade V_0.

O escoamento na camada-limite pode ser laminar ou turbulento. Para escoamentos sobre uma placa plana, define-se o número de Reynolds como

$$\mathrm{Re}_x = \frac{\rho V_0 x}{\mu} \qquad (4.3.6)$$

em que a coordenada x é medida a partir do bordo de ataque da placa, na direção do escoamento sobre a placa na qual a camada-limite se desenvolve, conforme é mostrado no esquema simplificado da Figura 4.5. O tipo de escoamento na camada-limite depende do número de Reynolds.

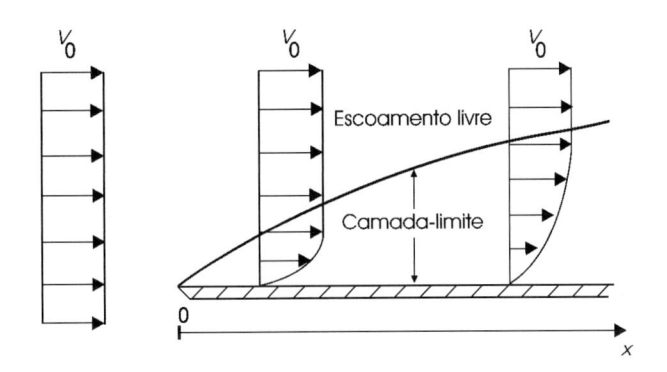

FIGURA 4.5

Esquema simplificado da formação de uma camada-limite sobre uma placa.

Os escoamentos internos em dutos podem ser classificados como de entrada ou estabelecido. Consideremos um escoamento interno no duto de seção circular constante, mostrado no esquema da Figura 4.6. Antes da entrada da tubulação, tem-se um escoamento livre com perfil uniforme de velocidade V_0. Devido à aderência do fluido à superfície interna da parede sólida, cria-se no escoamento uma camada limite que aumenta de espessura à medida que o fluido se movimenta ao longo do duto. Após uma determinada distância da entrada do duto, a camada-limite passa a ocupar toda a região no interior da tubulação. Na região com comprimento L_e, a camada-limite está em formação e tem-se escoamento de entrada. Após a distância L_e, a camada-limite está totalmente desenvolvida e o escoamento é chamado de estabelecido.

Depois do comprimento de entrada, ou seja, no escoamento estabelecido, o perfil de velocidade fica invariante ao longo de um duto de seção constante, e a forma da distribuição real de velocidade

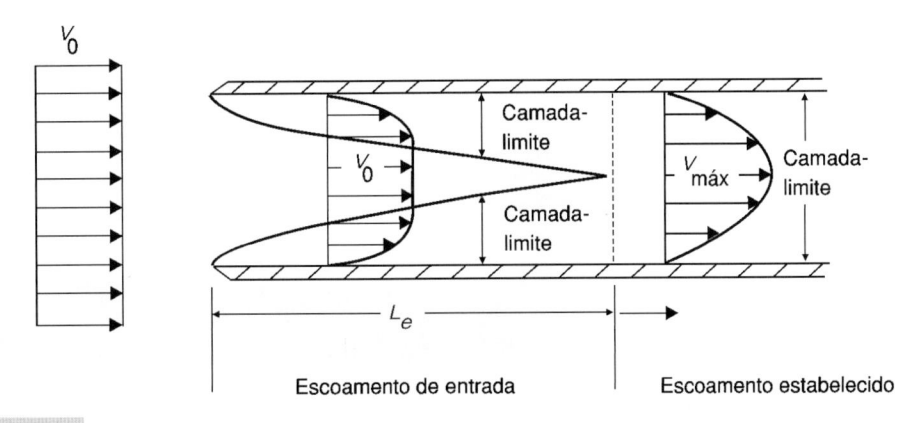

FIGURA 4.6

Esquema simplificado dos escoamentos de entrada e estabelecido num duto.

depende de o regime ser laminar ou turbulento. Para um escoamento laminar num duto de seção transversal circular, a distribuição (perfil) de velocidade numa seção é parabólica, sendo dada por

$$V(r) = V_{máx}\left[1 - \left(\frac{r}{R}\right)^2\right]$$ (4.3.7)

em que $V_{máx}$ é a velocidade de escoamento no centro da seção. No Exemplo 4.1, apresentamos uma dedução desse perfil parabólico de velocidade.

Para um escoamento laminar e permanente, a velocidade em um ponto permanece invariante com o tempo. A Figura 4.7 mostra uma fotografia do perfil parabólico correspondente à distribuição real de velocidade para um escoamento laminar de água em um canal de seção retangular pequena.

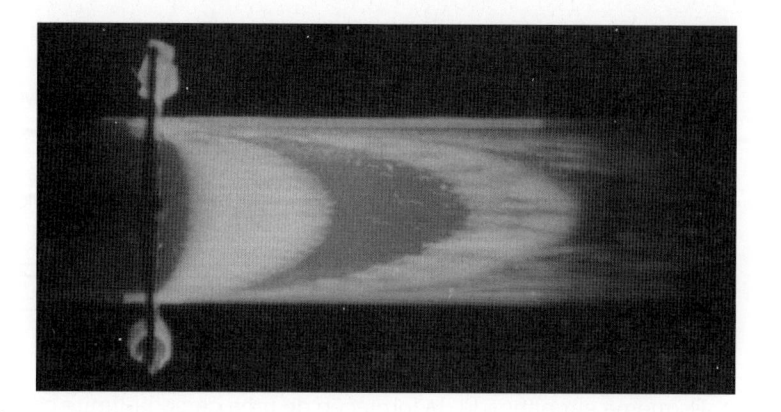

FIGURA 4.7

Fotografia do perfil parabólico correspondente à distribuição de velocidade para um escoamento laminar. Foto tirada pelo autor no Laboratório de Fenômenos de Transporte do DHS/EE/UFRJ.

Para um escoamento turbulento, observa-se que o perfil de velocidade tende a ficar uniforme no centro da seção, mas apresentando uma flutuação aleatória da velocidade instantânea em torno da velocidade média em relação ao tempo. A Figura 4.8 mostra uma fotografia do perfil correspondente à distribuição real de velocidade para um escoamento turbulento de água em um canal de seção retangular pequena. Observa-se que, no centro da seção, há uma região que tende a um perfil uniforme, enquanto nas vizinhanças das paredes a distribuição de velocidade é parabólica. A deformação apresentada no perfil é decorrente das flutuações aleatórias que ocorrem nos escoamentos turbulentos.

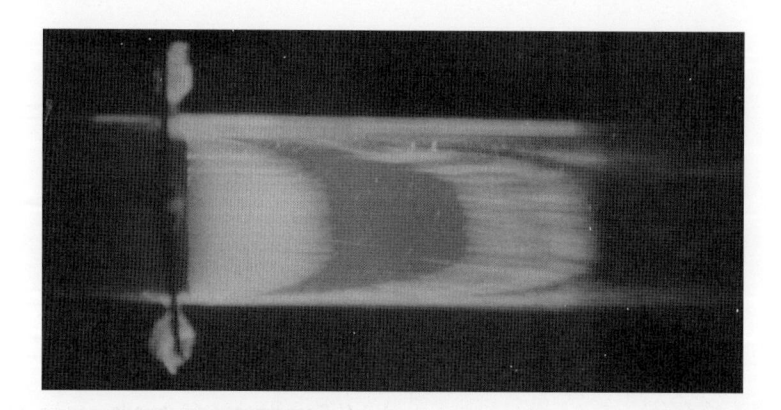

FIGURA 4.8

Fotografia do perfil correspondente à distribuição de velocidade para um escoamento turbulento. Foto tirada pelo autor no Laboratório de Fenômenos de Transporte do DHS/EE/UFRJ.

As fotografias mostradas nas Figuras 4.7 e 4.8 foram tiradas pelo autor, utilizando a técnica de visualização de escoamentos através de bolhas de hidrogênio, no Laboratório de Fenômenos de Transporte do Departamento de Hidráulica e Saneamento da Escola de Engenharia da Universidade Federal do Rio de Janeiro.

■ Exemplo 4.1 Determinação do perfil (distribuição) de velocidade para um escoamento laminar estabelecido e permanente, de um fluido newtoniano, em um duto horizontal de seção circular de diâmetro constante.

Consideremos o elemento de volume fluido cilíndrico de raio r e comprimento L, localizado no eixo longitudinal do duto, conforme é mostrado na Figura 4.9.

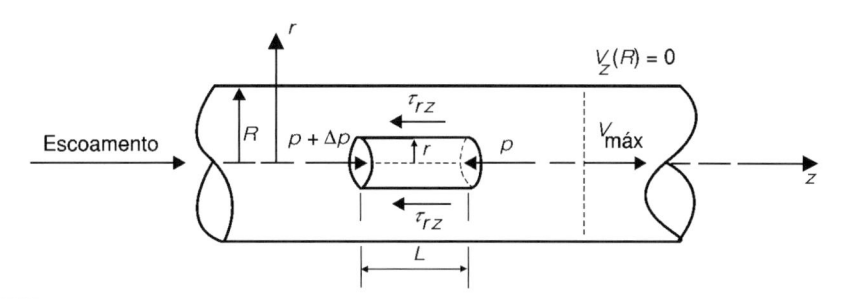

FIGURA 4.9

Elemento de volume fluido cilíndrico, de um escoamento laminar, localizado no eixo longitudinal de um duto de seção circular.

Sobre o elemento de volume fluido atuam as seguintes forças na direção do escoamento:

- força resultante de pressão que causa o escoamento; e
- força de atrito viscoso devido às tensões cisalhantes.

O escoamento é permanente, de forma que o balanço das forças que atuam sobre o elemento fluido na direção z é dado por

$$\sum F_z = \Delta p\,\pi\,r^2 - 2\pi\,r\,L\,\tau_{rz} = 0 \qquad (4.3.8)$$

resultando

$$\tau_{rz} = \frac{\Delta p}{2L}\,r. \qquad (4.3.9)$$

Trata-se de um escoamento laminar e permanente de um fluido newtoniano, de forma que da lei de Newton para a viscosidade, considerando que o fluxo de momento linear ocorre no sentido contrário ao gradiente de velocidade, pode-se escrever

$$\tau_{rz} = -\mu\frac{dV_z}{dr} \qquad (4.3.10)$$

em que μ é a viscosidade do fluido.

Assim, tem-se que

$$\frac{\Delta p}{2L}\,r = -\mu\frac{dV_z}{dr} \qquad (4.3.11)$$

resultando a equação diferencial

$$\frac{\Delta p}{2\mu L}\,r\,dr = -dV_z \qquad (4.3.12)$$

Deseja-se determinar a distribuição de velocidade $V_z(r)$ numa seção, de forma que uma condição de contorno é dada por

$$\text{para } r = r, \text{ tem-se que } V_z = V_z(r) \tag{4.3.13}$$

Verifica-se, experimentalmente, que a velocidade de escoamento é máxima no centro da seção, de maneira que a outra condição de contorno é dada por

$$\text{para } r = 0, \text{ tem-se que } V_z(0) = V_{máx} \tag{4.3.14}$$

resultando que a Eq. (4.3.12) pode ser integrada da seguinte forma:

$$\frac{\Delta p}{2\mu L} \int_0^r r\, dr = - \int_{V_{máx}}^{V_z(r)} dV_z \tag{4.3.15}$$

obtendo-se

$$V_z(r) = V_{máx} - \frac{\Delta p}{4\mu L} r^2. \tag{4.3.16}$$

Os fluidos reais (viscosos) apresentam a propriedade de aderência às superfícies sólidas com as quais estão em contato, de forma que na superfície interna da parede do duto a velocidade de escoamento é nula, ou seja,

$$V_z(R) = 0 \tag{4.3.17}$$

de maneira que da Eq. (4.3.16) obtém-se

$$V_{máx} = \frac{\Delta p}{4\mu L} R^2. \tag{4.3.18}$$

Substituindo esse valor de $V_{máx}$ na Eq. (4.3.16), tem-se que

$$V_z(r) = \frac{\Delta p}{4\mu L} R^2 - \frac{\Delta p}{4\mu L} r^2 \tag{4.3.19}$$

que pode ser escrita como

$$V_z(r) = V_{máx} \left[1 - \left(\frac{r}{R} \right)^2 \right] \tag{4.3.20}$$

ou seja, a distribuição de velocidade para um escoamento laminar, totalmente desenvolvido, de um fluido newtoniano em um duto de seção circular é parabólica.

4.4 BIBLIOGRAFIA

BENNETT, C. O.; MYERS, J. E. *Fenômenos de Transporte*. São Paulo: McGraw-Hill do Brasil, 1978.

FOX, R. W.; MCDONALD, A. T. *Introdução à Mecânica dos Fluidos*. Rio de Janeiro: Guanabara Koogan, 1988.

SHAMES, I. H. *Mecânica dos Fluidos*. São Paulo: Edgard Blücher, 1973.

SISSON, L. E.; PITTS, D. R. *Fenômenos de Transporte*. Rio de Janeiro: Guanabara Dois, 1979.

STREETER, V. L.; WYLIE, E. B. *Mecânica dos Fluidos*. São Paulo: McGraw-Hill do Brasil, 1982.

VENNARD, J. K.; STREET, R. *Elementos de Mecânica dos Fluidos*. Rio de Janeiro: Guanabara Dois, 1978.

WELTY, J. R.; WICKS, C. E.; WILSON, R. E. *Fundamentals of Momentum, Heat and Mass Transfer*. John Wiley, 1976.

4.5 PROBLEMAS

4.1 Explique a diferença básica entre as representações de Lagrange e de Euler.

4.2 Conceitue aceleração convectiva e aceleração local.

4.3 É possível ocorrer aceleração convectiva em um escoamento permanente? Justifique.

4.4 Conceitue trajetória, linha de corrente e linha de emissão.

4.5 Explique por que as trajetórias, as linhas de emissão e as linhas de corrente, com origem no mesmo ponto, são coincidentes em um escoamento em regime permanente.

4.6 Explique a diferença entre escoamento uniforme e escoamento com propriedades uniformes nas seções transversais (escoamento unidimensional).

4.7 Conceitue escoamento laminar e escoamento turbulento.

4.8 Descreva a experiência de Reynolds.

4.9 Conceitue camada-limite de um escoamento.

4.10 Explique a formação da camada-limite de um escoamento sobre uma placa plana.

4.11 Conceitue escoamento de entrada e escoamento estabelecido num duto.

5

Introdução à Análise de Escoamentos na Formulação de Volume de Controle

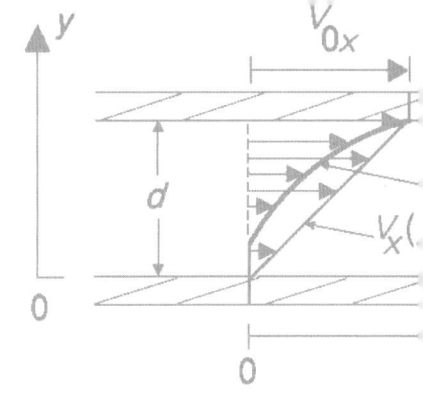

5.1 INTRODUÇÃO

No estudo do movimento dos fluidos aplicaremos três leis físicas fundamentais:

1) Princípio de conservação da massa;
2) Segunda lei de Newton para o movimento; e
3) Princípio de conservação da energia.

Na mecânica e na termodinâmica esses princípios foram aplicados a sistemas. No estudo da mecânica dos fluidos a abordagem de sistema se torna, em muitas situações, inadequada, porque geralmente um sistema fluido se deforma de tal maneira ao longo do escoamento que deixa de ser identificável. Assim, apresentaremos um método adequado para a análise dos escoamentos, chamado de formulação de volume de controle.

5.2 SISTEMA E VOLUME DE CONTROLE

Um *sistema* consiste em uma quantidade definida e identificada de matéria. No movimento de um fluido é praticamente impossível identificar um sistema e acompanhar essa quantidade definida de matéria ao longo do escoamento, pois as partículas fluidas possuem uma mobilidade relativa muito grande e, assim, com o tempo essas partículas acabam se dispersando e o sistema se deforma de tal maneira que deixa de ser identificável.

Na análise de um escoamento, em muitas situações é mais conveniente focalizar a atenção numa determinada região do espaço, através da qual o fluido escoa, e descrever o movimento à medida que o fluido cruza essa região. Esse é o método do volume de controle.

Volume de controle é uma região arbitrária e imaginária, no espaço, através da qual o fluido escoa.

A superfície do contorno geométrico do volume de controle é chamada de *superfície de controle*, e pode ser real ou imaginária, indeformável ou deformável, estacionária ou em movimento, conforme a conveniência para o problema em estudo.

A Figura 5.1 mostra uma superfície de controle adequada para a análise de um escoamento no interior de um duto. Observe que essa superfície de controle tem uma seção real coincidente com a superfície interna da parede da tubulação e duas seções imaginárias, verticais e transversais ao escoamento, através das quais o fluido escoa.

Como o fluido está em movimento, têm-se diferentes sistemas ocupando o volume de controle em diferentes instantes.

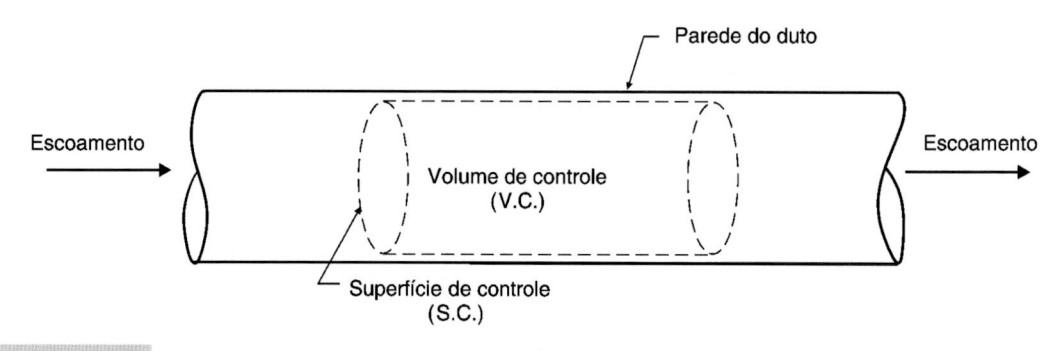

FIGURA 5.1

Superfície de controle para a análise de um escoamento num duto.

5.3 VAZÃO E FLUXO DE MASSA

Consideremos o escoamento de um fluido através de um elemento de área dA circular de uma seção de uma superfície de controle (S.C.), conforme é mostrado no esquema da Figura 5.2, onde:

dA é um elemento de área circular de uma seção da S.C.;
$\vec{n}$ é o vetor unitário normal a dA;
$\vec{V}$ o vetor velocidade de escoamento; e
θ é o ângulo formado entre $\vec{V}$ e $\vec{n}$.

As partículas fluidas que cruzam o elemento dA, no intervalo de tempo dt, percorrem uma distância ds dada por

$$ds = V\, dt \tag{5.3.1}$$

A massa fluida que atravessou o elemento dA, no intervalo de tempo dt, ocupa um cilindro que tem base com área A_B dada por

$$A_B = dA \cos \theta \tag{5.3.2}$$

de forma que o volume de fluido que escoou através do elemento de área dA, nesse intervalo de tempo dt, é

$$d\forall = dA\, ds \cos \theta = dA\, V\, dt \cos \theta \tag{5.3.3}$$

A componente da velocidade de escoamento na direção normal ao elemento de área dA é dada por

$$V_n = V \cos \theta \tag{5.3.4}$$

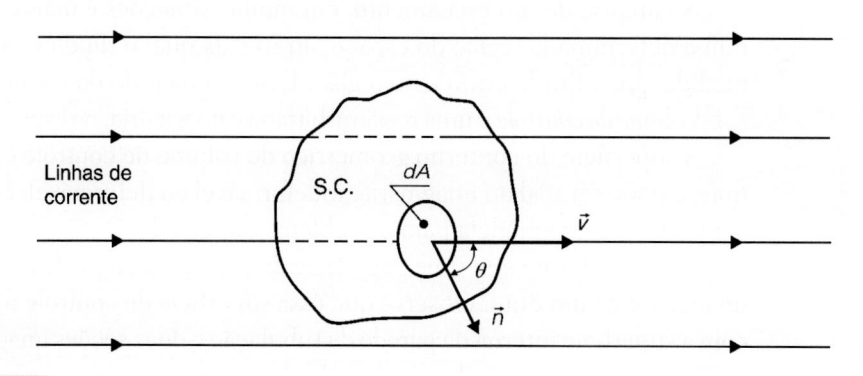

FIGURA 5.2

Escoamento através de um elemento de área dA circular de uma seção de uma S.C.

de maneira que

$$d\forall = V_n \, dA \, dt \tag{5.3.5}$$

O volume de fluido que escoa através de uma seção de área A, no intervalo de tempo dt, é obtido pela integração da Eq. (5.3.5) ao longo da seção, de forma que

$$d\forall = \left(\iint\limits_{\substack{\text{área} \\ \text{da seção}}} (\vec{V} \cdot \vec{n}) \, dA \right) dt \tag{5.3.6}$$

A *vazão* Q, numa seção, é o volume de fluido que escoa através da seção por unidade de tempo. Assim, da Eq. (5.3.6) tem-se que a vazão é dada por

$$Q = \iint\limits_{\substack{\text{área} \\ \text{da seção}}} (\vec{V} \cdot \vec{n}) \, dA \tag{5.3.7}$$

Para um escoamento com distribuição de velocidade uniforme na seção, a vazão é dada por

$$Q = V_n A \tag{5.3.8}$$

em que:

V_n é a componente da velocidade de escoamento na direção normal à seção; e
A é a área da seção.

O *fluxo de massa $\dot{m}$*, numa seção, é a massa de fluido que escoa através da seção por unidade de tempo. Da Eq. (5.3.7), considerando a definição da massa específica ρ, tem-se que o fluxo de massa é dado por

$$\dot{m} = \iint\limits_{\substack{\text{área} \\ \text{da seção}}} \rho (\vec{V} \cdot \vec{n}) \, dA \tag{5.3.9}$$

Quando o perfil (distribuição) de velocidade é uniforme na seção, resulta

$$\dot{m} = \rho V_n A \tag{5.3.10}$$

O fluxo de massa dado pela Eq. (5.3.9) costuma ser chamado de fluxo convectivo, no qual o transporte de massa é decorrente do campo de velocidade de escoamento.

As distribuições (perfis) reais de velocidade numa seção geralmente não são uniformes, pois os fluidos viscosos apresentam a propriedade de aderência às superfícies sólidas com as quais estão em contato. O conceito de perfil uniforme de velocidade numa seção no interior de um duto é um artifício para simplificar os cálculos e consiste na velocidade média de escoamento na seção.

Determina-se a velocidade média de escoamento a partir da igualdade das vazões dadas pelo perfil real de velocidade e pelo perfil uniforme de velocidade média na seção.

■ **Exemplo 5.1** Determinação da velocidade média, numa seção, de um escoamento laminar, totalmente desenvolvido e em regime permanente, no duto de seção circular com diâmetro constante mostrado no esquema da Figura 5.3. No Capítulo 4, foi deduzida a distribuição de velocidade para esse tipo de escoamento que é dada por

$$V(r) = V_{\text{máx}} \left[1 - \left(\frac{r}{R} \right)^2 \right]$$

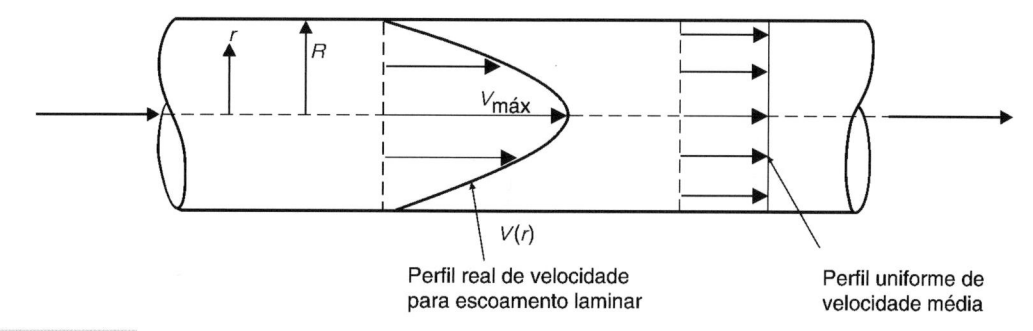

FIGURA 5.3

Esquema de um escoamento laminar num duto de seção circular.

Determina-se a velocidade média a partir da igualdade das vazões dadas pela distribuição real de velocidade de escoamento e pela distribuição uniforme de velocidade média, de forma que

$$V_{méd}\, A = \iint_{\substack{\text{área} \\ \text{da seção}}} V(r)\, dA$$

$$V_{méd} = \frac{1}{\pi\, R^2} \int_0^{2\pi} \int_0^R V_{máx} \left[1 - \left(\frac{r}{R}\right)^2 \right] r\, dr\, d\theta = \frac{V_{máx}}{2}$$

O perfil uniforme de velocidade média que fornece a mesma vazão que o perfil real de velocidade (que é parabólico para o caso de um escoamento laminar) tem velocidade uniforme igual à metade da velocidade máxima que ocorre no centro da seção transversal no interior do duto. Deve-se observar que essa relação $V_{méd} = \dfrac{V_{máx}}{2}$ só é válida para este caso de seção circular, pois depende da geometria da seção.

5.4 EQUAÇÃO BÁSICA DA FORMULAÇÃO DE VOLUME DE CONTROLE

Na análise de escoamentos na formulação de volume de controle trataremos com fluxos de massa, de momento (quantidade de movimento) linear e de energia que atravessam uma determinada superfície de controle. As propriedades massa (M), momento linear ($\vec{P} = M\vec{V}$) e energia (E) são grandezas extensivas que têm como suas grandezas intensivas correspondentes a unidade (1) (massa por unidade de massa), a velocidade ($\vec{V}$) e a energia específica (e), respectivamente.

As grandezas extensivas dependem do volume e representam propriedades do sistema como um todo, enquanto as grandezas intensivas representam propriedades de ponto. Representaremos uma grandeza extensiva genérica pela letra grega beta maiúscula (B) e sua grandeza intensiva genérica correspondente pela letra grega beta minúscula (β). Como uma grandeza intensiva β genérica é igual a sua grandeza extensiva B correspondente por unidade de massa, existe a seguinte relação entre elas:

$$B = \iiint_{\text{massa}} \beta\, dm = \iiint_{\text{volume}} \beta\rho\, d\forall \tag{5.4.1}$$

na qual ρ é a massa específica do fluido.

Na dedução da equação básica da formulação de volume de controle vamos considerar um sistema fluido em movimento e analisar a taxa de variação de uma grandeza extensiva B genérica à medida que o fluido escoa através de uma superfície de controle, realizando, então, a passagem da descrição de sistema para o método de volume de controle.

Para facilitar a visualização, vamos considerar uma situação simples. Consideremos o escoamento de um fluido no interior de um duto cilíndrico de parede impermeável, com um campo de velocidade de escoamento $\vec{V}$ descrito em relação a um referencial de coordenadas r e z, através de uma superfície de controle estacionária, conforme é mostrado no esquema da Figura 5.4.

O sistema considerado é a massa fluida que ocupa o volume de controle no instante t, de forma que o contorno do sistema, neste instante t, é coincidente com a superfície de controle indicada pela linha tracejada na Figura 5.4. O fluido está em movimento, de maneira que no instante $t + \Delta t$ o sistema ocupa outra região no espaço, sendo seu contorno representado pela linha traço-ponto na Figura 5.4. Observe que o deslocamento do sistema no intervalo Δt está representado considerando-se a velocidade média de escoamento do fluido na seção.

A Figura 5.4 apresenta três regiões distintas. O sistema considerado no instante t ocupa as regiões 1 e 2, enquanto o mesmo sistema no instante $t + \Delta t$ ocupa as regiões 2 e 3.

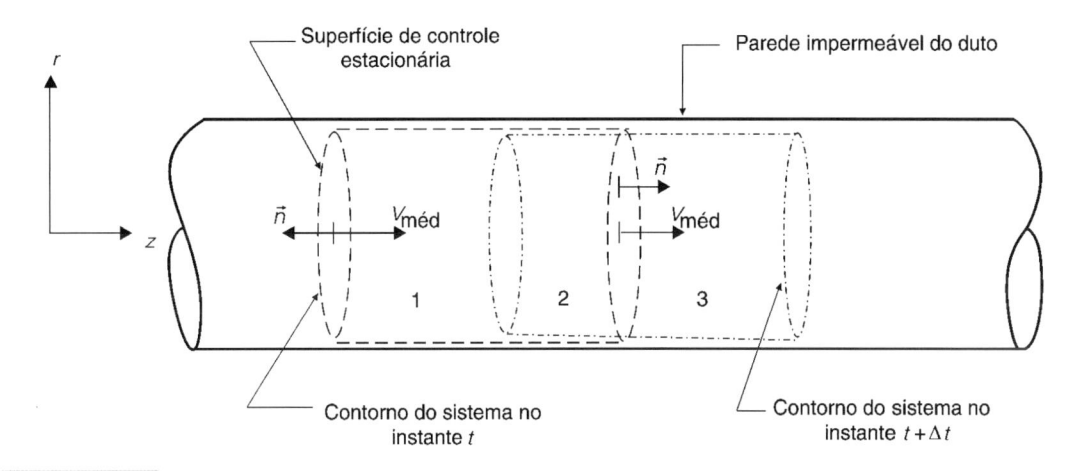

FIGURA 5.4

Esquema de um escoamento de um fluido através de uma superfície de controle.

Assim, uma grandeza extensiva B genérica do sistema, no instante t, pode ser escrita como

$$B_t = B_{1,t} + B_{2,t} \tag{5.4.2}$$

No instante $t + \Delta t$, o sistema considerado ocupa as regiões 2 e 3, de maneira que essa grandeza extensiva B genérica pode ser expressa como

$$B_{t+\Delta t} = B_{2,t+\Delta t} + B_{3,t+\Delta t} \tag{5.4.3}$$

Subtraindo a Eq. (5.4.2) da Eq. (5.4.3) e dividindo pelo intervalo de tempo Δt, obtém-se

$$\frac{B_{t+\Delta t} - B_t}{\Delta t} = \frac{B_{2,t+\Delta t} + B_{3,t+\Delta t} - B_{1,t} - B_{2,t}}{\Delta t} \tag{5.4.4}$$

Rearranjando os termos e fazendo o limite quando Δt tende a zero, resulta

$$\lim_{\Delta t \to 0} \frac{B_{t+\Delta t} - B_t}{\Delta t} = \lim_{\Delta t \to 0} \frac{B_{2,t+\Delta t} - B_{2,t}}{\Delta t} + \lim_{\Delta t \to 0} \frac{B_{3,t+\Delta t} - B_{1,t}}{\Delta t} \tag{5.4.5}$$

A equação básica da formulação de volume de controle, que fornece a passagem da descrição de sistema para o método de volume de controle, será obtida a seguir pela análise dos termos da Eq. (5.4.5).

Matematicamente, tem-se que

$$\lim_{\Delta t \to 0} \frac{B_{t+\Delta t} - B_t}{\Delta t} = \frac{dB_{\text{sist}}}{dt} \tag{5.4.6}$$

na qual a derivada $\dfrac{d\mathrm{B}_{\mathrm{sist}}}{dt}$ é a taxa de variação da grandeza extensiva B genérica do sistema.

O termo

$$\lim_{\Delta t \to 0} \frac{\mathrm{B}_{2,t+\Delta t} - \mathrm{B}_{2,t}}{\Delta t} = \frac{d\mathrm{B}_2}{dt} \tag{5.4.7}$$

é a taxa de variação da grandeza extensiva B na região 2. Observando a Figura 5.4, tem-se que no limite, quando Δt tende a zero, a região 2 tende ao volume de controle cujo contorno é coincidente com a superfície de controle, de forma que esse termo é a taxa de variação da grandeza extensiva B do fluido dentro do volume de controle (V.C.). Assim, considerando a relação entre uma grandeza extensiva B genérica e sua correspondente grandeza intensiva β, dada pela Eq. (5.4.1), tem-se que

$$\frac{d\mathrm{B}_2}{dt} = \frac{d\mathrm{B}_{\mathrm{V.C.}}}{dt} = \frac{d}{dt} \iiint_{\mathrm{V.C.}} \beta \rho \, d\forall \tag{5.4.8}$$

O significado físico do último termo da Eq. (5.4.5) é obtido da seguinte análise. Observa-se na Figura 5.4 que no limite, quando Δt tende a zero, as regiões 1 e 3 se tornam coincidentes com a superfície de controle (S.C.), passando a região 3 a ser a seção da S.C. através da qual o fluido sai do volume de controle, enquanto a região 1 torna-se a seção da S.C. através da qual o fluido entra no V.C.

Portanto, esse termo representa a quantidade da grandeza B que atravessa a seção de saída da S.C. menos a quantidade da grandeza B que cruza a seção de entrada da S.C. durante o intervalo de tempo Δt. Em outras palavras, esse termo corresponde ao fluxo de saída menos o fluxo de entrada da grandeza extensiva B no volume de controle, ou seja, é o fluxo líquido da grandeza extensiva B que atravessa a superfície de controle. Assim, tem-se que

$$\lim_{\Delta t \to 0} \frac{\mathrm{B}_{3,t+\Delta t} - \mathrm{B}_{1,t}}{\Delta t} = \begin{pmatrix} \text{fluxo líquido da grandeza} \\ \text{extensiva B genérica que cruza} \\ \text{a superfície de controle} \end{pmatrix} \tag{5.4.9}$$

O fluxo de massa $\dot{m}$, numa seção, que é a massa de fluido que escoa através da seção por unidade de tempo, é dado por

$$\dot{m} = \iint_{\substack{\text{área} \\ \text{da seção}}} \rho(\vec{V} \cdot \vec{n}) \, dA \tag{5.4.10}$$

Considerando toda a superfície de controle, tem-se que

$$\begin{pmatrix} \text{fluxo líquido de} \\ \text{massa que escoa} \\ \text{através da S.C.} \end{pmatrix} = \iint_{\mathrm{S.C.}} \rho(\vec{V} \cdot \vec{n}) \, dA \tag{5.4.11}$$

Assim, tem-se que

$$\begin{pmatrix} \text{fluxo líquido da grandeza} \\ \text{extensiva B genérica que cruza} \\ \text{a superfície de controle} \end{pmatrix} = \iint_{\mathrm{S.C.}} \beta \rho(\vec{V} \cdot \vec{n}) \, dA \tag{5.4.12}$$

de maneira que a Eq. (5.4.5) pode ser escrita como

$$\frac{d\mathrm{B}_{\mathrm{sist}}}{dt} = \iint_{\mathrm{S.C.}} \beta \rho(\vec{V} \cdot \vec{n}) dA + \frac{\partial}{\partial t} \iiint_{\mathrm{V.C.}} \beta \rho \, d\forall \tag{5.4.13}$$

Essa Eq. (5.4.13) é a equação básica da formulação de volume de controle que fornece a passagem da descrição de sistema para o método de volume de controle. Deve-se observar na dedução dessa equação que a velocidade de escoamento $\vec{V}$ é a relativa à superfície de controle.

A Eq. (5.4.13) estabelece que a taxa de variação de uma grandeza extensiva genérica de um sistema é igual ao fluxo líquido dessa grandeza extensiva genérica que atravessa a superfície de controle mais a taxa de variação dessa grandeza extensiva genérica dentro do volume de controle, ou seja, determina-se a taxa de variação de uma grandeza extensiva B genérica do sistema por meio de um balanço da grandeza extensiva B genérica para o volume de controle considerado, que pode ser escrito como

$$\begin{pmatrix} \text{taxa de variação da} \\ \text{grandeza extensiva B} \\ \text{genérica do sistema} \end{pmatrix} = \begin{pmatrix} \text{fluxo líquido da grandeza} \\ \text{extensiva B genérica que} \\ \text{cruza a superfície de} \\ \text{controle} \end{pmatrix} + \begin{pmatrix} \text{taxa de variação da} \\ \text{grandeza extensiva B} \\ \text{genérica dentro do} \\ \text{volume de controle} \end{pmatrix} \tag{5.4.14}$$

5.5 PRINCÍPIO DE CONSERVAÇÃO DA MASSA. EQUAÇÃO DA CONTINUIDADE

Um sistema consiste em uma quantidade definida e identificada de matéria. O princípio de conservação da massa estipula que a massa de um sistema permanece constante, desprezando-se os efeitos nucleares e relativísticos, de forma que

$$\frac{dM_{sist}}{dt} = 0 \tag{5.5.1}$$

em que M_{sist} é a massa do sistema.

A equação básica da formulação de volume de controle é dada por

$$\frac{dB_{sist}}{dt} = \iint_{S.C.} \beta\rho(\vec{V} \cdot \vec{n})\, dA + \frac{\partial}{\partial t} \iiint_{V.C.} \beta\rho\, d\forall \tag{5.5.2}$$

No estudo da conservação da massa tem-se que a grandeza extensiva é a massa M, sendo a sua grandeza intensiva correspondente à unidade (1), ou seja,

$$B = M$$
$$\beta = 1 \tag{5.5.3}$$

de forma que a Eq. (5.5.2) fica sendo

$$\frac{dM_{sist}}{dt} = \iint_{S.C.} \rho(\vec{V} \cdot \vec{n})\, dA + \frac{\partial}{\partial t} \iiint_{V.C.} \rho\, d\forall \tag{5.5.4}$$

Do princípio de conservação da massa tem-se que

$$\frac{dM_{sist}}{dt} = 0 \tag{5.5.5}$$

resultando

$$\iint_{S.C.} \rho(\vec{V} \cdot \vec{n})\, dA + \frac{\partial}{\partial t} \iiint_{V.C.} \rho\, d\forall = 0 \tag{5.5.6}$$

Essa Eq. (5.5.6) é chamada de equação da continuidade na forma integral e representa matematicamente um balanço de massa para o volume de controle considerado, que pode ser expresso como

$$\left.\begin{array}{l}\text{fluxo líquido de massa}\\\text{que atravessa a}\\\text{superfície de controle}\end{array}\right)+\left(\begin{array}{l}\text{taxa de variação}\\\text{da massa dentro do}\\\text{volume de controle}\end{array}\right)=0 \qquad (5.5.7)$$

No balanço dado pela Eq. (5.5.7) o termo fluxo líquido de massa que atravessa a superfície de controle (S.C.) significa a diferença entre o fluxo de massa que sai e o fluxo de massa que entra no volume de controle (V.C.) através da superfície de controle.

Cada problema possui uma superfície de controle adequada, cuja escolha depende da situação física em estudo. A velocidade de escoamento $\vec{V}$ que aparece nas equações da formulação de volume de controle é a relativa à superfície de controle. Nessas equações aparece um produto escalar $(\vec{V} \cdot \vec{n})$, cujo sinal depende do sentido do vetor velocidade de escoamento $\vec{V}$ em relação à seção da superfície de controle que possui orientação dada por um vetor unitário normal $\vec{n}$, que tem arbitrado sentido positivo de dentro para fora do volume de controle delimitado pela S.C. Assim, o fluxo de massa que entra no V.C. é negativo, enquanto o fluxo de massa que sai do V.C. é positivo.

Em algumas situações, a Eq. (5.5.6) pode ser simplificada. Consideremos dois casos.

Formas Particulares da Equação da Continuidade

• Caso de um regime permanente

No regime permanente, as propriedades do fluido e as características do escoamento ficam invariantes com o tempo, ou seja, qualquer derivada em relação ao tempo é nula, de forma que a equação da continuidade fica sendo

$$\iint_{S.C.} \rho(\vec{V} \cdot \vec{n})\, dA = 0 \qquad (5.5.8)$$

Da Eq. (5.5.8) conclui-se que num regime permanente o fluxo de massa que sai é igual ao fluxo de massa que entra no volume de controle.

• Caso de um escoamento permanente e incompressível

Em um regime permanente a equação da continuidade é dada pela Eq. (5.5.8). Num escoamento incompressível a massa específica é constante, de maneira que a equação da continuidade fica reduzida a

$$\iint_{S.C.} (\vec{V} \cdot \vec{n})\, dA = 0 \qquad (5.5.9)$$

Da Eq. (5.5.9) tem-se que num escoamento incompressível e em regime permanente a vazão que sai é igual à vazão que entra no volume de controle.

■ **Exemplo 5.2** Aplicação da equação da continuidade na análise de um escoamento permanente e com propriedades uniformes nas seções transversais no duto com seção redutora mostrado na Figura 5.5.

A equação da continuidade na forma integral é dada por

$$\iint_{S.C.} \rho(\vec{V} \cdot \vec{n})\, dA + \frac{\partial}{\partial t} \iiint_{V.C.} \rho\, d\forall = 0$$

Escolhemos como volume de controle a região delimitada pela superfície de controle indicada pela linha tracejada. Essa superfície de controle está dividida em três seções: as seções (1) e

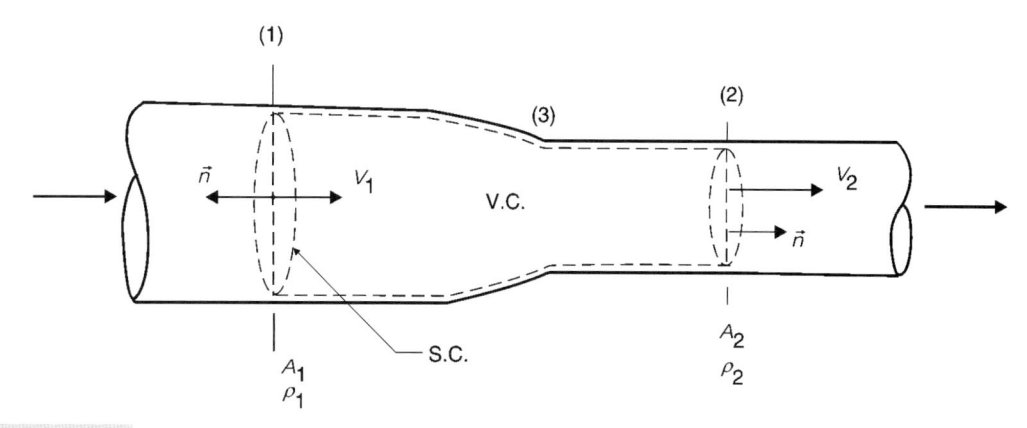

FIGURA 5.5

Esquema de um escoamento num duto redutor de seção circular.

(2) são imaginárias e transversais ao escoamento, possuindo áreas A_1 e A_2, respectivamente, e a seção (3) é real e coincidente com a superfície interna da parede do duto.

Hipóteses:

- regime permanente;
- escoamento com propriedades uniformes nas seções transversais; e
- duto com parede impermeável.

Sendo um regime permanente, tem-se que as derivadas em relação ao tempo são nulas, de forma que a equação da continuidade fica reduzida a

$$\iint_{S.C.} \rho(\vec{V} \cdot \vec{n})\, dA = 0$$

Como a parede do duto é impermeável, não há fluxo de massa através da seção (3) da superfície de controle ($\vec{V} \cdot \vec{n} = 0$), de maneira que

$$\iint_{S.C.} \rho(\vec{V} \cdot \vec{n})\, dA - \iint_{(1)} \rho(\vec{V} \cdot \vec{n})\, dA + \iint_{(2)} \rho(\vec{V} \cdot \vec{n})\, dA = 0$$

$$\iint_{S.C.} \rho(\vec{V} \cdot \vec{n})\, dA = (-\rho_1 V_1) \iint_{(1)} dA + \rho_2\, V_2 \iint_{(2)} dA = 0$$

resultando

$$\rho_1\, V_1\, A_1 = \rho_2\, V_2\, A_2$$

ou seja, o fluxo de massa é constante para um caso de regime permanente.

Se, além de regime permanente, tem-se um escoamento incompressível, onde a massa específica ρ é constante, resulta

$$V_1\, A_1 = V_2\, A_2$$

ou seja, a vazão é constante num escoamento incompressível e permanente. Observa-se que nesse caso a redução na área da seção causa um aumento na velocidade de escoamento.

■ **Exemplo 5.3** Um óleo incompressível é despejado com uma vazão Q constante em um reservatório cilíndrico de diâmetro D. O óleo vaza através de um orifício de diâmetro d, localizado na base do reservatório, com uma velocidade de saída dada por $V = \sqrt{2\,g\,h}$, em que h é o nível do óleo, conforme é mostrado no esquema da Figura 5.6. Considerando que o jato de óleo possui diâmetro d no orifício de saída, determine:

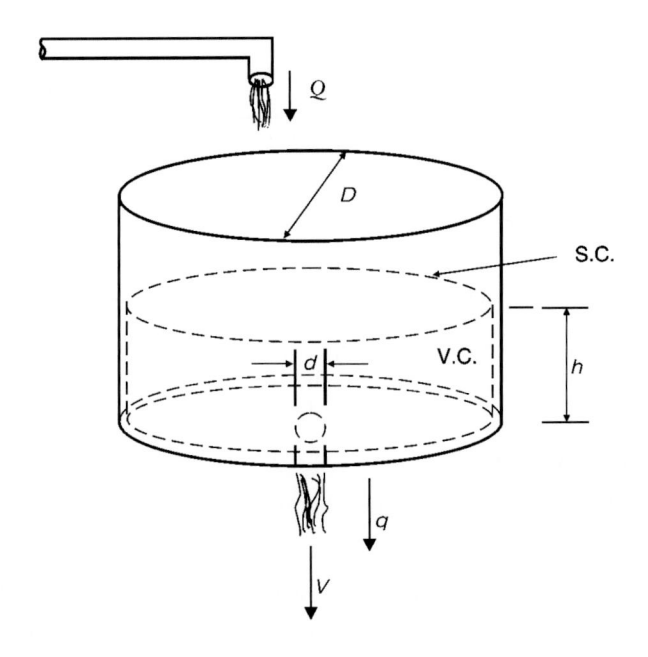

FIGURA 5.6

Esquema de um escoamento de óleo em um reservatório cilíndrico.

a) a equação diferencial que descreve a evolução, com o tempo, do nível h de óleo no reservatório supondo um nível inicial qualquer; e

b) o nível máximo $h_{máx}$ de óleo no reservatório a partir do qual o escoamento fica em regime permanente.

Escolhemos como volume de controle o volume ocupado pelo óleo dentro do reservatório, de forma que a ocorrência de variação do nível h implica variação do volume de controle com o tempo.

A equação da continuidade é dada por

$$\iint\limits_{S.C.} \rho(\vec{V} \cdot \vec{n})\, dA + \frac{\partial}{\partial t} \iiint\limits_{V.C.} \rho\, d\forall = 0$$

Sendo o óleo incompressível, tem-se ρ = constante, de maneira que

$$\iint\limits_{S.C.} (\vec{V} \cdot \vec{n})\, dA + \frac{\partial}{\partial t} \iiint\limits_{V.C.} d\forall = 0$$

A vazão de óleo que entra no volume de controle é Q dada.
A vazão que sai do volume de controle é q calculada por

$$q = \iint\limits_{\substack{\text{área}\\ \text{da seção}}} (\vec{V} \cdot \vec{n})\, dA = \sqrt{2\, g\, h}\; \iint\limits_{\substack{\text{área}\\ \text{da seção}}} dA = \frac{\pi\, d^2}{4} \sqrt{2\, g\, h}$$

Tem-se que

$$\frac{\partial}{\partial t} \iiint\limits_{V.C.} d\forall = \frac{d\forall}{dt}$$

em que $\forall$ é o volume do volume de controle dado por

$$\forall = \frac{\pi\, D^2}{4} h$$

Assim, a equação da continuidade fica sendo

$$-Q + q + \frac{d\forall}{dt} = 0$$

Substituindo os dados, obtém-se

$$-Q + \frac{\pi\,d^2}{4}\sqrt{2\,g\,h} + \frac{\pi\,D^2}{4}\frac{d\,h}{d\,t} = 0$$

Essa equação diferencial, que descreve a evolução do nível de óleo h em função do tempo, pode ser escrita como

$$\frac{d\,h}{d\,t} = \frac{4\,Q}{\pi\,D^2} - \frac{d^2}{D^2}\sqrt{2\,g\,h}$$

No regime permanente qualquer característica ou propriedade do escoamento é invariante com o tempo, ou seja, a partir do instante em que o escoamento fica permanente tem-se

$$\frac{d\,h_{\text{máx}}}{d\,t} = 0$$

de forma que

$$\frac{4Q}{\pi\,D^2} = \frac{d^2}{D^2}\sqrt{2\,g\,h_{\text{máx}}}$$

resultando

$$h_{\text{máx}} = \frac{8\,Q^2}{\pi^2\,d^4\,g}$$

5.6 SEGUNDA LEI DE NEWTON PARA O MOVIMENTO NA FORMULAÇÃO DE VOLUME DE CONTROLE. EQUAÇÃO DO MOMENTO LINEAR

A segunda lei de Newton para o movimento de um sistema em relação a um referencial inercial pode ser escrita como

$$\sum \vec{F} = \frac{d\,\vec{P}}{dt} \tag{5.6.1}$$

ou seja, a força resultante que atua sobre o sistema é igual à taxa de variação do momento (quantidade de movimento) linear total do sistema.

A segunda lei de Newton para o movimento aplicável a um volume de controle pode ser obtida a partir da equação básica da formulação de volume de controle, dada por

$$\frac{d\,\mathrm{B}_{\text{sist}}}{dt} = \iint\limits_{\text{S.C.}} \beta\rho(\vec{V}\cdot\vec{n})\,dA + \frac{\partial}{\partial t}\iiint\limits_{\text{V.C.}} \beta\rho\,d\forall \tag{5.6.2}$$

considerando que

$$B = M\vec{V} = \vec{P}$$
$$\beta = \vec{V} \tag{5.6.3}$$

Substituindo a grandeza extensiva B genérica pelo momento linear $\vec{P}$ do sistema e a grandeza intensiva correspondente β pela velocidade de escoamento $\vec{V}$, a Eq. (5.6.2) fica sendo

$$\frac{d\vec{P}}{dt} = \iint\limits_{\text{S.C.}} \vec{V}\,\rho(\vec{V}\cdot\vec{n})\,dA + \frac{\partial}{\partial t}\iiint\limits_{\text{V.C.}} \vec{V}\,\rho\,d\forall \tag{5.6.4}$$

Da Eq. (5.6.1) tem-se que

$$\frac{d\vec{P}}{dt} = \sum \vec{F} \tag{5.6.5}$$

onde

$$\sum \vec{F} = \sum \vec{F}_{corpo} + \sum \vec{F}_{superfície} \tag{5.6.6}$$

é a resultante de todas as forças de corpo e de superfície que atuam sobre o sistema.

Na dedução da equação básica da formulação de volume de controle, consideramos que o sistema e o volume de controle são coincidentes no instante t, de forma que

$$\left(\sum \vec{F}\right)_{\substack{sobre\ o \\ sistema}} = \left(\sum \vec{F}\right)_{\substack{sobre\ o\ fluido\ dentro \\ do\ volume\ de\ controle}} \tag{5.6.7}$$

Assim, a Eq. (5.6.4) pode ser escrita como

$$\sum \vec{F} = \iint_{S.C.} \vec{V}\ \rho(\vec{V} \cdot \vec{n})\ dA + \frac{\partial}{\partial t} \iiint_{V.C.} \vec{V}\ \rho\, d\forall \tag{5.6.8}$$

que costuma ser chamada de equação do momento linear. A Eq. (5.6.8) é a segunda lei de Newton para o movimento na formulação de volume de controle, e ela estabelece que a força resultante que atua sobre o fluido dentro do volume de controle é igual ao fluxo líquido de momento linear que cruza a superfície de controle mais a taxa de variação do momento linear do fluido dentro do volume de controle, ou seja, determina-se a força resultante que atua sobre o fluido dentro do volume de controle por meio de um balanço de momento linear para o volume de controle considerado, que pode ser expresso da seguinte forma:

$$\begin{pmatrix} \text{força resultante} \\ \text{que atua sobre o} \\ \text{fluido dentro do} \\ \text{volume de controle} \end{pmatrix} = \begin{pmatrix} \text{fluxo líquido de momento} \\ \text{linear que atravessa a} \\ \text{superfície de controle} \end{pmatrix} + \begin{pmatrix} \text{taxa de variação} \\ \text{do momento linear} \\ \text{do fluido dentro do} \\ \text{volume de controle} \end{pmatrix} \tag{5.6.9}$$

Quando uma força atua sobre um escoamento, verifica-se uma alteração no estado de movimento do fluido. Com a equação do momento linear, determina-se a força resultante que atua sobre o fluido dentro do volume de controle por meio do balanço de momento linear expresso pela Eq. (5.6.9) e representado matematicamente pela Eq. (5.6.8).

A Eq. (5.6.8) é uma equação vetorial que pode ser decomposta em equações escalares, segundo os eixos do sistema de coordenadas escolhido. Considerando um sistema de coordenadas retangulares, as componentes escalares da equação do momento linear são dadas por

$$\sum F_x = \iint_{S.C.} V_x\ \rho(\vec{V} \cdot \vec{n})\ dA + \frac{\partial}{\partial t} \iiint_{V.C.} V_x\ \rho\, d\forall \tag{5.6.10a}$$

$$\sum F_y = \iint_{S.C.} V_y\ \rho(\vec{V} \cdot \vec{n})\ dA + \frac{\partial}{\partial t} \iiint_{V.C.} V_y\ \rho\, d\forall \tag{5.6.10b}$$

$$\sum F_z = \iint_{S.C.} V_z\ \rho(\vec{V} \cdot \vec{n})\ dA + \frac{\partial}{\partial t} \iiint_{V.C.} V_z\ \rho\, d\forall \tag{5.6.10c}$$

Observe que a velocidade de escoamento $\vec{V}$ que aparece nas equações da formulação de volume de controle é a relativa à superfície de controle. O fluxo de momento linear $\vec{V}\rho(\vec{V} \cdot \vec{n})\, dA$ através do elemento de área dA é um vetor cujo sinal dado pelo produto escalar $(\vec{V} \cdot \vec{n})$ depende do sentido do vetor $\vec{V}$ em relação ao vetor unitário $\vec{n}$ normal ao elemento de área dA.

A Eq. (5.6.8) é a segunda lei de Newton aplicável a um volume de controle inercial (estacionário ou em movimento com velocidade constante).

■ Exemplo 5.4 Determinação da força exercida pelo escoamento de um fluido, em regime permanente, sobre o duto redutor curvo mostrado no esquema da Figura 5.7.

Hipóteses:

- regime permanente;
- escoamento com perfis uniformes nas seções transversais; e
- duto com parede impermeável.

Escolhemos como volume de controle a região delimitada pela superfície de controle, indicada pela linha tracejada na Figura 5.7, constituída por uma seção real coincidente com a superfície interna da parede da tubulação e as seções transversais (1) e (2), imaginárias, de áreas A_1 e A_2, respectivamente, através das quais o fluido escoa.

Aplicando a equação do momento linear segundo as direções x e y do sistema referencial escolhido, tem-se

$$\sum F_x = \iint_{S.C.} V_x \; \rho(\vec{V} \cdot \vec{n}) \, dA + \frac{\partial}{\partial t} \iiint_{V.C.} V_x \; \rho \, d\forall$$

$$\sum F_y = \iint_{S.C.} V_y \; \rho(\vec{V} \cdot \vec{n}) \, dA + \frac{\partial}{\partial t} \iiint_{V.C.} V_y \; \rho \, d\forall$$

As forças que atuam sobre o fluido dentro do volume de controle (V.C.) são:

a) o peso $\vec{W}$ do fluido dentro do volume de controle;

b) as forças devido às pressões estáticas p_1 e p_2 nas seções (1) e (2), respectivamente, e

c) a força resultante $\vec{F}_D$ exercida pela parede do duto sobre o fluido dentro do volume de controle, devido às distribuições de tensões normais σ e tensões cisalhantes τ.

As componentes x e y da força resultante que atua sobre o fluido dentro do volume de controle (V.C.) são dadas por

$$\sum F_x = p_1 A_1 - p_2 A_2 \cos\theta + F_{D,x}$$

$$\sum F_y = p_2 A_2 \, \text{sen}\,\theta - W + F_{D,y}$$

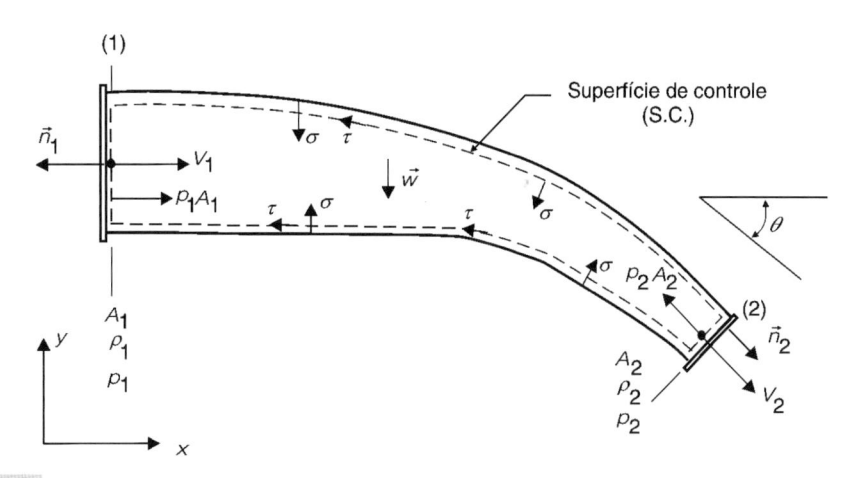

FIGURA 5.7

Esquema de um escoamento num duto redutor curvo.

O regime é permanente, de forma que as derivadas em relação ao tempo são nulas, ou seja, os termos de taxa de variação do momento linear dentro do volume de controle são iguais a zero. Como o escoamento tem propriedades uniformes nas seções transversais, obtém-se

$$\iint\limits_{S.C.} V_x\ \rho(\vec{V}\cdot\vec{n})\ dA = V_1(-\rho_1\ V_1\ A_1) + V_2\cos\theta\ (\rho_2\ V_2\ A_2)$$

$$\iint\limits_{S.C.} V_y\ \rho(\vec{V}\cdot\vec{n})\ dA = -V_2\ \text{sen}\,\theta\ (\rho_2\ V_2\ A_2)$$

Voltando à equação do momento linear, tem-se que

$$p_1 A_1 - p_2 A_2\cos\theta + F_{D,x} = V_2\cos\theta\ (\rho_2 V_2 A_2) - V_1(\rho_1 V_1 A_1)$$

$$p_2 A_2\ \text{sen}\,\theta - W + F_{D,y} = -V_2\ \text{sen}\,\theta\ (\rho_2 V_2 A_2)$$

As incógnitas do problema são as componentes $F_{D,x}$ e $F_{D,y}$ da força resultante exercida pela parede do duto sobre o escoamento, que são dadas por

$$F_{D,x} = V_2\cos\theta\ (\rho_2 V_2 A_2) - V_1(\rho_1 V_1 A_1) + p_2 A_2\cos\theta - p_1 A_1$$

$$F_{D,y} = -V_2\ \text{sen}\,\theta\ (\rho_2 V_2 A_2) - p_2 A_2\ \text{sen}\,\theta + W$$

A força $\vec{F}_E$ exercida pelo escoamento sobre o duto é a reação da força $\vec{F}_D$, ou seja,

$$F_{E,x} = -F_{D,x}$$

$$F_{E,y} = -F_{D,y}$$

Da equação da continuidade

$$\iint\limits_{S.C.} \rho(\vec{V}\cdot\vec{n})\ dA + \frac{\partial}{\partial t}\iiint\limits_{V.C.} \rho\ d\forall = 0$$

como o regime é permanente, obtém-se que

$$\rho_1 V_1 A_1 = \rho_2 V_2 A_2 = \dot{m}$$

Em termos do fluxo de massa $\dot{m}$, as componentes da força exercida pelo escoamento sobre o duto redutor curvo são dadas por

$$F_{E,x} = p_1 A_1 - p_2 A_2\cos\theta + \dot{m}\ (V_1 - V_2\cos\theta)$$

$$F_{E,y} = p_2 A_2\ \text{sen}\,\theta - W + \dot{m}\ V_2\ \text{sen}\,\theta$$

■ **Exemplo 5.5** A Figura 5.8 mostra um esquema de um jato livre de água, com vazão Q_0 e velocidade V_0, chocando-se contra uma placa inclinada estacionária. Considerando que o jato se divide em dois (Q_1 e Q_2), determine essa divisão do escoamento e a força exercida pelo jato sobre a placa.

Hipóteses:

- jato livre, de forma que se despreza o peso do jato e as perdas devido ao impacto e ao atrito; e
- regime permanente.

Escolhemos como volume de controle a região delimitada pela superfície de controle (S.C.), indicada pela linha tracejada.

Tem-se um jato livre, de maneira que o jato é somente defletido pela placa, permanecendo com o mesmo módulo de velocidade V_0.

Consideramos um sistema de referência com coordenadas normal n e tangencial t, conforme é mostrado na Figura 5.8.

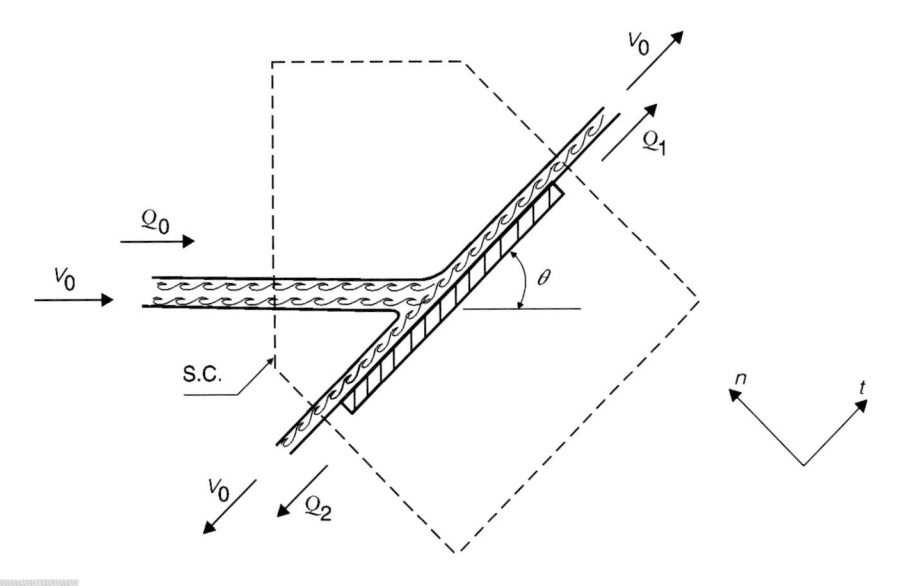

FIGURA 5.8

Esquema de um jato livre de água que se choca contra uma placa inclinada.

Aplicando a equação da continuidade

$$\iint_{\text{S.C.}} \rho(\vec{V} \cdot \vec{n})\, dA + \frac{\partial}{\partial t} \iiint_{\text{V.C.}} \rho\, d\forall = 0$$

como o regime é permanente, tem-se que a derivada $\frac{\partial}{\partial t}(\cdot\cdot) = 0$, obtém-se

$$\iint_{\text{S.C.}} \rho(\vec{V} \cdot \vec{n})\, dA = -\rho Q_0 + \rho Q_1 + \rho Q_2 = 0$$

ou seja,

$$Q_0 = Q_1 + Q_2$$

Tem-se uma equação com duas incógnitas. Para obter outra equação aplicamos a componente da equação do momento linear na direção t dada por

$$\sum F_t = \iint_{\text{S.C.}} V_t\, \rho(\vec{V} \cdot \vec{n})\, dA + \frac{\partial}{\partial t} \iiint_{\text{V.C.}} V_t\, \rho\, d\forall$$

Como é um jato livre, na direção t não há força exercida pela placa sobre o escoamento, e tem-se que

$$\sum F_t = 0$$

e sendo o regime permanente, obtém-se

$$\iint_{\text{S.C.}} V_t\, \rho(\vec{V} \cdot \vec{n})\, dA = (V_0 \cos\theta)\, \rho(-Q_0) + V_0\, \rho Q_1 + (-V_0)\, \rho Q_2 = 0$$

$$Q_0 \cos\theta = Q_1 - Q_2$$

Assim, resulta um sistema de duas equações com duas incógnitas

$$\begin{cases} Q_0 = Q_1 + Q_2 \\ Q_0 \cos\theta = Q_1 - Q_2 \end{cases}$$

de forma que a divisão do escoamento é dada por

$$Q_1 = \frac{Q_0}{2}(1 + \cos\theta)$$

$$Q_2 = \frac{Q_0}{2}(1 - \cos\theta)$$

A força exercida pela placa sobre o jato livre, que é perpendicular à placa, é determinada pela aplicação da componente da equação do momento linear na direção n dada por

$$\sum F_n = \iint_{S.C.} V_n \, \rho(\vec{V} \cdot \vec{n}) \, dA + \frac{\partial}{\partial t} \iiint_{V.C.} V_n \, \rho \, d\forall$$

O regime é permanente, de forma que a taxa de variação é nula, e como a força resultante que atua sobre o fluido dentro do volume de controle na direção n é a força F_p exercida pela placa sobre o jato, obtém-se

$$F_p = \iint_{S.C.} V_n \, \rho(\vec{V} \cdot \vec{n}) \, dA = (-V_0 \text{ sen } \theta)\rho(-Q_0)$$

$$F_p = \rho \, Q_0 \, V_0 \text{ sen } \theta$$

A força F_j exercida pelo jato sobre a placa é a reação da força F_p, resultando

$$F_j = -\rho \, Q_0 \, V_0 \text{ sen } \theta$$

5.7 EQUAÇÃO DO MOMENTO ANGULAR

A segunda lei de Newton para o movimento de um sistema em relação a um referencial inercial pode ser escrita como

$$\sum \vec{F} = \frac{d\vec{P}}{dt} \tag{5.7.1}$$

na qual $\sum \vec{F}$ é a força resultante que atua sobre o sistema e $\vec{P}$ é o momento (quantidade de movimento) linear total do sistema.

Em diversas situações, é mais conveniente trabalhar com torques (momentos de forças) do que com forças.

O torque resultante $\sum \vec{M}$ que atua sobre um sistema, em relação à origem de um referencial inercial, é dado por

$$\sum \vec{M} = \vec{r} \times \sum \vec{F} = \vec{r} \times \frac{d\vec{P}}{dt} \tag{5.7.2}$$

em que $\vec{r}$ é o vetor posição do ponto de aplicação da força resultante $\sum \vec{F}$ em relação à origem do referencial inercial.

Tem-se que

$$\frac{d}{dt}(\vec{r} \times \vec{P}) = \vec{r} \times \frac{d\vec{P}}{dt} + \frac{d\vec{r}}{dt} \times \vec{P} \tag{5.7.3}$$

em que $\frac{d\vec{r}}{dt}$ é a velocidade $\vec{V}$ e $\vec{P} = M\vec{V}$ é o momento linear, de forma que o segundo termo do lado direito da Eq. (5.7.3) é nulo, resultando

$$\sum \vec{M} = \frac{d}{dt}(\vec{r} \times \vec{P}) \tag{5.7.4}$$

Mas, tem-se que

$$\vec{r} \times \vec{P} = \vec{H} \tag{5.7.5}$$

é o *momento angular* do sistema e, assim, pode-se escrever que

$$\sum \vec{M} = \frac{d\vec{H}}{dt} \tag{5.7.6}$$

ou seja, o torque (momento de força) resultante que atua sobre um sistema é igual à taxa de variação do momento angular do sistema.

A equação do momento angular aplicável a um volume de controle pode ser obtida a partir da equação básica da formulação de volume de controle dada por

$$\frac{d\,B_{sist}}{dt} = \iint_{S.C.} \beta\rho(\vec{V} \cdot \vec{n})\,dA + \frac{\partial}{\partial t} \iiint_{V.C.} \beta\rho\,d\forall \tag{5.7.7}$$

fazendo

$$B = \vec{r} \times \vec{P} = \vec{H} \tag{5.7.8}$$

e

$$\beta = \vec{r} \times \vec{V}$$

Substituindo a grandeza extensiva B genérica pelo momento angular $\vec{H}$ do sistema e a grandeza intensiva β correspondente por $\vec{r} \times \vec{V}$, a Eq. (5.7.7) fica sendo

$$\frac{d\vec{H}}{dt} = \iint_{S.C.} (\vec{r} \times \vec{V})\,\rho(\vec{V} \cdot \vec{n})\,dA + \frac{\partial}{\partial t} \iiint_{V.C.} (\vec{r} \times \vec{V})\,\rho\,d\forall \tag{5.7.9}$$

Da Eq. (5.7.6) tem-se que

$$\frac{d\vec{H}}{dt} = \sum \vec{M} \tag{5.7.10}$$

em que $\sum \vec{M}$ é o torque resultante que atua sobre o sistema.

Na dedução da equação básica da formulação de volume de controle consideramos que o sistema e o volume de controle são coincidentes no instante t, de maneira que

$$\left(\sum \vec{M}\right)_{\substack{sobre\ o \\ sistema}} = \left(\sum \vec{M}\right)_{\substack{sobre\ o \\ volume\ de\ controle}} \tag{5.7.11}$$

Assim, a Eq. (5.7.9) pode ser escrita como

$$\sum \vec{M} = \iint_{S.C.} (\vec{r} \times \vec{V})\,\rho(\vec{V} \cdot \vec{n})\,dA + \frac{\partial}{\partial t} \iiint_{V.C.} (\vec{r} \times \vec{V})\,\rho\,d\forall \tag{5.7.12}$$

que é a *equação do momento angular*. A Eq. (5.7.12) estabelece que o torque resultante que atua sobre o fluido dentro do volume de controle é igual ao fluxo líquido de momento angular que cruza a superfície de controle mais a taxa de variação do momento angular do fluido dentro do volume de controle, ou seja, determina-se o torque resultante que atua sobre o fluido através de um balanço de momento angular para o volume de controle considerado, que pode ser expresso da seguinte forma:

$$\begin{pmatrix} \text{torque resultante} \\ \text{que atua sobre o} \\ \text{fluido dentro do} \\ \text{volume de controle} \end{pmatrix} = \begin{pmatrix} \text{fluxo líquido de} \\ \text{momento angular} \\ \text{que atravessa a} \\ \text{superfície de controle} \end{pmatrix} + \begin{pmatrix} \text{taxa de variação do} \\ \text{momento angular} \\ \text{do fluido dentro} \\ \text{do volume de controle} \end{pmatrix} \qquad (5.7.13)$$

A Eq. (5.7.12) é uma equação vetorial que pode ser decomposta em equações escalares segundo os eixos de um sistema inercial de referência. Considerando um referencial inercial de coordenadas retangulares, as componentes escalares da equação do momento angular são dadas por

$$\sum M_x = \iint_{S.C.} (\vec{r} \times \vec{V})_x \ \rho(\vec{V} \cdot \vec{n}) \ dA + \frac{\partial}{\partial t} \iiint_{V.C.} (\vec{r} \times \vec{V})_x \ \rho \, d\forall \qquad (5.7.14a)$$

$$\sum M_y = \iint_{S.C.} (\vec{r} \times \vec{V})_y \ \rho(\vec{V} \cdot \vec{n}) \ dA + \frac{\partial}{\partial t} \iiint_{V.C.} (\vec{r} \times \vec{V})_y \ \rho \, d\forall \qquad (5.7.14b)$$

$$\sum M_z = \iint_{S.C.} (\vec{r} \times \vec{V})_z \ \rho(\vec{V} \cdot \vec{n}) \ dA + \frac{\partial}{\partial t} \iiint_{V.C.} (\vec{r} \times \vec{V})_z \ \rho \, d\forall \qquad (5.7.14c)$$

A equação do momento angular é muito útil no estudo de bombas e turbinas. Geralmente, considera-se somente a componente escalar dessa equação na direção ao longo do eixo de rotação.

As turbinas são dispositivos que retiram energia do escoamento, enquanto as bombas fornecem energia ao movimento do fluido. Geralmente, nas turbinas o conjunto de pás fixadas ao eixo do dispositivo costuma ser chamado de rotor, e nas bombas esse conjunto de pás é denominado impulsor.

As turbinas de impulso são movidas por jatos livres de alta velocidade. Um tipo simples de turbina de impulso é a turbina Pelton, na qual o rotor consiste em uma roda com um conjunto de pás que recebem um jato livre que sai de um bocal fixo, conforme é mostrado de forma simplificada no esquema da Figura 5.9.

■ **Exemplo 5.6** Determinação do torque (momento de força) transmitido por um jato livre de água a uma turbina Pelton que está em rotação com velocidade angular ω constante, conforme é mostrado de forma simplificada no esquema da Figura 5.9. O rotor da turbina Pelton consiste em uma roda com um conjunto de pás, de forma que tem raio R até o centro das pás onde incide o jato livre de água que deixa o bocal fixo com uma vazão Q e velocidade V_J. As pás têm uma geometria tal que dividem o jato em dois, e estes, após a deflexão, saem das pás formando um ângulo θ com o eixo x, conforme é mostrado no detalhe de uma pá apresentado na Figura 5.9.

Escolhemos o volume de controle (V.C.) estacionário delimitado pela superfície de controle (S.C.), mostrada na Figura 5.9, que envolve a turbina Pelton.

A rotação da roda Pelton ocorre no plano xy, em torno do eixo z, de maneira que vamos considerar somente a componente z da equação do momento angular dada por

$$\sum M_z = \iint_{S.C.} (\vec{r} \times \vec{V})_z \ \rho(\vec{V} \cdot \vec{n}) \ dA + \frac{\partial}{\partial t} \iiint_{V.C.} (\vec{r} \times \vec{V})_z \ \rho \, d\forall$$

Hipóteses:

- regime permanente; e
- jato livre de água.

A velocidade angular ω é constante, de forma que o torque M_j transmitido pelo jato para a turbina é de mesmo módulo e sentido contrário que o torque M_{eixo} aplicado pelo eixo sobre a roda.

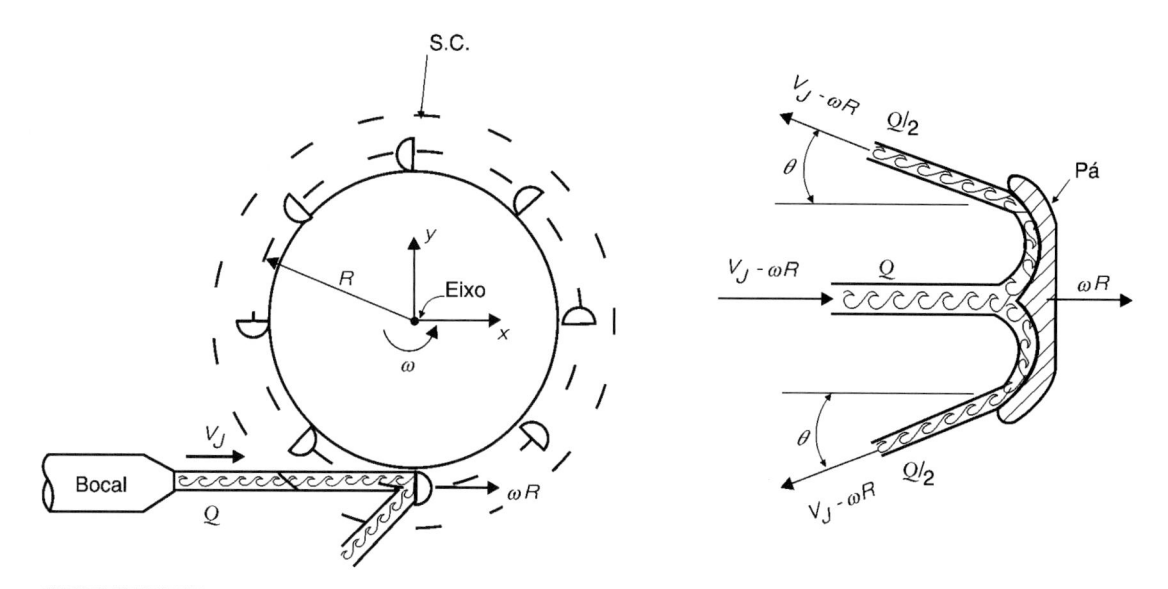

FIGURA 5.9

Esquema simplificado de uma turbina Pelton com um detalhe da incidência do jato livre de água sobre uma pá.

Sendo um regime permanente, tem-se que o termo de taxa de variação é nulo.

Como $\sum M_z = M_{eixo}$, resulta que a equação do momento angular fica sendo

$$M_{eixo} = \iint\limits_{S.C.} (\vec{r} \times \vec{V})_z \, \rho(\vec{V} \cdot \vec{n})dA$$

A roda possui uma velocidade angular ω, de maneira que as pás se movem com velocidade linear V_p dada por

$$V_p = \omega R$$

O jato livre sai do bocal com velocidade V_J e incide sobre a pá, que possui velocidade V_p, de forma que a velocidade de interação do jato sobre a pá é a velocidade relativa V_r, dada por

$$V_r = V_J - V_p = V_J - \omega R$$

Sendo um jato livre, despreza-se o atrito e o peso, de maneira que a velocidade relativa do fluido em relação à pá fica constante em módulo, e o jato deixa a pá após a deflexão com o mesmo módulo de velocidade $V_J - \omega R$ com que ele a atinge.

A roda Pelton possui um número grande de pás, de forma que podemos considerar, em uma primeira aproximação, o jato sempre incidindo sobre uma pá na posição mostrada na Figura 5.9.

A integral de superfície da equação do momento angular fornece o fluxo líquido de momento angular que atravessa a superfície de controle (S.C.).

O jato livre de água, com massa específica ρ, entra no volume de controle com velocidade V_J e vazão Q, de maneira que

$$\begin{pmatrix} \text{fluxo de momento angular} \\ \text{que entra no V.C.} \end{pmatrix} = RV_J\rho(-Q)$$

No detalhe da Figura 5.9, observa-se que após a deflexão os dois jatos, que têm vazões iguais a $\frac{Q}{2}$, deixam a pá com velocidade relativa $V_r = V_J - \omega R$, formando um ângulo θ com o eixo x, de maneira que o escoamento de água que sai do volume de controle tem vazão Q e componente de velocidade na direção x dada por

$$V_{sx} = V_p - V_{rx} = \omega R - (V_J - \omega R)\cos\theta$$

resultando que

$$\begin{pmatrix} \text{fluxo de momento angular} \\ \text{que sai do V.C.} \end{pmatrix} = R[\omega R - (V_J - \omega R)\cos\theta]\,\rho Q$$

Voltando à equação do momento angular, obtém-se

$$M_{eixo} = RV_J\,\rho(-Q) + R[\omega R - (V_J - \omega R)\cos\theta]\rho Q$$

$$M_{eixo} = -R\,\rho Q[V_J - \omega R + (V_J - \omega R)\cos\theta]$$

$$M_{eixo} = -R\,(V_J - \omega R)\,(1 + \cos\theta)\,\rho Q$$

O torque transmitido pelo jato livre de água para a turbina Pelton tem módulo igual e sentido contrário ao torque M_{eixo}, resultando

$$M_{jato} = R\,(V_J - \omega R)\,(1 + \cos\theta)\,\rho Q$$

5.8 PRINCÍPIO DE CONSERVAÇÃO DA ENERGIA NA FORMULAÇÃO DE VOLUME DE CONTROLE. EQUAÇÃO DA ENERGIA

A termodinâmica estuda as relações entre as propriedades de um sistema e as trocas de calor e trabalho com a vizinhança. Arbitram-se como positivos o calor que entra no sistema e o trabalho realizado pelo sistema sobre a vizinhança, sendo, então, negativos o calor que sai do sistema e o trabalho realizado pela vizinhança sobre o sistema.

Considerando um sistema que troca calor e trabalho com a vizinhança, conforme o esquema mostrado na Figura 5.10, onde são mostrados o fluxo de calor e a potência (taxa de realização de trabalho) arbitrados como positivos, a primeira lei da termodinâmica pode ser escrita como

$$\frac{dE_{sist}}{dt} = \frac{\delta Q}{dt} - \frac{\delta W}{dt} \tag{5.8.1}$$

ou seja, a taxa de variação da energia total do sistema é igual ao fluxo líquido de calor que entra no sistema menos a taxa líquida de trabalho realizado pelo sistema sobre a vizinhança. Usa-se o símbolo δ nas diferenciais das trocas de calor e trabalho para lembrar que essas quantidades dependem do processo termo dinâmico.

A primeira lei da termodinâmica aplicável a um volume de controle pode ser obtida a partir da equação básica da formulação de volume de controle dada por

$$\frac{d\,\mathrm{B}_{sist}}{dt} = \iint\limits_{S.C.} \beta\rho(\vec{V}\cdot\vec{n})\,dA + \frac{\partial}{\partial t}\iiint\limits_{V.C.} \beta\rho\,d\forall \tag{5.8.2}$$

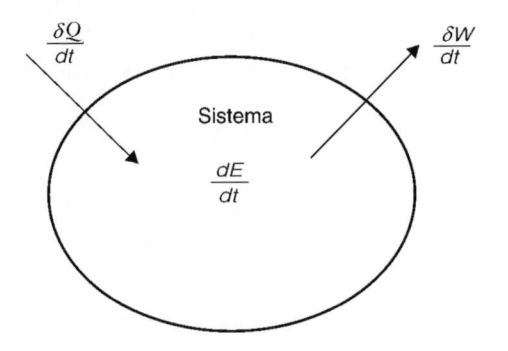

FIGURA 5.10

Esquema de um sistema que troca calor e trabalho com a vizinhança.

fazendo

$$B = E \qquad (5.8.3)$$

e

$$\beta = e$$

em que:

E é a energia total do sistema; e

e é a energia total específica (por unidade de massa) do sistema,

de forma que

$$\frac{dE_{\text{sist}}}{dt} = \iint_{\text{S.C.}} e\,\rho(\vec{V} \cdot \vec{n})\,dA + \frac{\partial}{\partial t} \iiint_{\text{V.C.}} e\,\rho\,d\forall \qquad (5.8.4)$$

Da Eq. (5.8.1) tem-se que

$$\frac{dE_{\text{sist}}}{dt} = \frac{\delta Q}{dt} - \frac{\delta W}{dt} \qquad (5.8.5)$$

Na dedução da equação básica da formulação de volume de controle consideramos que o sistema e o volume de controle são coincidentes no instante t, de maneira que

$$\left(\frac{\delta Q}{dt} - \frac{\delta W}{dt} \right)_{\text{sistema}} = \left(\frac{\delta Q}{dt} - \frac{\delta W}{dt} \right)_{\text{volume de controle}} \qquad (5.8.6)$$

resultando

$$\frac{\delta Q}{dt} - \frac{\delta W}{dt} = \iint_{\text{S.C.}} e\,\rho(\vec{V} \cdot \vec{n})\,dA + \frac{\partial}{\partial t} \iiint_{\text{V.C.}} e\,\rho\,d\forall \qquad (5.8.7)$$

sendo e a energia total específica (por unidade de massa) do fluido dada por

$$e = g\,y + \frac{V^2}{2} + u \qquad (5.8.8)$$

em que:

$g\,y$ é a energia potencial específica;

$\dfrac{V^2}{2}$ é a energia cinética específica; e

u é a energia interna específica.

A Eq. (5.8.7) é uma expressão da primeira lei da termodinâmica (princípio de conservação da energia) na formulação de volume de controle, e ela fornece um balanço global de energia, para o volume de controle (V.C.) considerado, que pode ser escrito da seguinte forma:

$$\begin{pmatrix} \text{fluxo líquido} \\ \text{de calor que} \\ \text{entra no volume} \\ \text{de controle} \end{pmatrix} - \begin{pmatrix} \text{taxa líquida de} \\ \text{trabalho realizado} \\ \text{pelo fluido do V.C.} \\ \text{sobre a vizinhança} \end{pmatrix} = \begin{pmatrix} \text{fluxo líquido de} \\ \text{energia total que} \\ \text{atravessa a superfície} \\ \text{de controle} \end{pmatrix} + \begin{pmatrix} \text{taxa de variação da} \\ \text{energia total dentro} \\ \text{do volume de controle} \end{pmatrix}$$

Existem diferentes formas de realização de trabalho. Na mecânica dos fluidos é conveniente considerar o termo de potência (taxa de realização de trabalho) $\dfrac{\delta W}{dt}$ composto da seguinte forma:

$$\frac{\delta W}{dt} = \frac{\delta W_{\text{eixo}}}{dt} + \frac{\delta W_{\text{escoamento}}}{dt} + \frac{\delta W_{\text{cisalhamento}}}{dt} \qquad (5.8.9)$$

em que:

— W_{eixo} é o trabalho realizado pelo fluido dentro do volume de controle e transmitido para a vizinhança (ou da vizinhança para o volume de controle) por meio de um eixo que atravessa a superfície de controle, ou seja, é o trabalho realizado em turbinas e bombas;

— $W_{escoamento}$ é o trabalho realizado pelo fluido ao escoar através da superfície de controle, resultante das forças devidas às tensões normais σ, ou seja, é o trabalho realizado pelas forças de pressão; e

— $W_{cisalhamento}$ é o trabalho realizado pelo fluido contra as tensões cisalhantes (atrito viscoso) no volume de controle, ou seja, é o trabalho realizado pelas forças de atrito viscoso no sentido oposto ao deslocamento do fluido (trabalho negativo), de forma que esse termo representa a energia mecânica que é dissipada pelo atrito viscoso no volume de controle. Esse trabalho costuma ser representado por W_{μ}, em que μ é o símbolo da viscosidade.

A Eq. (5.8.7) consiste num balanço global de energia para o volume de controle considerado, de forma que se deve identificar todos os fluxos de energia e as potências (taxa de realização de trabalho) entre o volume de controle e a vizinhança, as variações de energia no volume de controle e as transformações de uma forma em outra de energia.

A potência de cisalhamento, $\dfrac{\delta W_{\mu}}{dt}$, representa a quantidade de energia mecânica que é transformada em energia térmica por unidade de tempo devido ao atrito viscoso no volume de controle. Essa energia térmica correspondente à energia mecânica dissipada pelo atrito viscoso compreende dois efeitos: causa um aumento da energia interna do fluido entre as seções de entrada e de saída do volume de controle e uma transferência de calor do fluido para a vizinhança (fluxo de calor negativo) através da superfície de controle. No balanço global de energia dado pela Eq. (5.8.7) consideraremos esses efeitos de aumento da energia interna do fluido e de fluxo de calor do fluido para a vizinhança, em vez de considerar explicitamente o termo de potência de cisalhamento $\left(\dfrac{\delta W_{\mu}}{dt}\right)$.

Determinação da Potência (Taxa de Trabalho) de Escoamento

Define-se trabalho como o produto escalar da força aplicada pelo deslocamento, de forma que

$$\delta W = \vec{F} \cdot d\vec{s} \tag{5.8.10}$$

A taxa de trabalho realizado é dada por

$$\frac{\delta W}{dt} = \frac{\vec{F} \cdot d\vec{s}}{dt} = \vec{F} \cdot \vec{V} \tag{5.8.11}$$

na qual $\vec{V}$ é a velocidade de escoamento do fluido.

Na equação do momento linear (segunda lei de Newton na formulação de volume de controle) tem-se a força $\vec{F}$ exercida pela vizinhança sobre o volume de controle, de forma que o fluido, ao escoar através da superfície de controle (S.C.), exerce uma força $(-\vec{F})$ sobre a vizinhança, resultando que a taxa de trabalho realizado pelo fluido sobre a vizinhança, pelas tensões normais σ_{ii}, em um elemento de área $d\vec{A}$ da S.C., seja dada por

$$\frac{\delta W_{f}}{dt} = -\vec{F} \cdot \vec{V} = -\sigma_{ii} \, d\vec{A} \cdot \vec{V} \tag{5.8.12}$$

A potência de escoamento é a taxa de trabalho realizado pelas forças devidas às tensões normais considerando toda a superfície de controle, de maneira que

$$\frac{\delta W_{escoamento}}{dt} = -\iint_{S.C.} \sigma_{ii} \, d\vec{A} \cdot \vec{V} = -\iint_{S.C.} \sigma_{ii} \, (\vec{V} \cdot \vec{n}) \, dA \tag{5.8.13}$$

Geralmente, a componente normal da tensão σ_{ii} e a pressão p são relacionadas por

$$\sigma_{ii} = -p \qquad (5.8.14)$$

de forma que a Eq. (5.8.13) pode ser escrita como

$$\frac{\delta W_{escoamento}}{dt} = \iint_{S.C.} p \, (\vec{V} \cdot \vec{n}) \, dA \qquad (5.8.15)$$

resultando que a potência, a Eq. (5.8.9), fica sendo

$$\frac{\delta W}{dt} = \frac{\delta W_{eixo}}{dt} + \iint_{S.C.} p \, (\vec{V} \cdot \vec{n}) \, dA + \frac{\delta W_{\mu}}{dt} \qquad (5.8.16)$$

Assim, a Eq. (5.8.7), que é uma expressão da primeira lei da termodinâmica (princípio de conservação da energia) na formulação de volume de controle, fica sendo

$$\frac{\delta Q}{dt} - \frac{\delta W_{eixo}}{dt} - \iint_{S.C.} p \, (\vec{V} \cdot \vec{n}) \, dA = \iint_{S.C.} e\rho(\vec{V} \cdot \vec{n}) \, dA + \frac{\partial}{\partial t} \iiint_{V.C.} e\rho \, d\forall \qquad (5.8.17)$$

que pode ser escrita como

$$\frac{\delta Q}{dt} - \frac{\delta W_{eixo}}{dt} = \iint_{S.C.} \left(e + \frac{p}{\rho} \right) \rho(\vec{V} \cdot \vec{n}) \, dA + \frac{\partial}{\partial t} \iiint_{V.C.} e\rho \, d\forall \qquad (5.8.18)$$

Essa Eq. (5.8.18), que costuma ser chamada de *equação da energia*, fornece um balanço global de energia para o volume de controle considerado. Observe que nas duas últimas equações não consideramos explicitamente o termo de potência de cisalhamento $\left(\dfrac{\delta W_{\mu}}{dt} \right)$, pois estamos considerando os efeitos de aumento da energia interna do fluido e de fluxo de calor do fluido para a vizinhança, causados pelo atrito viscoso no volume de controle.

■ **Exemplo 5.7** Aplicação da equação da energia na análise de um escoamento, em regime permanente, através do volume de controle (V.C.) mostrado no esquema da Figura 5.11, considerando o fluxo líquido de calor e a potência de eixo indicados na figura e que não há dissipação de energia mecânica por atrito viscoso.

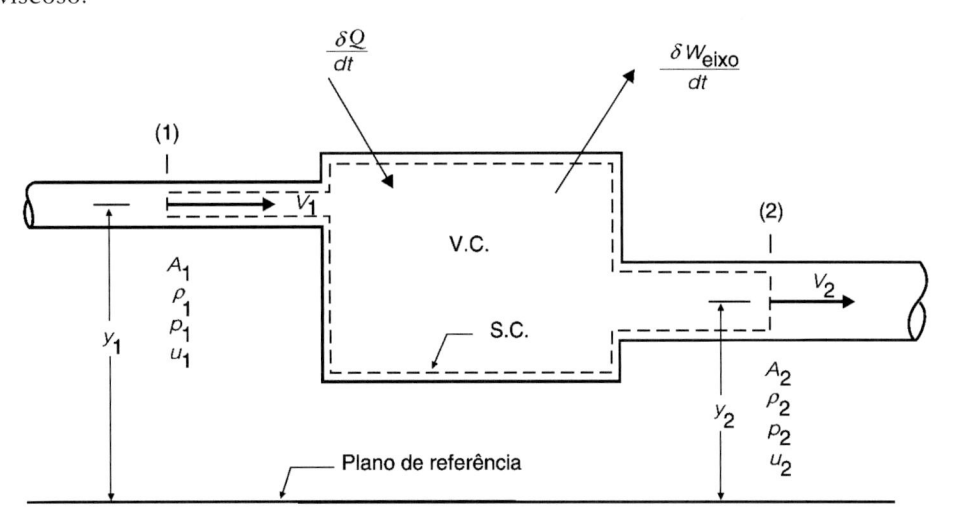

FIGURA 5.11

Esquema de um escoamento através de um volume de controle.

Hipóteses:

- escoamento permanente;
- escoamento com propriedades uniformes nas seções transversais; e
- não há dissipação de energia mecânica por atrito viscoso.

Tem-se um regime permanente, de forma que o último termo da equação da energia, dada pela Eq. (5.8.18), é nulo, resultando

$$\frac{\delta Q}{dt} - \frac{\delta W_{eixo}}{dt} = \iint_{S.C.} \left(e + \frac{p}{\rho} \right) \rho (\vec{V} \cdot \vec{n}) \, dA$$

na qual e é a energia total específica dada por

$$e = g\,y + \frac{V^2}{2} + u$$

O escoamento tem propriedades constantes nas seções transversais, de maneira que a integral de superfície fica sendo

$$\iint_{S.C.} \left(e + \frac{p}{\rho} \right) \rho (\vec{V} \cdot \vec{n}) \, dA = \left(g\,y_1 + \frac{V_1^2}{2} + u_1 + \frac{p_1}{\rho_1} \right)(-\rho_1 V_1 A_1) + \left(g\,y_2 + \frac{V_2^2}{2} + u_2 + \frac{p_2}{\rho_2} \right)(\rho_2 V_2 A_2)$$

Da equação da continuidade

$$\iint_{S.C.} \rho (\vec{V} \cdot \vec{n}) \, dA + \frac{\partial}{\partial t} \iint_{V.C.} \rho \, d\forall = 0$$

como o regime é permanente, obtém-se

$$\rho_1 V_1 A_1 = \rho_2 V_2 A_2 = \dot{m}$$

em que $\dot{m}$ é o fluxo de massa do escoamento.

Assim, da equação da energia resulta

$$\frac{\delta Q}{dt} - \frac{\delta W_{eixo}}{dt} = \dot{m}\left(g\,y_2 + \frac{V_2^2}{2} + u_2 + \frac{p_2}{\rho_2} \right) - \dot{m}\left(g\,y_1 + \frac{V_1^2}{2} + u_1 + \frac{p_1}{\rho_1} \right)$$

que pode ser escrita como

$$\frac{\delta Q}{dt} + \dot{m}\left(g\,y_1 + \frac{V_1^2}{2} + u_1 + \frac{p_1}{\rho_1} \right) = \frac{\delta W_{eixo}}{dt} + \dot{m}\left(g\,y_2 + \frac{V_2^2}{2} + u_2 + \frac{p_2}{\rho_2} \right)$$

Nessa situação física que está esquematizada na Figura 5.11 estão envolvidas diferentes formas de energia. Observe que o lado esquerdo dessa última equação apresenta os fluxos da energia que entra no volume de controle na forma de calor e de energia potencial, cinética, interna e de pressão, enquanto no lado direito estão a potência de eixo e os fluxos da energia que sai do volume de controle. Verifica-se transformação de um tipo em outro de energia, entre as seções transversais (1) e (2), e que a potência de eixo envolve uma turbina. Como o regime é permanente, o fluxo de energia total que entra no volume de controle é igual ao fluxo de energia total que sai do volume de controle.

5.9 EQUAÇÃO DE BERNOULLI

5.9.1 Equação de Bernoulli sem Dissipação de Energia Mecânica

A equação de Bernoulli pode ser obtida como um caso particular da equação da energia (primeira lei da termodinâmica na formulação de volume de controle) ou pela integração da equação de Euler (equação diferencial do movimento para um escoamento sem atrito viscoso) ao longo de uma linha de corrente.

Nesta seção, vamos obter a equação de Bernoulli como um caso particular da equação da energia, mostrando que para um escoamento sujeito a algumas restrições a equação de Bernoulli representa a conservação da energia mecânica ao longo de uma linha de corrente ou de um filete fluido (tubo de corrente delgado).

Consideremos um escoamento incompressível, em regime permanente, sem efeitos viscosos e com propriedades uniformes nas seções transversais, no tubo de corrente coincidente com o volume de controle (V.C.) mostrado na Figura 5.12. Consideremos, também, que não há trocas de calor nem realização de trabalho de eixo.

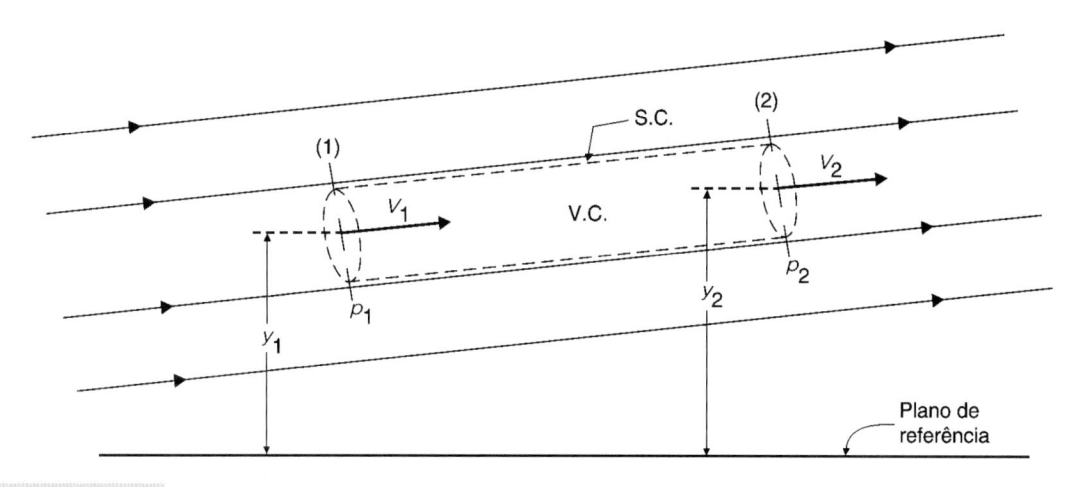

FIGURA 5.12

Esquema de um escoamento num tubo de corrente coincidente com o volume de controle (V.C.).

A equação da energia é dada por

$$\frac{\delta Q}{dt} - \frac{\delta W_{eixo}}{dt} = \iint_{S.C.} \left(e + \frac{p}{\rho}\right) \rho(\vec{V} \cdot \vec{n}) \, dA + \frac{\partial}{\partial t} \iiint_{V.C.} e\rho \, d\forall \qquad (5.9.1.1)$$

As restrições consideradas consistem nas seguintes hipóteses:

a) escoamento incompressível, ou seja, a massa específica ρ é constante;

b) regime permanente, de forma que $\dfrac{\partial}{\partial t} \iiint_{V.C.} e\rho \, d\forall = 0$;

c) escoamento sem efeitos viscosos, de maneira que não há dissipação de energia mecânica;

d) propriedades constantes nas seções transversais;

e) não há trocas de calor, de forma que $\dfrac{\delta Q}{dt} = 0$; e

f) não há realização de trabalho de eixo, de maneira que $\dfrac{\delta W_{eixo}}{dt} = 0$.

Com essas hipóteses, a Eq. (5.9.1.1) fica reduzida a

$$\iint_{S.C.} \left(e + \frac{p}{\rho}\right) \rho(\vec{V} \cdot \vec{n}) \, dA = 0 \qquad (5.9.1.2)$$

Integrando a Eq. (5.9.1.2), considerando que as seções transversais (1) e (2) têm as respectivas áreas A_1 e A_2, obtém-se

$$\left(g y_1 + \frac{V_1^2}{2} + u_1 + \frac{p_1}{\rho}\right)(-\rho V_1 A_1) + \left(g y_2 + \frac{V_2^2}{2} + u_2 + \frac{p_2}{\rho}\right)(\rho V_2 A_2) = 0 \quad (5.9.1.3)$$

Da equação da continuidade dada por

$$\iint_{\text{S.C.}} \rho(\vec{V} \cdot \vec{n})\, dA + \frac{\partial}{\partial t} \iiint_{\text{V.C.}} \rho\, d\forall = 0 \qquad (5.9.1.4)$$

como o regime é permanente, obtém-se

$$\rho V_1 A_1 = \rho V_2 A_2 = \dot{m} \qquad (5.9.1.5)$$

em que $\dot{m}$ é o fluxo de massa do escoamento no tubo de corrente.

Assim, a Eq. (5.9.1.3) pode ser escrita como

$$\left(g y_1 + \frac{V_1^2}{2} + u_1 + \frac{p_1}{\rho}\right)\dot{m} = \left(g y_2 + \frac{V_2^2}{2} + u_2 + \frac{p_2}{\rho}\right)\dot{m} \qquad (5.9.1.6)$$

Conforme as hipóteses (3) e (5), não há atrito viscoso e não ocorrem trocas de calor, de forma que o escoamento é isotérmico, ou seja,

$$u_1 = u_2 \qquad (5.9.1.7)$$

resultando

$$g y_1 + \frac{V_1^2}{2} + \frac{p_1}{\rho} = g y_2 + \frac{V_2^2}{2} + \frac{p_2}{\rho} \qquad (5.9.1.8)$$

que é chamada de *equação de Bernoulli sem dissipação de energia mecânica*, na qual os termos que possuem a dimensão de energia específica, isto é, energia por unidade de massa, representam a energia mecânica, por unidade de massa, disponível no escoamento.

Essa equação de Bernoulli expressa a conservação da energia mecânica ao longo de uma linha de corrente ou de um filete fluido (tubo de corrente com seção transversal pequena) em um escoamento com as seguintes restrições: escoamento permanente, incompressível, sem efeitos viscosos, com propriedades constantes nas seções transversais, sem trocas de calor e sem realização de trabalho de eixo, ou seja, é uma expressão matemática do princípio de conservação da energia mecânica. A equação de Bernoulli também pode ser escrita com as dimensões de pressão e de comprimento.

Multiplicando a Eq. (5.9.1.8) pela massa específica ρ do fluido, obtém-se

$$\rho g y_1 + \frac{1}{2}\rho V_1^2 + p_1 = \rho g y_2 + \frac{1}{2}\rho V_2^2 + p_2 \qquad (5.9.1.9)$$

que é a *equação de Bernoulli sem dissipação de energia mecânica com a dimensão de pressão*.

A Eq. (5.9.1.9) pode ser escrita como

$$p + \frac{1}{2}\rho V^2 + \rho g y = \text{constante} \qquad (5.9.1.10)$$

ou seja, a soma da pressão (p), da energia cinética por unidade de volume ($\frac{1}{2}\rho V^2$) e da energia potencial por unidade de volume ($\rho g y$) é constante ao longo de uma linha de corrente ou de um filete fluido (tubo de corrente delgado) em um escoamento com as restrições consideradas.

Dividindo a Eq. (5.9.1.8) pela aceleração gravitacional g, resulta:

$$y_1 + \frac{V_1^2}{2g} + \frac{p_1}{\rho g} = y_2 + \frac{V_2^2}{2g} + \frac{p_2}{\rho g} \qquad (5.9.1.11)$$

que é a *equação de Bernoulli sem dissipação de energia mecânica com a dimensão de comprimento.*

A Eq. (5.9.1.11) pode ser escrita como

$$y + \frac{V^2}{2g} + \frac{p}{\rho g} = H = \text{constante} \qquad (5.9.1.12)$$

Observe que a Eq. (5.9.1.12) também tem a dimensão de energia por unidade de peso, ou seja, y representa a energia potencial por unidade de peso do fluido, $\frac{V^2}{2g}$ representa a energia cinética por unidade de peso do fluido e $\frac{p}{\rho g}$ representa a energia de pressão por unidade de peso do fluido.

Os termos dessa equação de Bernoulli que têm a dimensão de comprimento ou de energia por unidade de peso são, usualmente, chamados de cargas, sendo:

y a carga de elevação;

$\frac{V^2}{2g}$ a carga de velocidade;

$\frac{p}{\rho g}$ a carga de pressão; e

H a carga total correspondente à energia mecânica disponível no escoamento.

A equação de Bernoulli relaciona as variações de pressão, velocidade e elevação ao longo de uma linha de corrente ou de um filete fluido (tubo de corrente delgado) para um escoamento com as restrições consideradas.

A Figura 5.13 mostra uma representação gráfica da equação de Bernoulli para um escoamento permanente, incompressível, sem efeitos viscosos, com propriedades constantes nas seções transversais, sem trocas de calor e sem realização de trabalho de eixo em um duto inclinado de diâmetro pequeno constante. A linha piezométrica é a representação gráfica da soma das cargas de elevação e de pressão $\left(y + \frac{p}{\rho g} \right)$ ao longo do escoamento. A linha de energia é a represen-

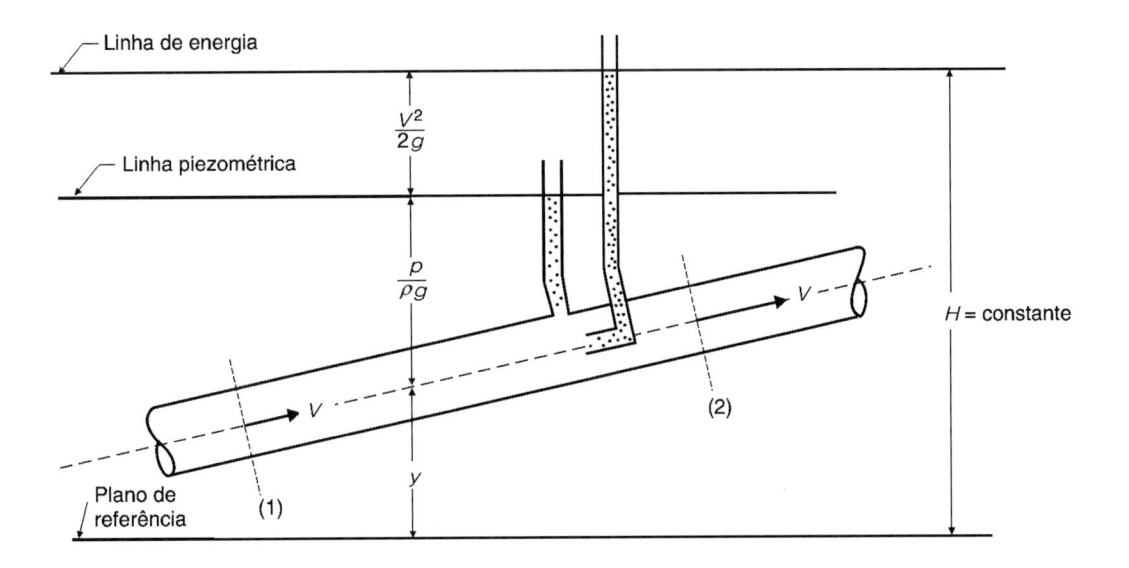

FIGURA 5.13

Representação gráfica da equação de Bernoulli para um escoamento ideal num duto inclinado de diâmetro pequeno constante.

tação gráfica da soma das cargas de elevação, de velocidade e de pressão $\left(y + \dfrac{V^2}{2g} + \dfrac{p}{\rho g}\right)$ ao longo do escoamento. Observe que a linha de energia é paralela ao plano de referência horizontal, ou seja, a carga total H, que corresponde à conservação da energia mecânica do escoamento ao longo do duto, permanece constante pois não há atrito viscoso. Como o diâmetro do duto é constante, a velocidade de escoamento não varia, ou seja, a energia cinética do fluido permanece constante, de forma que ao longo do escoamento se verifica uma transformação de energia de pressão em energia potencial.

A Figura 5.13 apresenta um esquema de um tubo piezométrico (usado para determinar a pressão estática) e de um tubo de Pitot (utilizado para a determinação da pressão total) conectados ao duto inclinado onde ocorre o escoamento. O líquido que está escoando se eleva no tubo piezométrico até a altura da linha piezométrica e se eleva no tubo de Pitot até a altura da linha de energia. A diferença de altura entre a linha de energia e a linha piezométrica representa a carga de velocidade do escoamento.

5.9.2 Pressões Estática, Dinâmica e de Estagnação (Total). Determinação da Velocidade de Escoamento com Tubos de Pitot

A pressão p que aparece na equação de Bernoulli é a pressão estática. Em um fluido em movimento a pressão estática é a pressão determinada com o uso de um tubo piezométrico ou de um tubo de Pitot cujo orifício sensor está colocado paralelamente ao escoamento, de forma que não intercepte o fluido, ou seja, a velocidade de escoamento não é perturbada pela medida, conforme é mostrado no esquema simplificado de um tubo de Pitot-estático apresentado na Figura 5.15.

A pressão dinâmica, que é devida à velocidade de escoamento do fluido, é definida por

$$p_{\text{dinâmica}} = \frac{1}{2}\rho V^2 \tag{5.9.2.1}$$

em que:

ρ é a massa específica do fluido; e
V é a velocidade de escoamento.

A pressão de estagnação (total) é a pressão que existe quando o fluido em movimento é desacelerado para a velocidade zero. A pressão de estagnação (total) é dada pela soma da pressão estática e da pressão dinâmica no ponto, de forma que para um escoamento incompressível tem-se

$$p_{\text{estagnação}} = p + \frac{1}{2}\rho V^2 \tag{5.9.2.2}$$

em que p é a pressão estática.

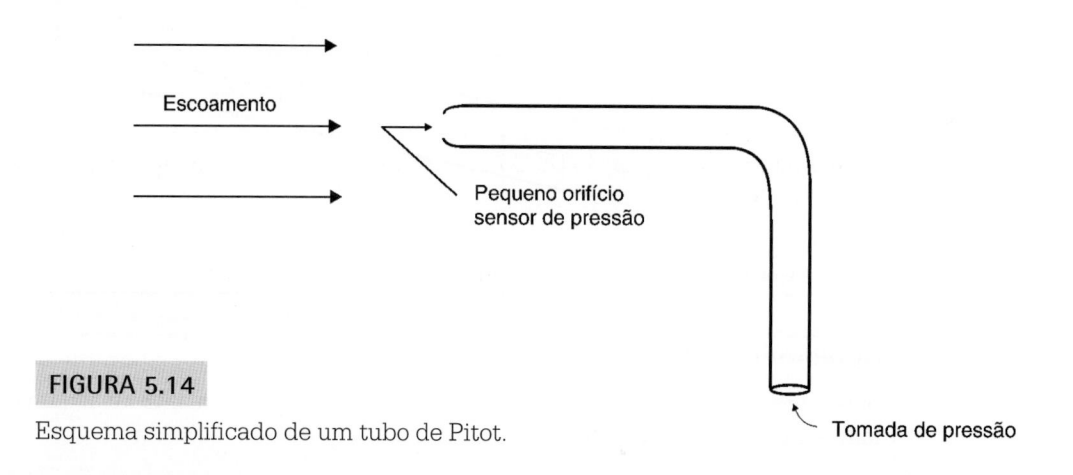

FIGURA 5.14

Esquema simplificado de um tubo de Pitot.

A pressão total (de estagnação) pode ser determinada com o uso de um tubo de Pitot com o orifício sensor orientado perpendicularmente ao escoamento, interceptando, assim, o fluido em movimento. A Figura 5.14 mostra um esquema de um tipo de tubo de Pitot.

Pode-se determinar simultaneamente as pressões de estagnação e estática com o uso de um instrumento chamado de tubo de Pitot-estático, que é constituído por dois tubos concêntricos, em que o tubo interno é usado para a determinação da pressão total pelo orifício sensor colocado na extremidade e a pressão estática é determinada pelos orifícios sensores localizados na parede externa do tubo de fora, conforme é mostrado no esquema simplificado apresentado na Figura 5.15.

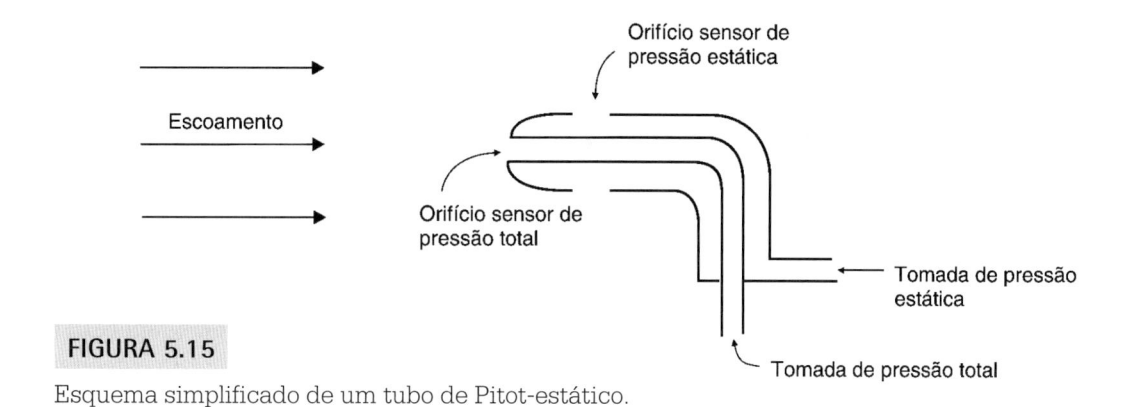

FIGURA 5.15

Esquema simplificado de um tubo de Pitot-estático.

Obtém-se a pressão dinâmica da diferença entre as pressões total e estática, de forma que

$$p_{\text{dinâmica}} = \frac{1}{2}\rho V^2 = p_{\text{total}} - p \tag{5.9.2.3}$$

em que p é a pressão estática.

Assim, a velocidade de escoamento no ponto de medida é calculada por

$$V = \sqrt{\frac{2(p_{\text{total}} - p)}{\rho}} \tag{5.9.2.4}$$

em que ρ é a massa específica do fluido que está escoando.

Conectando as tomadas de pressão de um tubo de Pitot-estático aos ramos de um manômetro de tubo em U, obtém-se a leitura da altura h_m da coluna manométrica correspondente à diferença entre a pressão total e a pressão estática, ou seja, correspondente à pressão dinâmica, de forma que

$$\frac{1}{2}\rho V^2 = \rho_m\, g\, h_m - \rho\, g\, h_m \tag{5.9.2.5}$$

em que:

ρ_m é a massa específica do líquido manométrico;

ρ é a massa específica do fluido que está escoando e que ocupa os ramos do manômetro de tubo em U sobre o líquido manométrico;

g é a aceleração gravitacional; e

h_m é a altura da coluna de líquido manométrico correspondente à pressão dinâmica.

Assim, com a leitura manométrica, determina-se a velocidade de escoamento

$$V = \sqrt{\frac{2(\rho_m - \rho)g\, h_m}{\rho}} \tag{5.9.2.6}$$

■ **Exemplo 5.8** A Figura 5.16 mostra um esquema de um reservatório de grandes dimensões com um pequeno orifício, na parede lateral, localizado a uma profundidade h em relação à superfície livre da água. Desprezando o atrito viscoso, determine a velocidade do jato livre de água que sai do orifício.

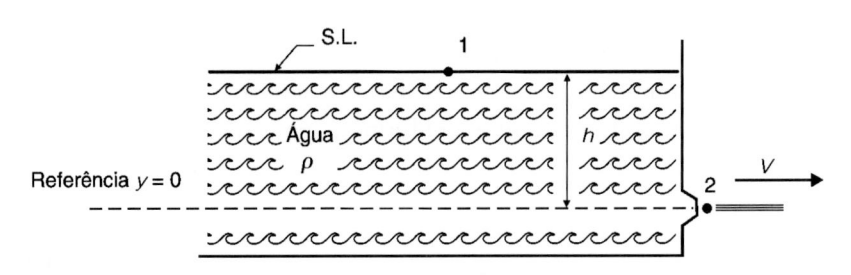

FIGURA 5.16

Esquema de um jato livre de água que sai de um pequeno orifício situado na parede de um reservatório de grandes dimensões.

Sendo um orifício pequeno em um reservatório de grandes dimensões, pode-se considerar que o nível de água no reservatório permanece constante, ou seja, tem-se um regime permanente. Desprezando as perdas de carga devido ao atrito viscoso, pode-se aplicar a equação de Bernoulli sem dissipação de energia mecânica ao longo de uma linha de corrente entre o ponto (1), situado na superfície livre, e o ponto (2), localizado no jato livre que sai do orifício, de forma que

$$y_1 + \frac{V_1^2}{2g} + \frac{p_1}{\rho g} = y_2 + \frac{V_2^2}{2g} + \frac{p_2}{\rho g}$$

Como o reservatório é de grandes dimensões e o orifício é pequeno, pode-se considerar que a velocidade de escoamento da água na superfície livre é praticamente nula, ou seja, $V_1 \approx 0$.

Escolhendo um plano de referência no nível do orifício, obtém-se

$$h + \frac{p_{\text{atm}}}{\rho g} = \frac{V_2^2}{2g} + \frac{p_{\text{atm}}}{\rho g}$$

de forma que

$$V_2 = \sqrt{2gh}$$

Este é um exemplo clássico de aplicação da equação de Bernoulli, e a relação encontrada para a velocidade do jato livre é conhecida como equação de Torricelli. Para resultados mais exatos, quando se considera os efeitos do atrito viscoso e o *vena contracta* do escoamento, utiliza-se um coeficiente, determinado experimentalmente, chamado de coeficiente de velocidade ou de descarga.

■ **Exemplo 5.9** A Figura 5.17 mostra um esquema de um dispositivo simples para borrifar água. O ar é soprado pelo tubo (1) formando um jato com velocidade V sobre a extremidade do tubo (2). Esse jato se expande no meio da atmosfera estagnada, de modo que a velocidade do ar tende a zero longe da saída do tubo. A água é aspirada pelo tubo (2). Considerando regime permanente e sem atrito viscoso, sendo $\rho_{\text{água}} = 815\ \rho_{\text{ar}}$, determine o valor mínimo da velocidade V do jato de ar para que a água aflore na extremidade do tubo (2).

Hipóteses:

- regime permanente;
- escoamento incompressível; e
- sem perdas por atrito.

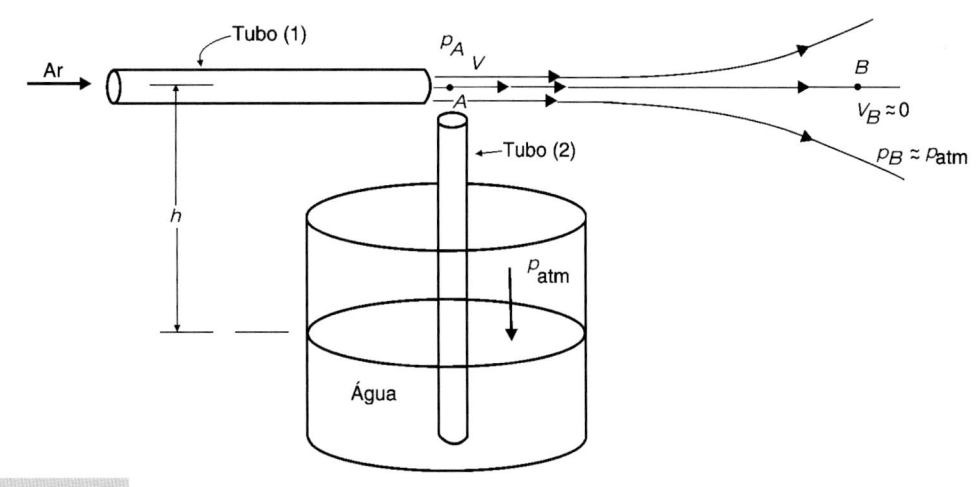

FIGURA 5.17

Esquema de um dispositivo simples para borrifar água.

Aplicando a equação de Bernoulli sem dissipação de energia mecânica para uma linha de corrente horizontal entre o ponto A (situado no jato de ar sobre o tubo (2)) e o ponto B (localizado longe da saída do tubo (1)), tem-se que

$$y_A + \frac{V_A^2}{2g} + \frac{p_A}{\rho_{ar}\,g} = y_B + \frac{V_B^2}{2g} + \frac{p_B}{\rho_{ar}\,g}$$

A velocidade do escoamento de ar tende a zero longe da saída do tubo (1), de maneira que no ponto B tem-se

$$V_B \approx 0 \text{ e } p_B = p_{atm}$$

e como a linha de corrente é horizontal, tem-se que $y_A = y_B$, de forma que da equação de Bernoulli obtém-se

$$\frac{p_A}{\rho_{ar}\,g} + \frac{V_A^2}{2g} = \frac{p_{atm}}{\rho_{ar}\,g}$$

resultando

$$p_{atm} - p_A = \frac{1}{2}\rho_{ar}\,V_A^2$$

Para a água aflorar na extremidade do tubo (2) é necessário que

$$p_{atm} - p_A = \rho_{água}\,g\,h = 815\,\rho_{ar}\,g\,h$$

de forma que

$$\frac{1}{2}\rho_{ar}\,V_A^2 = 815\,\rho_{ar}\,g\,h$$

resultando

$$V_A = \sqrt{1630\,g\,h}$$

5.9.3 Equação de Bernoulli com Perda de Carga (com Dissipação de Energia Mecânica)

Os escoamentos reais apresentam dissipação de energia mecânica por causa do atrito viscoso e possuem a propriedade de aderência do fluido às superfícies sólidas.

Na hipótese (d) para a dedução da equação de Bernoulli sem dissipação de energia mecânica, consideramos escoamento com propriedades constantes nas seções transversais. Para escoamentos reais essa consideração é uma aproximação razoável para escoamentos turbulentos em dutos, onde a distribuição de velocidade tende a ficar uniforme nas seções transversais.

Num escoamento turbulento a velocidade instantânea, em um ponto, pode ser escrita como a velocidade média em relação ao tempo mais uma pequena flutuação aleatória de velocidade. Sendo essa velocidade média invariante com o tempo e admitindo que a média das flutuações é nula, pode-se considerar que a velocidade de escoamento na seção transversal seja dada pela velocidade média obtida pela relação

$$V_{\text{média}} = \frac{Q}{A} \tag{5.9.3.1}$$

em que:

Q é a vazão do escoamento; e
A é a área da seção transversal.

Assim, considera-se que a velocidade de escoamento é dada pelo perfil uniforme de velocidade média na seção transversal. Quanto à pressão p e à elevação y que aparecem na equação de Bernoulli, considera-se que também são uniformes nas seções transversais, sendo a elevação dada pela cota média da seção, desde que o diâmetro do duto seja pequeno.

De maneira geral, os escoamentos reais apresentam dissipação de energia mecânica devido ao atrito viscoso, ocorrendo variação da energia interna do fluido ao longo do escoamento entre as seções de entrada e de saída do volume de controle e fluxo de calor do fluido para a vizinhança através da superfície de controle.

Consideremos um escoamento, no tubo de corrente coincidente com o volume de controle (V.C.) mostrado na Figura 5.12, com as seguintes hipóteses:

a) escoamento permanente;
b) escoamento incompressível, ou seja, com massa específica ρ constante;
c) escoamento com propriedades uniformes nas seções transversais;
d) sem realização de trabalho de eixo; e
e) escoamento com atrito viscoso, de forma que a parte da energia mecânica que é dissipada (transformada em energia térmica) causa dois efeitos: ocorre uma variação da energia interna do fluido $(u_2 - u_1)$ entre as seções transversais (1) e (2) e um fluxo de calor $\dfrac{\delta Q}{dt}$ do fluido para a vizinhança através da superfície de controle.

Com essas hipóteses, a equação da energia que é dada por

$$\frac{\delta Q}{dt} - \frac{\delta W_{\text{eixo}}}{dt} = \iint_{\text{S.C.}} \left(e + \frac{p}{\rho} \right) \rho \, (\vec{V} \cdot \vec{n}) dA + \frac{\partial}{\partial t} \iiint_{\text{V.C.}} e\rho \, d\forall \tag{5.9.3.2}$$

fica reduzida a

$$\frac{\delta Q}{dt} = \iint_{\text{S.C.}} \left(e + \frac{p}{\rho} \right) \rho \, (\vec{V} \cdot \vec{n}) \, dA \tag{5.9.3.3}$$

Realizando a integração na Eq. (5.9.3.3), entre as seções transversais (1) e (2), obtém-se

$$\frac{\delta Q}{dt} = \left(g\,y_1 + \frac{V_1^2}{2} + u_1 + \frac{p_1}{\rho} \right)(-\rho \, V_1 \, A_1) + \left(g\,y_2 + \frac{V_2^2}{2} + u_2 + \frac{p_2}{\rho} \right)(\rho \, V_2 \, A_2) \tag{5.9.3.4}$$

Da equação da continuidade dada por

$$\iint_{\text{S.C.}} \rho(\vec{V} \cdot \vec{n}) dA + \frac{\partial}{\partial t} \iiint_{\text{V.C.}} \rho \, d\forall = 0 \tag{5.9.3.5}$$

como o regime é permanente, obtém-se

$$\rho V_1 A_1 = \rho V_2 A_2 = \dot{m} \tag{5.9.3.6}$$

em que $\dot{m}$ é o fluxo de massa do escoamento.

Assim, a Eq. (5.9.3.4) pode ser escrita como

$$\frac{\delta Q}{dt} + \left(g\, y_1 + \frac{V_1^2}{2} + u_1 + \frac{p_1}{\rho} \right) \dot{m} = \left(g\, y_2 + \frac{V_2^2}{2} + u_2 + \frac{p_2}{\rho} \right) \dot{m} \tag{5.9.3.7}$$

Dividindo a Eq. (5.9.3.7) por $\dot{m}g$, obtém-se

$$\frac{\left(\dfrac{\delta Q}{dt} \right)}{\dot{m}\, g} + y_1 + \frac{V_1^2}{2g} + \frac{u_1}{g} + \frac{p_1}{\rho\, g} = y_2 + \frac{V_2^2}{2g} + \frac{u_2}{g} + \frac{p_2}{\rho\, g} \tag{5.9.3.8}$$

que pode ser expressa como

$$\left(y_1 + \frac{V_1^2}{2g} + \frac{p_1}{\rho\, g} \right) - \left(y_2 + \frac{V_2^2}{2g} + \frac{p_2}{\rho\, g} \right) = \frac{u_2 - u_1}{g} - \frac{\dfrac{\delta Q}{dt}}{\dot{m}\, g} \tag{5.9.3.9}$$

O fluxo de massa $\dot{m}$, numa seção, é a massa de fluido que escoa através da seção por unidade de tempo, ou seja, $\dot{m} = \dfrac{dm}{dt}$, de forma que a Eq. (5.9.3.9) pode ser escrita como

$$\left(y_1 + \frac{V_1^2}{2g} + \frac{p_1}{\rho\, g} \right) - \left(y_2 + \frac{V_2^2}{2g} + \frac{p_2}{\rho\, g} \right) = \frac{1}{g} \left[(u_2 - u_1) - \frac{\delta Q}{dm} \right] \tag{5.9.3.10}$$

Verifica-se uma diminuição na carga total do escoamento, ou seja, da energia mecânica por unidade de peso do fluido, entre as seções (1) e (2), pois ocorre dissipação de energia mecânica do escoamento devido ao atrito viscoso. Da Eq. (5.9.3.10), tem-se que a diferença da carga total entre as seções (1) e (2), que usualmente é chamada de *perda de carga*, representada por h_p, é dada por

$$h_p = \frac{1}{g} \left[(u_2 - u_1) - \frac{\delta Q}{dm} \right] \tag{5.9.3.11}$$

em que:

$(u_2 - u_1)$ é a variação da energia interna por unidade de massa do fluido entre as seções (1) e (2); e

$\dfrac{\delta Q}{dm}$ é a quantidade de calor por unidade de massa que é transferida do fluido para a vizinhança através da superfície de controle entre as seções (1) e (2). Como é calor que sai do volume de controle para a vizinhança, deve-se associar o sinal negativo para essa quantidade.

Assim, a Eq. (5.9.3.10) pode ser escrita como

$$y_1 + \frac{V_1^2}{2g} + \frac{p_1}{\rho\, g} = y_2 + \frac{V_2^2}{2g} + \frac{p_2}{\rho\, g} + h_p \tag{5.9.3.12}$$

que é a *equação de Bernoulli com perda de carga* (*com dissipação de energia mecânica*), em que h_p é a *perda de carga* correspondente à energia mecânica dissipada pelo atrito viscoso entre as seções (1) e (2).

A Figura 5.18 mostra uma representação gráfica da equação de Bernoulli para um escoamento permanente, incompressível, com propriedades uniformes nas seções transversais, com atrito viscoso e sem realização de trabalho de eixo num duto horizontal de diâmetro pequeno constante.

Como o duto é horizontal e possui seção transversal de diâmetro constante, resulta que as cargas de elevação e de velocidade são constantes, conforme é mostrado no esquema da Figura 5.18, de forma que a dissipação de energia mecânica devido ao atrito viscoso causa uma diminuição na carga de pressão ao longo do escoamento.

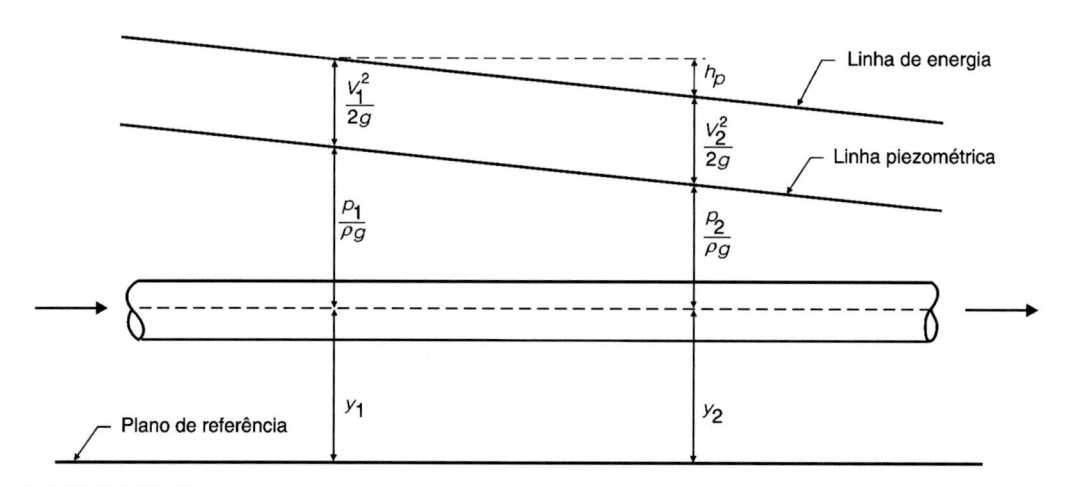

FIGURA 5.18

Representação gráfica da equação de Bernoulli para um escoamento com atrito viscoso num duto horizontal de diâmetro pequeno constante.

■ **Exemplo 5.10**   Um fluido incompressível de massa específica ρ escoa com vazão Q constante no duto horizontal, de seção circular, mostrado no esquema simplificado da Figura 5.19. Considerando uma perda de carga $h_p = h$ entre as seções (1) e (2) e que a massa específica do fluido manométrico é $\rho_m = 10\,\rho$, determine a leitura manométrica H.

Consideramos as seguintes hipóteses:

- regime permanente;
- escoamento incompressível; e
- propriedades constantes nas seções transversais.

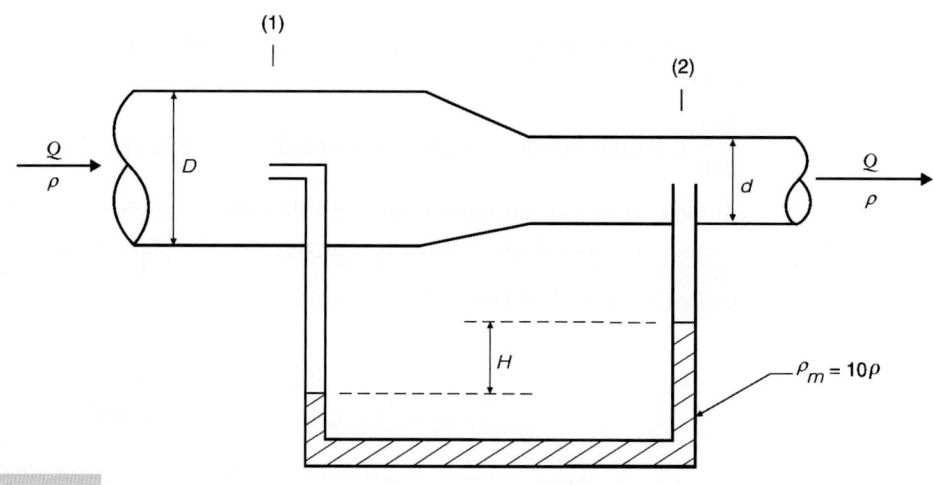

FIGURA 5.19

Esquema de um escoamento incompressível e permanente num duto horizontal.

Aplicando a equação de Bernoulli com perda de carga entre as seções (1) e (2), tem-se que

$$y_1 + \frac{V_1^2}{2g} + \frac{p_1}{\rho\,g} = y_2 + \frac{V_2^2}{2g} + \frac{p_2}{\rho\,g} + h_p$$

O duto é horizontal e a perda de carga é dada, de maneira que

$$y_1 = y_2 \qquad e \qquad h_p = h$$

ficando a equação de Bernoulli escrita como

$$\frac{V_1^2}{2g} + \frac{p_1}{\rho\,g} = \frac{V_2^2}{2g} + \frac{p_2}{\rho\,g} + h$$

O manômetro diferencial mostrado na Figura 5.19 mede na seção (1) a pressão total (de estagnação), dada pela soma das pressões estática e dinâmica, definida como

$$p_{\text{total},1} = p_1 + \frac{1}{2}\rho\,V_1^2$$

e esse manômetro mede na seção (2) a pressão estática p_2.

Escrevendo a equação de Bernoulli com a dimensão de pressão, tem-se

$$\frac{1}{2}\rho V_1^2 + p_1 = \frac{1}{2}\rho V_2^2 + p_2 + \rho\,g\,h$$

que pode ser escrita como

$$p_1 + \frac{1}{2}\rho V_1^2 - p_2 = \frac{1}{2}\rho V_2^2 + \rho\,g\,h$$

ou da forma

$$p_{\text{total},1} - p_2 = \frac{1}{2}\rho\,V_2^2 + \rho\,g\,h$$

Da leitura do manômetro diferencial, tem-se que

$$p_{\text{total},1} - p_2 = \rho_m\,g\,H - \rho\,g\,H = (\rho_m - \rho)\,g\,H = 9\,\rho\,g\,H$$

Substituindo essa última expressão na equação de Bernoulli, obtém-se

$$9\rho g H = \frac{1}{2}\rho V_2^2 + \rho\,g\,h$$

A vazão e os diâmetros são dados, e como

$$Q = V_2\frac{\pi d^2}{4}$$

tem-se que a velocidade de escoamento na seção (2) é dada por

$$V_2 = \frac{4Q}{\pi d^2}$$

Substituindo essa expressão para V_2 na equação de Bernoulli, obtém-se

$$9\rho g H = \frac{1}{2}\rho\left(\frac{4Q}{\pi d^2}\right)^2 + \rho\,g\,h$$

resultando

$$H = \frac{1}{9}\left(\frac{8Q^2}{\pi^2\,g\,d^4} + h\right)$$

5.10 NOÇÕES BÁSICAS SOBRE PERDA DE CARGA NOS ESCOAMENTOS DE FLUIDOS REAIS EM TUBULAÇÕES

A perda de carga, h_p, corresponde à parcela de energia mecânica do escoamento que é irreversivelmente convertida em energia térmica por causa do atrito viscoso entre as duas seções consideradas. A perda de carga é a energia mecânica por unidade de peso do fluido que é dissipada devido ao atrito viscoso. Considera-se a perda de carga total como a soma de dois tipos diferentes de perda de carga, que são:

a) perda de carga distribuída, $h_{p,d}$, devido ao atrito viscoso ao longo da tubulação entre as duas seções consideradas; e

b) perda de carga localizada ou acidental, $h_{p,l}$, devido aos acessórios ou acidentes localizados em determinadas posições nas tubulações, tais como válvulas, variações na seção transversal, curvas, etc.

Assim, tem-se que a perda de carga total, h_p, é a soma de todas as perdas de cargas distribuídas e localizadas entre as seções consideradas, dada por

$$h_p = \sum h_{p,d} + \sum h_{p,l} \qquad (5.10.1)$$

Consideremos o duto horizontal de diâmetro D constante, mostrado no esquema da Figura 5.18, onde ocorre um escoamento permanente de um fluido incompressível de massa específica ρ, não havendo perda de carga localizada. Na seção (1) tem-se uma pressão estática p_1, e na seção (2) a pressão estática é p_2. A perda de carga distribuída, devido ao atrito viscoso entre as seções (1) e (2) separadas de um comprimento L, pode ser determinada da equação de Bernoulli com perda de carga, que pode ser escrita como

$$y_1 + \frac{V_1^2}{2g} + \frac{p_1}{\rho\,g} = y_2 + \frac{V_2^2}{2g} + \frac{p_2}{\rho\,g} + h_{p,d} \qquad (5.10.2)$$

O duto é horizontal e de diâmetro constante, de forma que se tem

$$V_1 = V_2 \qquad (5.10.3)$$

e

$$y_1 = y_2$$

de maneira que a Eq. (5.10.2) se reduz a

$$h_{p,d} = \frac{p_1 - p_2}{\rho\,g} \qquad (5.10.4)$$

Assim, a perda de carga distribuída, num escoamento em um duto horizontal com diâmetro constante, é a queda da carga de pressão entre as duas seções consideradas.

De maneira geral, verifica-se que num escoamento totalmente desenvolvido em uma tubulação de seção circular de diâmetro constante a queda de pressão estática, devido ao atrito viscoso entre duas seções, depende do comprimento entre as duas seções, do diâmetro do duto, da rugosidade da parede do tubo, da velocidade média do escoamento, da massa específica e da viscosidade do fluido.

A perda de carga distribuída pode ser calculada por meio da equação de Darcy-Weisbach, que pode ser escrita como

$$h_{p,d} = f\,\frac{L}{D}\,\frac{\overline{V}^2}{2\,g} \qquad (5.10.5)$$

em que:

f é um coeficiente de proporcionalidade conhecido como fator de atrito;

L é o comprimento considerado do duto;

D é o diâmetro interno da tubulação;

$\overline{V}$ é a velocidade média do escoamento; e

g é a aceleração gravitacional.

O fator de atrito f, que é determinado experimentalmente, é função de dois parâmetros adimensionais, ou seja,

$$f = f\left(\text{Re}, \frac{e}{D}\right) \tag{5.10.6}$$

em que:

Re é o número de Reynolds do escoamento; e

$\dfrac{e}{D}$ é a rugosidade relativa do duto.

A rugosidade da parede da tubulação, e, pode ser definida como a altura média das saliências da superfície interna do duto. A rugosidade relativa é o quociente entre a rugosidade e o diâmetro interno do duto, expressos nas mesmas unidades.

Os fatores de atrito, f, são obtidos do diagrama de Moody apresentado na Figura 5.20. Observe que o fator de atrito f é adimensional.

Para a determinação da rugosidade relativa $\dfrac{e}{D}$, com o conhecimento do diâmetro do duto e do material do qual ele é construído, utiliza-se o diagrama mostrado na Figura 5.21.

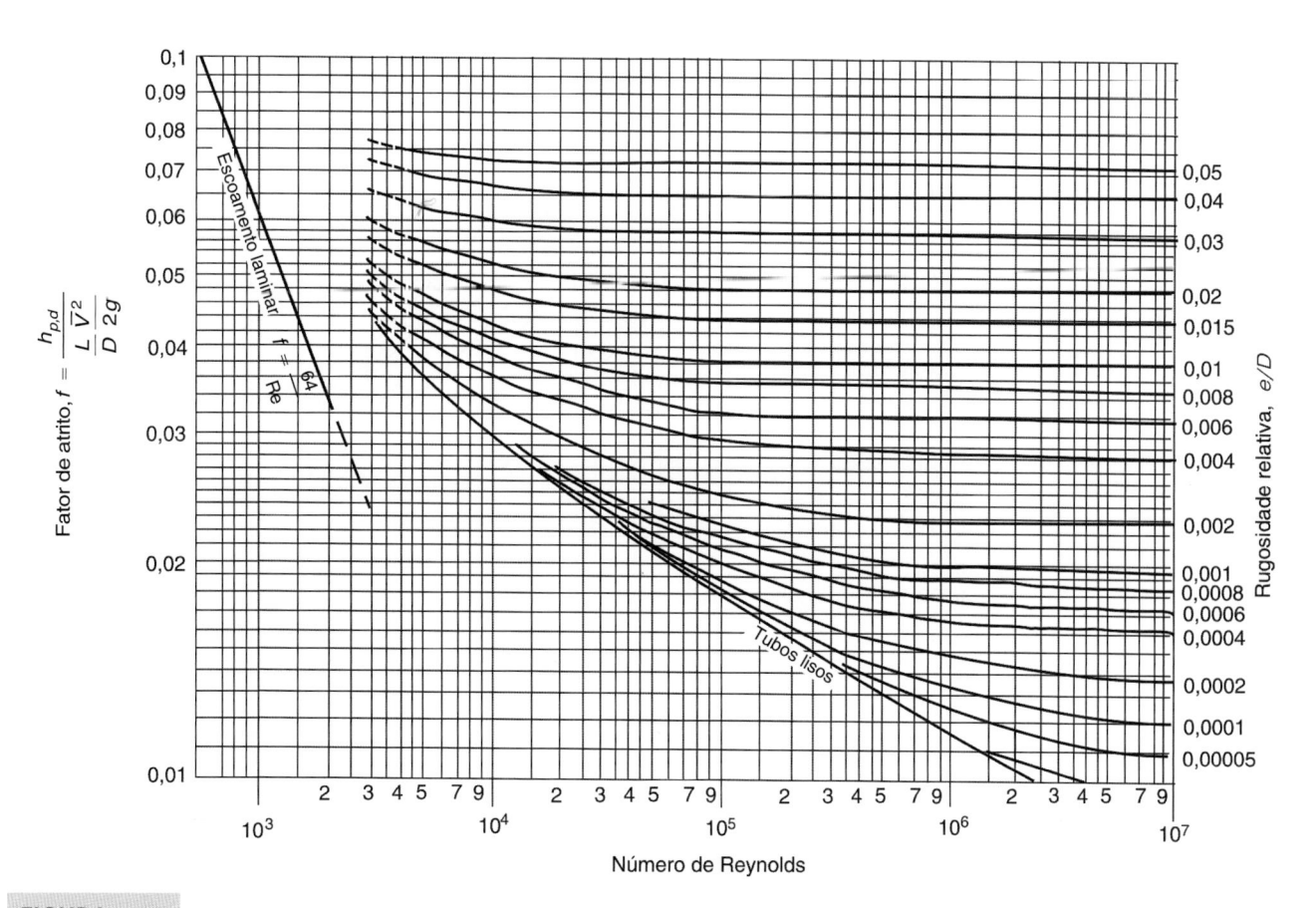

FIGURA 5.20

Diagrama de Moody para os fatores de atrito para escoamentos em dutos de seção circular. Reproduzido, com adaptações, de Moody, L. F., *Friction Factors for Pipe Flow*, Transactions of the ASME, Vol. 66, novembro 1944, p. 672, com permissão da ASME – The American Society of Mechanical Engineers.

Para a determinação da perda de carga num escoamento totalmente desenvolvido, em uma tubulação de seção circular de diâmetro constante quando se conhece a vazão (ou velocidade média), o comprimento considerado e o diâmetro interno do duto, primeiro calcula-se o número de Reynolds (Re) do escoamento. O valor da rugosidade relativa $\left(\dfrac{e}{D}\right)$ é obtido do diagrama mostrado na Figura 5.21. Com os valores de $\dfrac{e}{D}$ e de Re, determina-se o fator de atrito f do diagrama de Moody da Figura 5.20. Com o fator de atrito f obtido, calcula-se a perda de carga distribuída por meio da equação de Darcy-Weisbach (Eq. (5.10.5)).

Para um escoamento laminar totalmente desenvolvido, de um fluido newtoniano, em um duto horizontal de seção circular de diâmetro constante, pode-se determinar analiticamente a queda da pressão estática devido ao atrito viscoso ao longo da tubulação. Do Exemplo 4.1, onde apresentamos uma dedução para a distribuição parabólica de velocidade para o escoamento laminar considerado, tem-se, da Eq. (4.3.18), que

$$V_{\text{máx}} = \frac{\Delta p}{4\mu L}R^2 \tag{5.10.7}$$

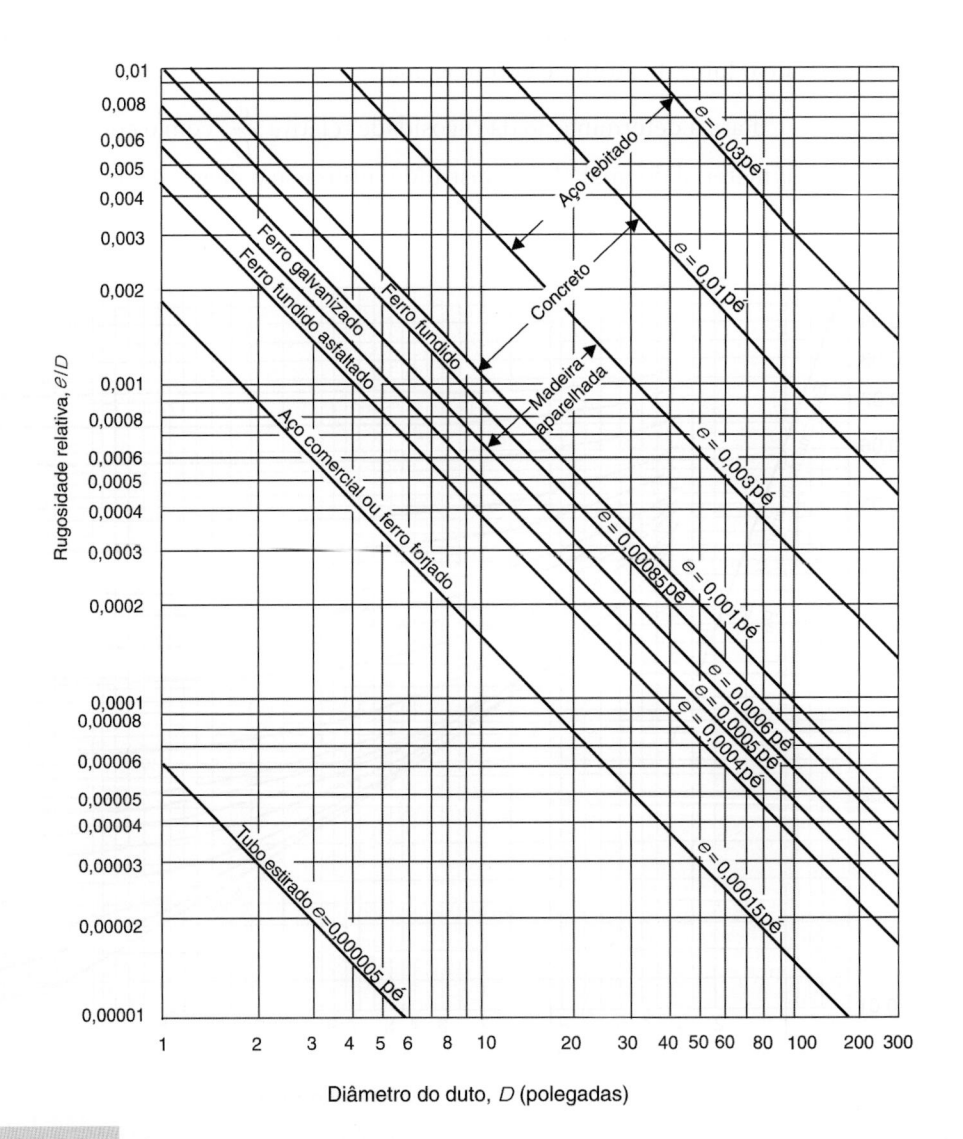

FIGURA 5.21

Diagrama de Moody para a rugosidade relativa de dutos de seção circular. Reproduzido, com adaptações, de Moody, L. F., *Friction Factors for Pipe Flow*, Transactions of the ASME, Vol. 66, novembro 1944, p. 673, com permissão da ASME – The American Society of Mechanical Engineers.

em que:

$V_{máx}$ é a velocidade máxima, do perfil parabólico $V(r)$, que ocorre no centro da seção;

Δp é a queda de pressão;

μ é a viscosidade do fluido;

L é o comprimento considerado do duto; e

R é o raio interno da tubulação.

No Exemplo 5.1, determinamos a relação entre a velocidade média de escoamento e a velocidade máxima da distribuição parabólica de velocidade para um escoamento laminar totalmente desenvolvido num duto de seção circular constante, que pode ser escrita como

$$\overline{V} = \frac{V_{máx}}{2} \tag{5.10.8}$$

em que $\overline{V}$ é a velocidade média de escoamento na seção.

Como $R = \dfrac{D}{2}$, a Eq. (5.10.7) pode ser expressa como

$$\overline{V} = \frac{\Delta p}{32\,\mu L} D^2 \tag{5.10.9}$$

de forma que a queda de pressão, no trecho de comprimento L considerado, é dada por

$$\Delta p = \frac{32\,\mu L\,\overline{V}}{D^2} \tag{5.10.10}$$

e tem-se a perda de carga

$$h_{p,d} = \frac{\Delta p}{\rho\,g} = \frac{32\,\mu\,L\,\overline{V}}{\rho\,g\,D^2} \tag{5.10.11}$$

Comparando as Eqs. (5.10.5) e (5.10.11), tem-se que

$$f\,\frac{L}{D}\,\frac{\overline{V}^2}{2g} = \frac{32\,\mu L\,\overline{V}}{\rho\,g\,D^2} \tag{5.10.12}$$

ou seja,

$$f = \frac{64\,\mu}{\rho\,\overline{V}\,D} \tag{5.10.13}$$

O número de Reynolds (Re) para um escoamento com velocidade média $\overline{V}$, de um fluido com massa específica ρ e viscosidade μ, num duto de seção circular com diâmetro D, é definido como

$$\mathrm{Re} = \frac{\rho\,\overline{V}\,D}{\mu} \tag{5.10.14}$$

resultando que a Eq. (5.10.13) pode ser escrita como

$$f = \frac{64}{\mathrm{Re}} \tag{5.10.15}$$

ou seja, para o caso de escoamentos laminares totalmente desenvolvidos em tubulações de seção circular, o fator de atrito f é função somente do número de Reynolds do escoamento.

Para os escoamentos turbulentos, em dutos de seção circular, os fatores de atrito, que são funções do número de Reynolds e da rugosidade relativa do duto, $f = f\!\left(\mathrm{Re}, \dfrac{e}{D}\right)$, são determinados experimentalmente e obtidos do diagrama de Moody.

A perda de carga localizada (ou acidental), $h_{p,l}$, pode ser obtida por meio da equação

$$h_{p,l} = K \frac{\overline{V}^2}{2\,g} \qquad (5.10.16)$$

em que K é o coeficiente de perda de carga localizada determinado experimentalmente para a situação em estudo. Os valores do coeficiente de perda de carga localizada K podem ser encontrados em tabelas apresentadas em manuais e livros de hidráulica.

■ **Exemplo 5.11**   Determinação da perda de carga distribuída em um escoamento de água (viscosidade $\mu = 0,001$ Pa·s e massa específica $\rho = 1000$ kg/m³) com vazão $Q = 0,02$ m³/s num duto, com parede de ferro fundido, de seção circular com diâmetro $D = 10$ cm e comprimento $L = 300$ m.

Neste problema, são dados a vazão Q do escoamento, a massa específica ρ e a viscosidade μ do fluido, o material da parede da tubulação, o diâmetro D e o comprimento L do duto, de maneira que se pode determinar o número de Reynolds do escoamento e a rugosidade relativa do duto para a obtenção do fator de atrito do diagrama de Moody.

Tem-se que

$$Q = \overline{V} \frac{\pi D^2}{4}$$

de forma que a velocidade média do escoamento é dada por

$$\overline{V} = \frac{4Q}{\pi D^2} = 2,5 \text{ m/s}$$

O número de Reynolds (Re) desse escoamento é dado por

$$\text{Re} = \frac{\rho \overline{V} D}{\mu} = 2,5 \times 10^5$$

O duto é construído de ferro fundido e tem diâmetro interno $D = 10$ cm, ou seja, $D \approx 4$ polegadas, de maneira que a rugosidade relativa, obtida do diagrama da Figura 5.21, é dada por

$$\frac{e}{D} = 0,0024$$

Do diagrama de Moody apresentado na Figura 5.20, para Re $= 2,5 \times 10^5$ e $\frac{e}{D} = 0,0024$, obtém-se o fator de atrito

$$f = 0,024$$

A perda de carga distribuída $h_{p,d}$, determinada por meio da equação de Darcy-Weisbach, é dada por

$$h_{p,d} = f \frac{L}{D} \frac{\overline{V}^2}{2\,g} = 23 \text{ m}$$

5.11 EQUAÇÃO DE BERNOULLI MODIFICADA PARA SITUAÇÕES COM BOMBAS E TURBINAS

Em algumas situações de escoamentos incompressíveis e permanentes em dutos, nas quais ocorre a realização de trabalho de eixo através de turbina ou bomba entre as duas seções transversais consideradas, também se pode utilizar a equação de Bernoulli, considerando outros termos referentes à potência de eixo fornecida pela bomba para o fluido e à potência de eixo fornecida pelo escoamento para a turbina.

Uma bomba fornece energia mecânica para o escoamento, ou seja, transfere energia da vizinhança para o fluido, de forma que ocorre um aumento da energia mecânica do escoamento. Considerando a existência de uma bomba entre as seções transversais (1) e (2), a equação de Bernoulli com perda de carga dada pela Eq. (5.9.3.12) pode ser modificada, ficando escrita como

$$y_1 + \frac{V_1^2}{2g} + \frac{p_1}{\rho g} + h_B = y_2 + \frac{V_2^2}{2g} + \frac{p_1}{\rho g} + h_p \qquad (5.11.1)$$

em que h_B é a carga correspondente à energia mecânica que é transferida da bomba para o escoamento entre as seções (1) e (2), de forma que

$$h_B = \left[\left(y_2 + \frac{V_2^2}{2g} + \frac{p_2}{\rho g} \right) - \left(y_1 + \frac{V_1^2}{2g} + \frac{p_1}{\rho g} \right) \right] + h_p \qquad (5.11.2)$$

ou seja, a carga fornecida pela bomba ao fluido é igual ao aumento da carga total do escoamento mais a perda de carga entre as seções (1) e (2).

A potência de eixo fornecida pela bomba ao escoamento, correspondente à carga h_B, pode ser determinada com a aplicação da equação da energia que é dada por

$$\frac{\delta Q}{dt} - \frac{\delta W_{eixo}}{dt} = \iint_{S.C.} \left(e + \frac{p}{\rho} \right) \rho \, (\vec{V} \cdot \vec{n}) dA + \frac{\partial}{\partial t} \iiint_{V.C.} e \rho \, d\forall \qquad (5.11.3)$$

O regime é permanente, de forma que o último termo da Eq. (5.11.3) é nulo e tem-se uma bomba, de maneira que a potência de eixo em questão é uma quantidade negativa, pois é taxa de trabalho realizado pela vizinhança sobre o fluido que está dentro do volume de controle, ou seja,

$$\frac{\delta W_{eixo}}{dt} = - \frac{\delta W_B}{dt} \qquad (5.11.4)$$

em que $\dfrac{\delta W_B}{dt}$ é a potência fornecida pela bomba para o fluido.

Assim, efetuando a integral de superfície entre a seção de entrada (1) e a seção de saída (2) do volume de controle, a Eq. (5.11.3) fica sendo

$$\frac{\delta Q}{dt} + \frac{\delta W_B}{dt} = \left[\left(g y_2 + \frac{V_2^2}{2} + u_2 + \frac{p_2}{\rho} \right) - \left(g y_1 + \frac{V_1^2}{2} + u_1 + \frac{p_1}{\rho} \right) \right] \dot{m} \qquad (5.11.5)$$

em que $\dot{m} = \rho \, V_1 \, A_1 = \rho \, V_2 \, A_2$ é o fluxo de massa do escoamento.

A Eq. (5.11.5) pode ser escrita como

$$\frac{\delta W_B}{dt} = \left[\left(y_2 + \frac{V_2^2}{2g} + \frac{p_2}{\rho g} \right) - \left(y_1 + \frac{V_1^2}{2g} + \frac{p_1}{\rho g} \right) \right] \dot{m} \, g + \frac{(u_2 - u_1)}{g} \dot{m} \, g - \frac{\delta Q}{dt} \qquad (5.11.6)$$

que também pode ser expressa como

$$\frac{\delta W_B}{dt} = \left[\left(y_2 + \frac{V_2^2}{2g} + \frac{p_2}{\rho g} \right) - \left(y_1 + \frac{V_1^2}{2g} + \frac{p_1}{\rho g} \right) \right] \dot{m} \, g + \left[\frac{(u_2 - u_1)}{g} - \frac{\dfrac{\delta Q}{dt}}{\dot{m} \, g} \right] \dot{m} \, g \qquad (5.11.7)$$

Tem-se que

$$\frac{(u_2 - u_1)}{g} - \frac{\dfrac{\delta Q}{d t}}{\dot{m} g} = \frac{1}{g}\left[(u_2 - u_1) - \frac{\delta Q}{d m}\right] = h_p \qquad (5.11.8)$$

é a perda de carga devido ao atrito viscoso entre as seções (1) e (2).

Assim, a Eq. (5.11.7) pode ser escrita como

$$\frac{\delta W_B}{d t} = \left[\left(y_2 + \frac{V_2^2}{2g} + \frac{p_2}{\rho g}\right) - \left(y_1 + \frac{V_1^2}{2g} + \frac{p_1}{\rho g}\right) + h_p\right]\dot{m} g \qquad (5.11.9)$$

em que:

$\dot{m} g$ é o fluxo de peso do escoamento; e
h_p é a perda de carga do escoamento devido ao atrito viscoso.

Comparando as Eqs. (5.11.9) e (5.11.2), tem-se que a potência fornecida pela bomba para o fluido é dada por

$$\frac{\delta W_B}{d t} = \dot{m} g h_B \qquad (5.11.10)$$

A Eq. (5.11.10) também pode ser escrita como

$$\frac{\delta W_B}{d t} = \rho g Q h_B \qquad (5.11.11)$$

em que:

ρ é a massa específica do fluido;
g é a aceleração gravitacional;
Q é a vazão do escoamento; e
h_B é a carga fornecida pela bomba para o escoamento.

Uma turbina tira energia mecânica do escoamento, ou seja, transfere energia do fluido para a vizinhança, de maneira que ocorre uma diminuição da energia mecânica do escoamento. Considerando a existência de uma turbina entre as seções transversais (1) e (2), a equação de Bernoulli com perda de carga dada pela Eq. (5.9.3.12) pode ser modificada, ficando escrita como

$$y_1 + \frac{V_1^2}{2g} + \frac{p_1}{\rho g} = y_2 + \frac{V_2^2}{2g} + \frac{p_2}{\rho g} + h_T + h_p \qquad (5.11.12)$$

em que h_T é a carga correspondente à energia mecânica que é transferida do escoamento para a turbina entre as seções (1) e (2), de forma que

$$h_T = \left[\left(y_1 + \frac{V_1^2}{2g} + \frac{p_1}{\rho g}\right) - \left(y_2 + \frac{V_2^2}{2g} + \frac{p_2}{\rho g}\right)\right] - h_p \qquad (5.11.13)$$

A potência de eixo desenvolvida pelo escoamento sobre a turbina, correspondente à carga h_T fornecida pelo escoamento para a turbina, pode ser determinada com o uso da equação da energia que é dada pela Eq. (5.11.3). Trata-se de uma turbina, de forma que a potência de eixo em questão é uma quantidade positiva, pois é taxa de trabalho realizado pelo escoamento sobre a vizinhança, ou seja, tem-se

$$\frac{\delta W_{eixo}}{d t} = \frac{\delta W_T}{d t} \qquad (5.11.14)$$

em que $\dfrac{\delta W_T}{dt}$ é a potência transferida do escoamento para a turbina.

Efetuando a integral de superfície da Eq. (5.11.3) entre a seção de entrada (1) e a seção de saída (2) do volume de controle, considerando que o último termo dessa equação é nulo, pois o regime é permanente, obtém-se

$$\frac{\delta Q}{dt} - \frac{\delta W_T}{dt} = \left[\left(g\,y_2 + \frac{V_2^2}{2} + u_2 + \frac{p_2}{\rho}\right) - \left(g\,y_1 + \frac{V_1^2}{2} + u_1 + \frac{p_1}{\rho}\right)\right]\dot{m} \quad (5.11.15)$$

em que $\dot{m} = \rho\,V_1\,A_1 = \rho\,V_2\,A_2$ é o fluxo de massa do escoamento.

Fazendo um desenvolvimento semelhante ao realizado antes para a situação de uma bomba, obtém-se

$$\frac{\delta W_T}{dt} = \left[\left(y_1 + \frac{V_1^2}{2g} + \frac{p_1}{\rho\,g}\right) - \left(y_2 + \frac{V_2^2}{2g} + \frac{p_2}{\rho\,g}\right) - h_p\right]\dot{m}\,g \quad (5.11.16)$$

em que:

$\dot{m}\,g$ é o fluxo de peso do escoamento; e

h_p é a perda de carga do escoamento devido ao atrito viscoso dada pela Eq. (5.11.8).

Comparando as Eqs. (5.11.16) e (5.11.13), tem-se que a potência fornecida pelo escoamento para a turbina é dada por

$$\frac{\delta W_T}{dt} = \dot{m}\,g\,h_T \quad (5.11.17)$$

A Eq. (5.11.17) também pode ser escrita como

$$\frac{\delta W_T}{dt} = \rho\,g\,Q\,h_T \quad (5.11.18)$$

em que:

ρ é a massa específica do fluido;

g é a aceleração gravitacional;

Q é a vazão do escoamento; e

h_T é a carga fornecida pelo escoamento para a turbina.

■ **Exemplo 5.12**   A Figura 5.22 mostra um esquema simplificado e fora de escala de uma bomba que retira água, por um duto de diâmetro interno $D = 10$ cm, de um reservatório de grandes dimensões com a superfície livre (S.L.) mantida em nível constante. A água é descarregada, com vazão constante $Q = 0,02$ m³/s, a uma altura $H = 38$ m acima da bomba, através de um duto de diâmetro interno $d = 8$ cm, em uma caixa-d'água aberta para a atmosfera. Considerando que entre as seções (1) e (2) mostradas na Figura 5.22 exista uma perda de carga $h_p = 2$ m e sendo $h = 3$ m, determine a potência que a bomba fornece ao escoamento.

Da equação de Bernoulli modificada para situações com bomba, tem-se que a carga fornecida pela bomba para o escoamento é dada por

$$h_B = \left(y_2 + \frac{V_2^2}{2g} + \frac{p_2}{\rho_a\,g}\right) - \left(y_1 + \frac{V_1^2}{2g} + \frac{p_1}{\rho_a\,g}\right) + h_p$$

Uma maneira de resolver essa questão é considerar um plano de referência na altura do eixo longitudinal do duto de sucção, conforme o esquema da Figura 5.22, considerando o ponto (1)

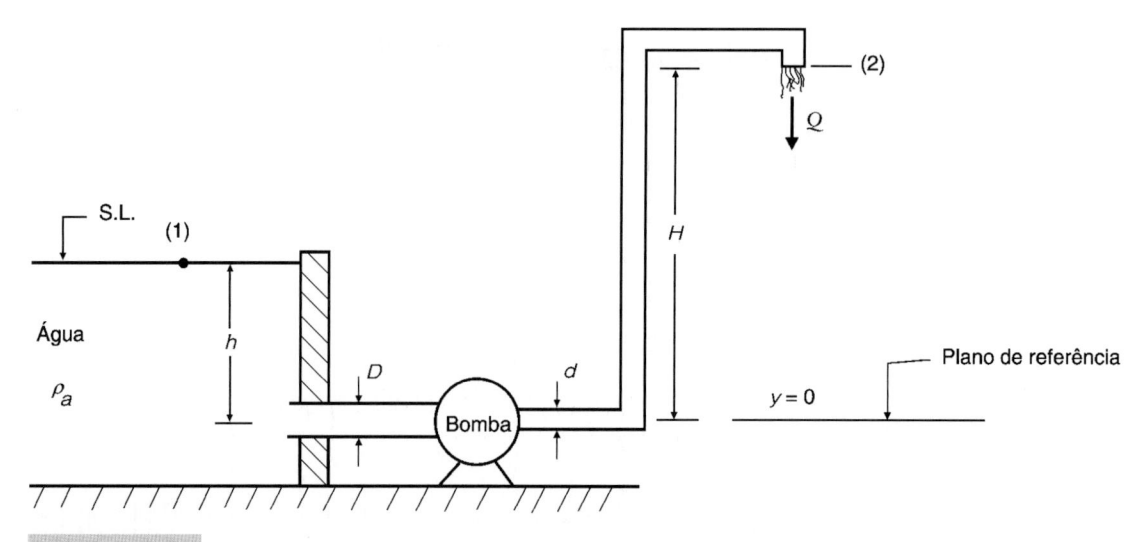

FIGURA 5.22

Esquema simplificado e fora de escala de uma bomba que eleva água.

na superfície livre do reservatório e o ponto (2) na seção em que a água é descarregada, na atmosfera, para a caixa-d'água. Assim, considerando pressões relativas, tem-se que

$$p_1 = p_2 = 0$$

Da Figura 5.22, tem-se que

$$y_1 = h = 3 \text{ m}$$

e

$$y_2 = H = 38 \text{ m}$$

Como a superfície livre é mantida com nível constante, tem-se que $V_1 = 0$.

A velocidade com que a água é descarregada na seção (2) é dada por

$$V_2 = \frac{Q}{A_2} = \frac{4Q}{\pi d^2} = 4 \text{ m/s}$$

A perda de carga entre as seções (1) e (2) é $h_p = 2$ m.

Substituindo esses valores na equação para a carga fornecida pela bomba para a água, obtém-se

$$h_B = 37,8 \text{ m}$$

A potência fornecida pela bomba para o escoamento é dada por

$$\frac{\delta W_B}{dt} = \rho_a g Q h_B = 7,4 \text{ kW}$$

■ **Exemplo 5.13**   A Figura 5.23 mostra um esquema, simplificado e fora de escala, do escoamento de água através de uma turbina tipo Francis de uma pequena usina hidrelétrica. A vazão na turbina é $Q = 25 \, \frac{L}{s}$ (litros por segundo) e a altura da superfície livre da água no reservatório, em relação à superfície livre da água no canal de fuga, é $H_1 = 20$ m. Considerando a situação ideal em que se despreza as perdas por atrito e que na seção (2) no canal de fuga a água tem velocidade aproximadamente nula e a pressão é a pressão atmosférica, determine a potência transferida do escoamento para a turbina e faça uma análise comparativa com uma situação real. Considere as linhas de energia (L.E.) nas duas situações, a linha piezométrica (L.P.), a perda de carga no duto de adução, a perda de carga na turbina e a carga transferida do escoamento para a turbina mostradas na Figura 5.23.

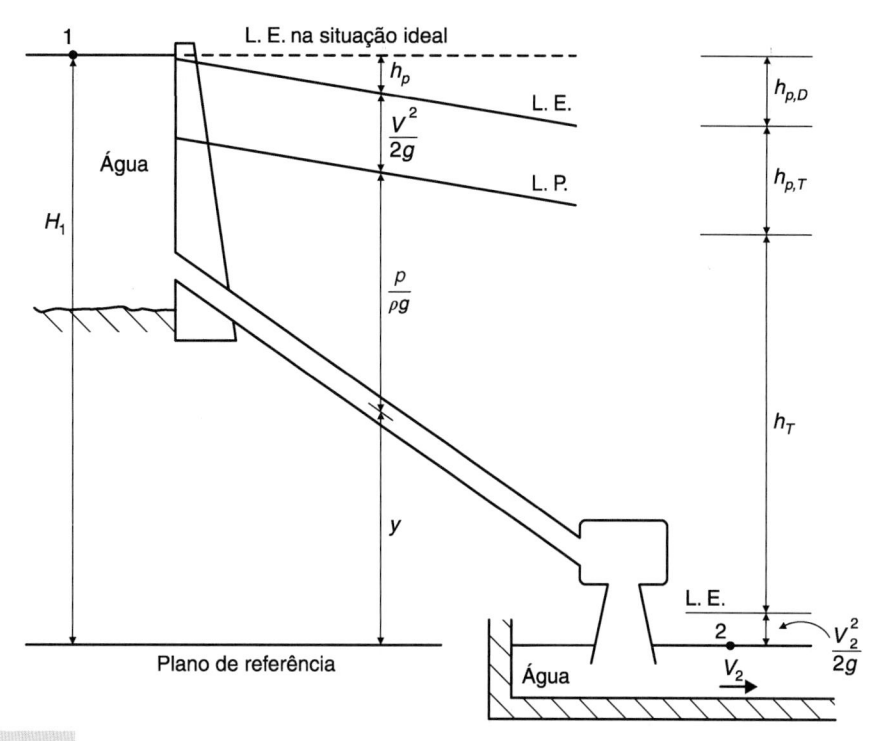

FIGURA 5.23

Esquema simplificado e fora de escala do escoamento de água através de uma turbina.

A carga correspondente à energia mecânica que é transferida do escoamento para a turbina entre as seções (1) e (2) é dada por

$$h_T = \left[\left(y_1 + \frac{V_1^2}{2g} + \frac{p_1}{\rho_{\text{água}} g} \right) - \left(y_2 + \frac{V_2^2}{2g} + \frac{p_2}{\rho_{\text{água}} g} \right) \right] - h_p$$

em que h_p é a perda de carga correspondente à energia mecânica dissipada pelo atrito viscoso.

Consideramos um plano horizontal de referência à altura da superfície livre da água no canal de fuga, a seção (1) na superfície livre do reservatório e a seção (2) no canal de fuga, de maneira que

$$y_1 = H_1 \quad \text{e} \quad y_2 = 0$$

Consideramos que a água no reservatório tem nível constante e que a velocidade da água na seção (2) é aproximadamente nula, de forma que

$$V_1 = V_2 = 0$$

Tem-se que

$$p_1 = p_2 = p_{\text{atm}}$$

Consideramos uma situação ideal sem atrito viscoso, de maneira que

$$h_p = 0$$

Assim, para esta situação idealizada, obtém-se

$$(h_T)_{\text{ideal}} = H_1$$

A potência transferida do escoamento para a turbina é dada por

$$\frac{\delta W_T}{dt} = \rho_{\text{água}} g Q h_T$$

resultando

$$\left(\frac{\delta W_T}{dt}\right)_{\text{ideal}} = \rho_{\text{água}}\, g\, Q\, H_1$$

Substituindo os dados

$$\rho_{\text{água}} = 1000 \; {}^{\text{kg}}\!\!\Big/\!{}_{\text{m}^3}$$

$$g = 9,8 \; {}^{\text{m}}\!\!\Big/\!{}_{\text{s}^2}$$

$$Q = 25 \; {}^{\text{L}}\!\!\Big/\!{}_{\text{s}} = 0,025 \; {}^{\text{m}^3}\!\!\Big/\!{}_{\text{s}}$$

$$h_T = H_1 = 20 \text{ m}$$

obtém-se

$$\left(\frac{\delta W_T}{dt}\right)_{\text{ideal}} = 4900 \text{ W} = 4,9 \text{ kW}$$

Observe que determinamos essa potência para uma situação ideal, sem efeitos de atrito, e consideramos, também, que a água sai da turbina praticamente sem energia cinética, ou seja, essa situação ideal corresponderia a uma conversão integral da energia potencial da água no reservatório em trabalho mecânico produzido pela turbina.

Nas situações reais, devido ao atrito viscoso, ocorre dissipação de energia mecânica e a água sai da turbina com energia cinética, de forma que a potência transferida do escoamento para a turbina é menor do que a potência determinada considerando a situação ideal.

A equação de Bernoulli modificada para o caso de turbinas pode ser escrita como

$$y_1 + \frac{V_1^2}{2g} + \frac{P_1}{\rho_{\text{água}} g} = y_2 + \frac{V_2^2}{2g} + \frac{P_2}{\rho_{\text{água}} g} + h_p + h_T$$

em que h_p é a perda de carga do escoamento entre as seções (1) e (2) e h_T é a carga correspondente à energia mecânica que é transferida do escoamento para a turbina. Consideramos que V é a velocidade média na seção e que a distribuição de velocidade na seção é praticamente igual ao perfil de velocidade média, sendo esta consideração uma aproximação razoável em escoamentos turbulentos.

A linha de energia (L.E.) é a representação gráfica da soma das cargas de elevação, de velocidade e de pressão $\left(y + \dfrac{V^2}{2g} + \dfrac{P}{\rho g} \right)$ ao longo do escoamento. A linha piezométrica (L.P.) é a representação gráfica da soma das cargas de elevação e pressão $\left(y + \dfrac{P}{\rho g} \right)$ ao longo do escoamento.

A perda de carga é a energia mecânica por unidade de peso do fluido que é dissipada devido ao atrito viscoso entre as duas seções consideradas. A perda de carga entre as seções (1) e (2) é dada por

$$h_p = h_{p,D} + h_{p,T}$$

em que $h_{p,D}$ é a soma das perdas de carga distribuída e localizadas ao longo do duto de adução e $h_{p,T}$ é a perda de carga na turbina.

Considerando as perdas de carga $h_{p,D}$ e $h_{p,T}$ mostradas na Figura 5.23 e sendo

$$y_1 = H_1$$

$$y_2 = 0$$

$$V_1 = 0$$

$$p_1 = p_2 = p_{atm}$$

da equação de Bernoulli modificada para o caso de turbina, para uma situação real, obtém-se

$$(h_T)_{real} = H_1 - h_{p,D} - h_{p,T} - \frac{V_2^2}{2g}$$

A potência transferida do escoamento para a turbina é dada por

$$\frac{\delta W_T}{dt} = \rho_{água} g Q h_T$$

Assim, para uma situação real, resulta

$$\left(\frac{\delta W_T}{dt} \right)_{real} = \rho_{água} g Q \left(H_1 - h_{p,D} - h_{p,T} - \frac{V_2^2}{2g} \right)$$

5.12 BIBLIOGRAFIA

ASSY, T. M. *Mecânica dos Fluidos*. Rio de Janeiro: LTC, 2004.

BENNETT, C. O.; MYERS, J. E. *Fenômenos de Transporte*. São Paulo: McGraw-Hill do Brasil, 1978.

BIRD, R. B.; STEWART, W.; LIGHTFOOT, E. N. *Transport Phenomena*. John Wiley, 1960.

BRAGA FILHO, W. *Fenômenos de Transporte para Engenharia*. Rio de Janeiro: LTC, 2006.

FOX, R. W.; MCDONALD, A. T. *Introdução à Mecânica dos Fluidos*. Rio de Janeiro: Guanabara Koogan, 1988.

INSTITUTO NACIONAL DE METROLOGIA, NORMALIZAÇÃO E QUALIDADE INDUSTRIAL – INMETRO. *Regulamentação Metrológica e Quadro Geral de Unidades de Medida*. Segunda edição, 1989.

MACINTYRE, A. J. *Máquinas Motrizes Hidráulicas*. Rio de Janeiro: Guanabara Dois, 1983.

MOODY, L. F. *Friction Factors for Pipe Flow*. Transactions of the ASME, vol. 66, 1944.

ROBERSON, J. A.; CROWE, C. T. *Engineering Fluid Mechanics*. Boston: Houghton Mifflin Company, 1975.

SHAMES, I. H. *Mecânica dos Fluidos*. São Paulo: Edgard Blücher, 1973.

SISSOM, L. E.; PITTS, D. R. *Fenômenos de Transporte*. Rio de Janeiro: Guanabara Dois, 1979.

STREETER, V. L.; WYLIE, E. B. *Mecânica dos Fluidos*. São Paulo: McGraw-Hill do Brasil, 1982.

VENNARD, J. K.; STREET, R. L. *Elementos de Mecânica dos Fluidos*. Rio de Janeiro: Guanabara Dois, 1978.

WELTY, J. R.; WICKS, C. E.; WILSON, R. E. *Fundamentals of Momentum, Heat and Mass Transfer*. John Wiley, 1976.

5.13 PROBLEMAS

5.1 Conceitue volume de controle.

5.2 Defina vazão e fluxo de massa de um escoamento.

5.3 Conceitue velocidade média de um escoamento.

5.4 Considere um óleo em escoamento permanente e laminar, totalmente desenvolvido, num duto de seção circular constante com diâmetro interno $D = 0,10$ m. O perfil real

de velocidade de escoamento é parabólico, dado pela Eq. (4.3.8), sendo $V_{máx} = 0,2$ m/s. Determine a velocidade média e a vazão desse escoamento.

Resp.: $V_{méd} = 0,1$ m/s e $Q = 0,0008$ m³/s.

5.5 Água escoa em regime permanente no duto de seção circular mostrado na Figura 5.24 com um fluxo de massa $\dot{m} = 50$kg/s. Sendo $\rho = 1000$ kg/m³ a massa específica da água, determine a vazão do escoamento e as velocidades médias nas seções (1) e (2).

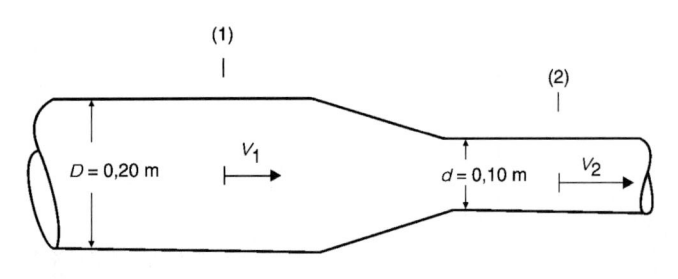

FIGURA 5.24

Resp.: $Q = 0,05$ m³/s; $V_1 = 1,6$ m/s e $V_2 = 6,4$ m/s.

5.6 Considere o escoamento permanente de água no sistema de dutos cilíndricos mostrado na Figura 5.25. Considerando perfis uniformes de velocidade nas seções transversais, determine a velocidade média de escoamento na seção (3).

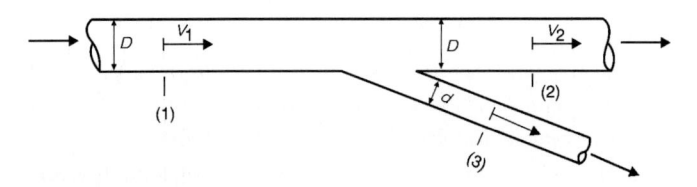

FIGURA 5.25

Resp.: $V_3 = (V_1 - V_2)\dfrac{D^2}{d^2}$.

5.7 A Figura 5.26 mostra um esquema de um funil, com variação na geometria da seção transversal, que está colocado em um escoamento permanente, incompressível e laminar de um fluido com massa específica ρ.

A seção de entrada do funil é retangular e tem-se na mesma uma distribuição de velocidade de escoamento dada por

$$V(y) = V_{E,\text{máx}}\left[1 - \left(\frac{y}{L/2}\right)^2\right]$$

em que $V_{E,\text{máx}}$ é a velocidade máxima da distribuição de velocidade na seção de entrada.

A seção de saída do funil é circular, com raio R, e o funil é suficientemente longo para que o escoamento esteja totalmente desenvolvido na seção de saída com uma distribuição de velocidade dada por

$$V(r) = V_{S,\text{máx}}\left[1 - \left(\frac{r}{R}\right)^2\right]$$

em que $V_{S,\text{máx}}$ é a velocidade máxima da distribuição de velocidade na seção de saída.

Determine:

a) a velocidade média de escoamento na seção de entrada;

b) o fluxo de massa do escoamento no funil; e

c) a velocidade média de escoamento na seção de saída.

5.8 A Figura 5.27 mostra um esquema, fora de escala, de um escoamento permanente de água em um duto

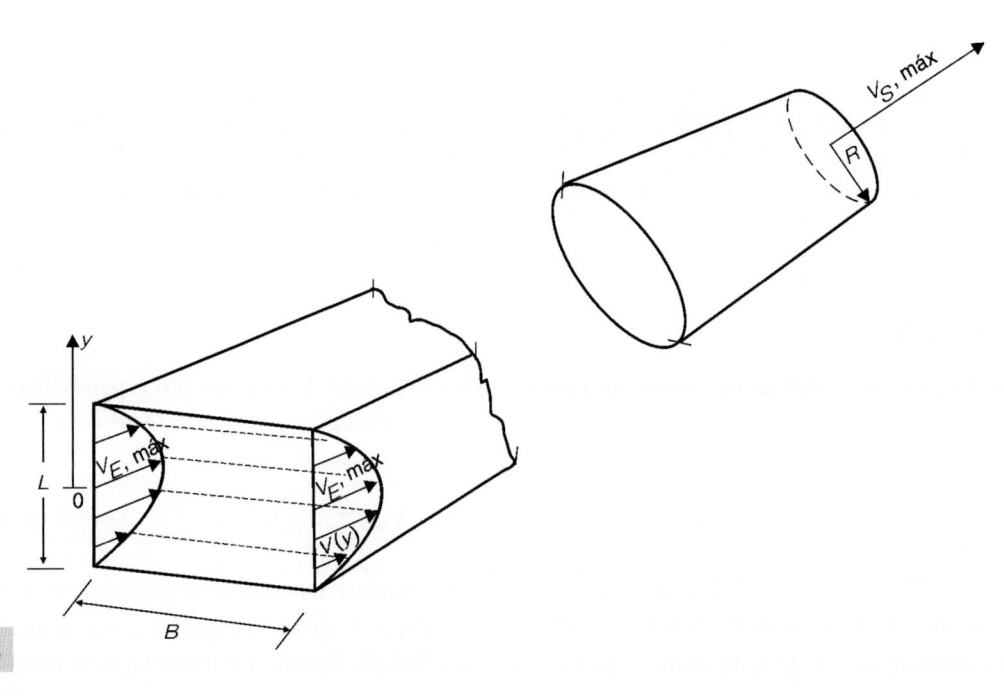

FIGURA 5.26

horizontal com seção transversal retangular constante de altura $2h$ e muito largo. Na seção de entrada, o escoamento tem distribuição uniforme de velocidade V_E dada. O duto é suficientemente longo para que na seção de saída o escoamento tenha uma distribuição de velocidade parabólica dada por

$$V(y) = V_{máx}\left[1 - \left(\frac{y}{h}\right)^2\right]$$

Considerando a largura unitária da seção transversal retangular do duto, determine a velocidade $V_{máx}$ na seção de saída.

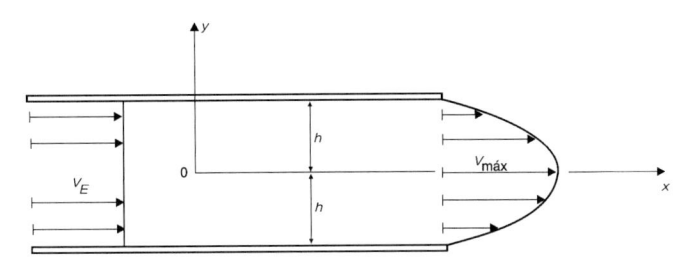

FIGURA 5.27

$Resp.:\ V_{máx} = \dfrac{3}{2}V_E.$

5.9 Água escoa, em regime permanente, com vazão $Q = 0,08\ m^3/s$ no duto redutor de seção circular mostrado na Figura 5.28. Considerando perfis uniformes de velocidade e pressão nas seções transversais, determine a força exercida pelo escoamento sobre esse duto redutor entre as seções (1) e (2).

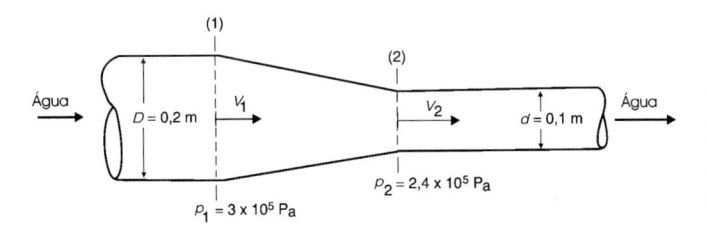

FIGURA 5.28

$Resp.:\ F_E = 6920\ N.$

5.10 A Figura 5.29 mostra um esquema do escoamento de um líquido de massa específica ρ, com vazão Q constante, em um duto de diâmetro interno D constante com uma curva de $90°$ entre as seções transversais (1) e (2). Considerando as pressões p_1 e p_2 indicadas na Figura 5.29 e que o volume interno do duto entre as seções (1) e (2) é $\forall_d$, determine:

a) as componentes x e y da força exercida pelo escoamento sobre o duto curvo entre as seções (1) e (2); e

b) o módulo da força exercida pelo escoamento sobre o duto curvo e o ângulo formado por essa força com o eixo x, em termos de F_x e F_y.

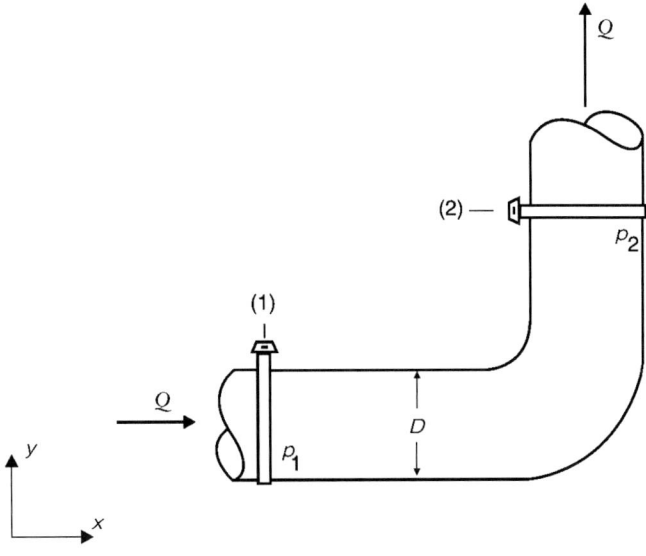

FIGURA 5.29

5.11 Um jato livre de água com diâmetro $d = 5$ cm e velocidade $V_J = 15$ m/s incide perpendicularmente sobre uma placa plana estacionária colocada na posição vertical. Considerando regime permanente e sendo $\rho_{água} = 1000$ kg/m³, determine a força exercida pelo jato livre de água sobre a placa.

$Resp.:\ F_J = 441,8\ N.$

5.12 A Figura 5.30 mostra um esquema de um jato livre de água que sai de um bocal com diâmetro D e incide perpendicularmente sobre o centro de uma placa estacionária onde existe um orifício de diâmetro d. Considerando regime permanente e com os dados apresentados na Figura 5.30, determine a força exercida pelo jato livre de água sobre a placa.

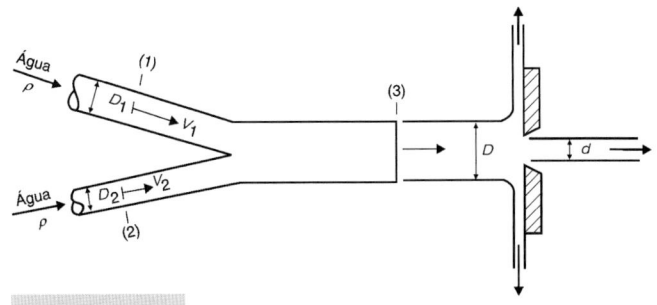

FIGURA 5.30

5.13 A Figura 5.31 mostra um esquema de um escoamento de água, em regime permanente, num duto horizontal de diâmetro D constante. No centro da seção transversal (1), através de um tubo de diâmetro d com parede de espessura desprezível, é injetado um jato de água com velocidade V_J. Desprezando o atrito viscoso e considerando que na seção (2) as duas correntes de água estão totalmente misturadas, determine:

a) a velocidade média de escoamento V_2 na seção (2);

b) a diferença de pressão $(p_1 - p_2)$, considerando um perfil uniforme de pressão na seção (1); e

c) supondo que $V_J = 2V_1$ e que $d = \dfrac{D}{3}$, verifique se a diferença de pressão $(p_1 - p_2)$ é positiva ou negativa. Analise esse resultado.

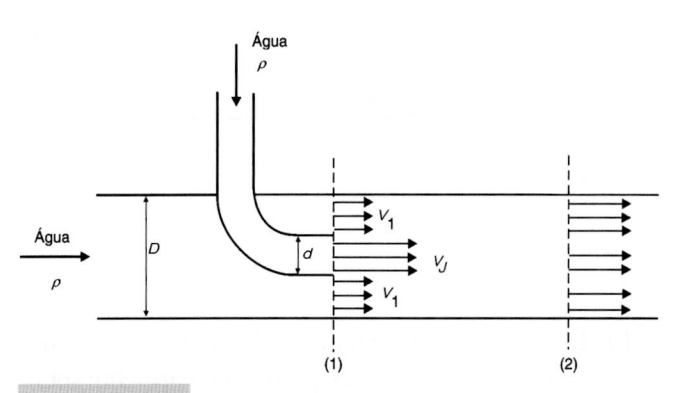

FIGURA 5.31

5.14 A Figura 5.32 mostra um esquema de um jato livre de água, com diâmetro $d = 5$ cm e velocidade $V_J = 15$ m/s, que incide perpendicularmente sobre uma placa fixa num carro. O jato que é totalmente defletido pela placa comunica ao carro uma velocidade constante $V_c = 5$ m/s. Determine o módulo da força de atrito que atua sobre o carro.

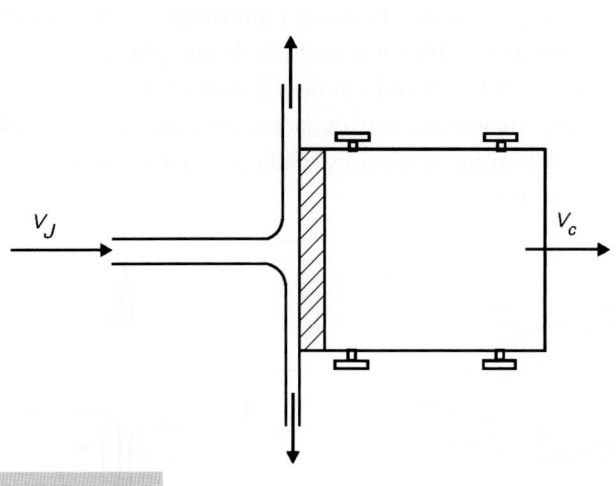

FIGURA 5.32

Resp.: $F_a = 196$ N.

5.15 Considere a Figura 5.32 do problema anterior. Tendo o jato livre de água velocidade V_J e diâmetro d e o carro velocidade V_c, mostre que a potência transmitida pelo jato ao carro é máxima para a relação $\dfrac{V_c}{V_J} = \dfrac{1}{3}$.

5.16 A Figura 5.33 mostra um esquema de uma comporta quadrada de lado L articulada no ponto O. Um jato livre de água, com velocidade V_J e diâmetro D, incide perpendicularmente sobre o centro dessa comporta. Determine o nível limite H de água no reservatório para que a comporta permaneça fechada na posição vertical.

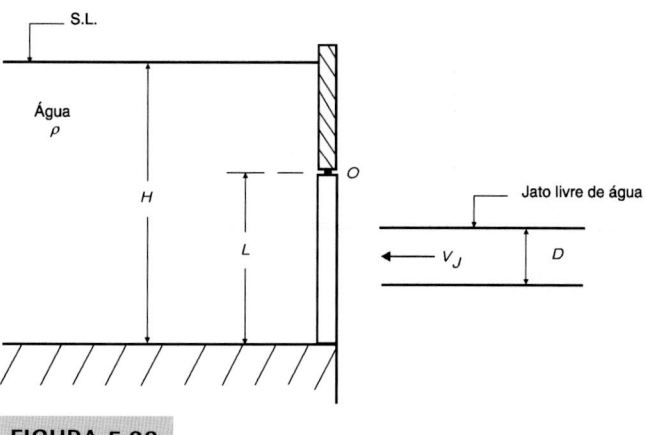

FIGURA 5.33

Resp.: $H = \dfrac{\pi D^2 V_J^2}{4gL^2} + \dfrac{L}{3}$.

5.17 Um jato livre de água, com velocidade V_J, diâmetro D e massa específica ρ, choca-se contra um cone que tem velocidade V_c, conforme o esquema mostrado na Figura 5.34. Determine a força exercida pelo jato sobre o cone.

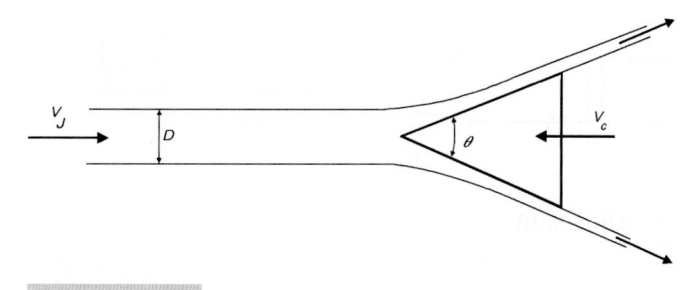

FIGURA 5.34

5.18 Uma comporta está inserida num canal, de seção transversal retangular, onde ocorre um escoamento permanente de um fluido incompressível de massa específica ρ, conforme é mostrado no esquema simplificado da Figura 5.35. Considerando distribuições de velocidade uniforme nas seções transversais e supondo distribuições hidrostáticas de pressões nas seções (1) e (2) e na parede AB, determine a relação entre a vazão Q (por unidade de largura do canal) e os níveis H e h para que sejam satisfeitas as equações da continuidade e do momento linear.

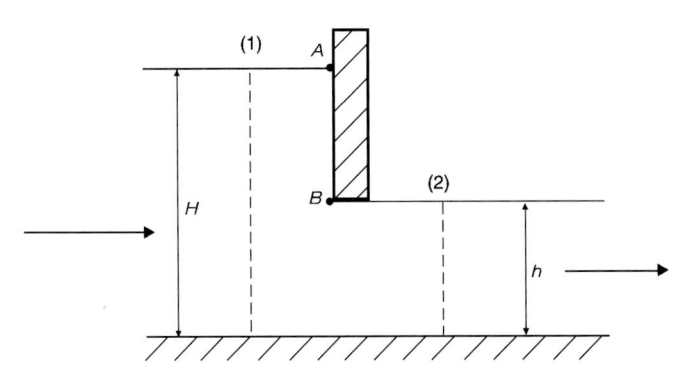

FIGURA 5.35

Resp.: $Q^2 = g\,h^2\,H$.

5.19 Considere o Exemplo 5.6. Determine o torque exercido pelo jato livre de água sobre a turbina Pelton, aplicando a equação do momento linear para calcular a força exercida pelo jato sobre a pá e o torque aplicado à roda. Nessa abordagem, considere que o jato incide sempre sobre uma pá na posição mostrada na Figura 5.9, e observe que o jato, após a deflexão, deixa a pá com velocidade relativa $V_r = V_J - \omega R$ e que a pá está em movimento com velocidade $V_p = \omega R$ em relação ao solo.

5.20 A Figura 5.36 mostra de forma simplificada um esquema da vista de cima de um esguicho de jardim, com eixo de rotação vertical, que é mantido estacionário. A descarga da água que tem massa específica ρ, com vazão total Q constante, ocorre através de dois jatos livres que saem dos bocais com seções transversais de área A_J. Os jatos saem dos bocais formando um ângulo θ com um plano horizontal. Determine a velocidade V_J dos jatos livres de água e o torque aplicado pelo escoamento sobre o braço rotativo do esguicho.

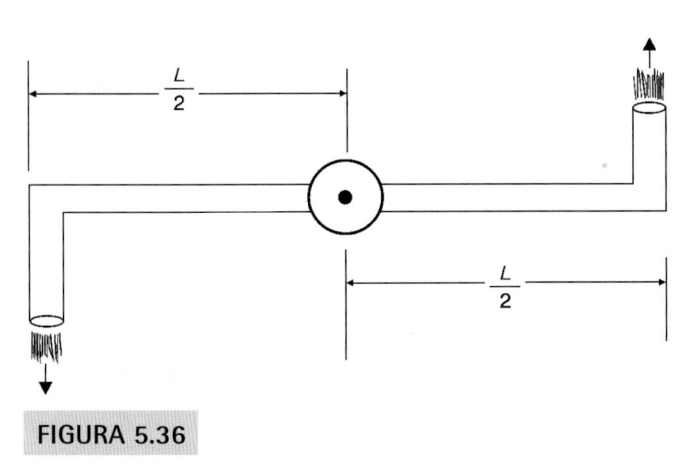

FIGURA 5.36

Resp.: $V_J = \dfrac{Q}{2\,A_J}$ e $M_E = -\dfrac{\rho Q^2\,L\cos\theta}{4\,A_J}$.

5.21 Em uma tubulação horizontal de diâmetro constante ocorre um escoamento de água em regime permanente. Desprezando as trocas de calor com a vizinhança e considerando que o atrito viscoso causa uma queda de pressão $\Delta p = 85.000$ Pa e um aumento da energia interna do escoamento entre duas seções, determine a variação de temperatura da água entre essas duas seções. Considere que a variação da energia interna, por unidade de massa, é dada por $\Delta u = c\,\Delta T$ e que o calor específico da água é $c = 4200\ \dfrac{J}{\text{kg}\cdot\text{K}}$.

Resp.: $\Delta T = 0,02$ K.

5.22 A bomba mostrada no esquema da Figura 5.37 recebe água, com vazão $Q = 0,2$ m³/s, através do duto de sucção de diâmetro $D_1 = 20$ cm e a descarrega através do duto de descarga de diâmetro $D_2 = 15$ cm que está instalado com uma elevação $y_2 = 0,5$ m em relação à tubulação de sucção. O manômetro colocado no duto de sucção indica uma pressão relativa $p_1 = -30.000$ Pa, enquanto o manômetro instalado no tubo de descarga mede uma pressão relativa $p_2 = 300.000$ Pa. Considerando que não há trocas de calor e desprezando o atrito viscoso, determine a potência fornecida pela bomba ao escoamento.

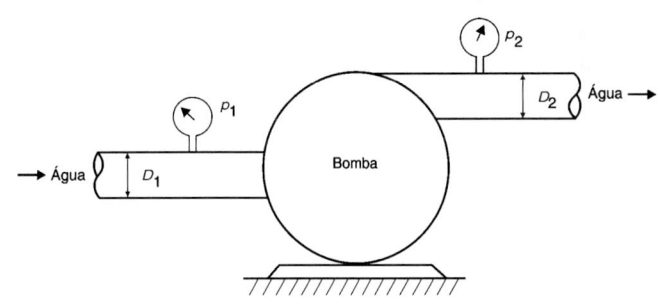

FIGURA 5.37

Resp.: $\dfrac{\delta W_{\text{eixo}}}{dt} = 75,9$ kW.

5.23 Considere o problema anterior. Se o sistema possui uma eficiência de 80% por causa do atrito, determine a potência do motor conectado à bomba.

5.24 A Figura 5.38 mostra um esquema de um escoamento de água, em regime permanente, com vazão $Q = 0,5$ m³/s, através de uma turbina. As pressões estáticas nas seções (1) e (2) são, respectivamente, $p_1 = 180.000$ Pa e $p_2 = -20.000$ Pa. Desprezando a dissipação de energia mecânica por atrito viscoso e considerando que não há trocas de calor, determine a potência fornecida pelo escoamento à turbina.

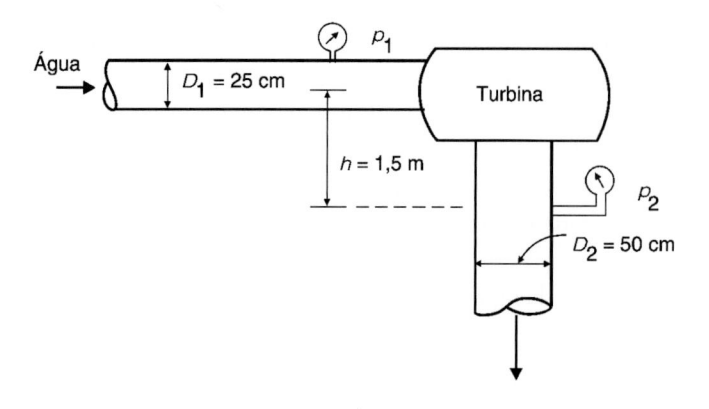

FIGURA 5.38

$Resp.: \dfrac{\delta W_{eixo}}{dt} = 131,8 \text{ kW}.$

5.25 A Figura 5.39 mostra um esquema de um reservatório de grandes dimensões, com a superfície livre mantida em nível constante, com um duto do qual sai um jato livre de água. Considerando que não há atrito viscoso e sendo a massa específica da água $\rho = 1000 \text{ kg/m}^3$, as alturas $H = 5$ m e $h = 2$ m e os diâmetros internos $D = 4$ cm e $d = 2$ cm, determine:

a) a vazão do jato livre de água; e

b) as pressões relativas nos pontos A e B.

$Resp.: Q_J = 0,0037 \text{ m}^3/s; \ p_A = 44.800 \text{ Pa e } p_B = 155 \text{ Pa}.$

5.26 A Figura 5.40 mostra um esquema de um escoamento de água, com vazão Q constante, num duto de seção transversal circular com uma redução de diâmetro. A pressão na seção (1) é p_1 indicada no manômetro. Considerando que não há dissipação de energia mecânica, determine a pressão na seção (2).

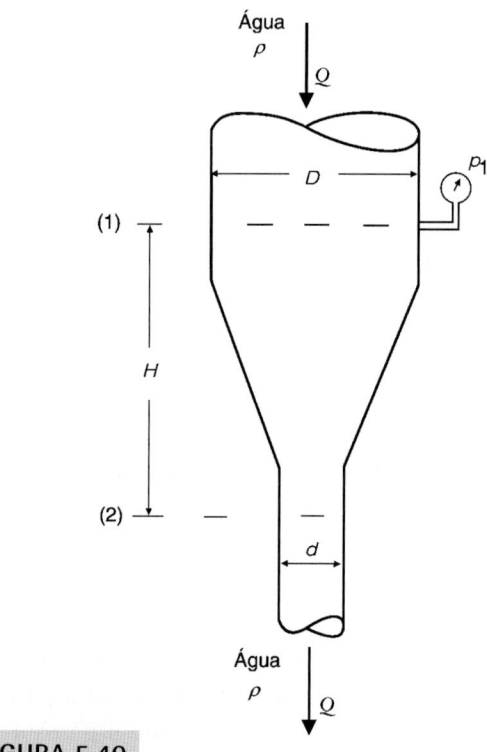

FIGURA 5.40

$Resp.: p_2 = p_1 + \dfrac{8\rho Q^2}{\pi^2}\left(\dfrac{1}{D^4} - \dfrac{1}{d^4}\right) + \rho g H.$

5.27 A Figura 5.41 mostra um esquema de uma instalação industrial que consiste em um reservatório de

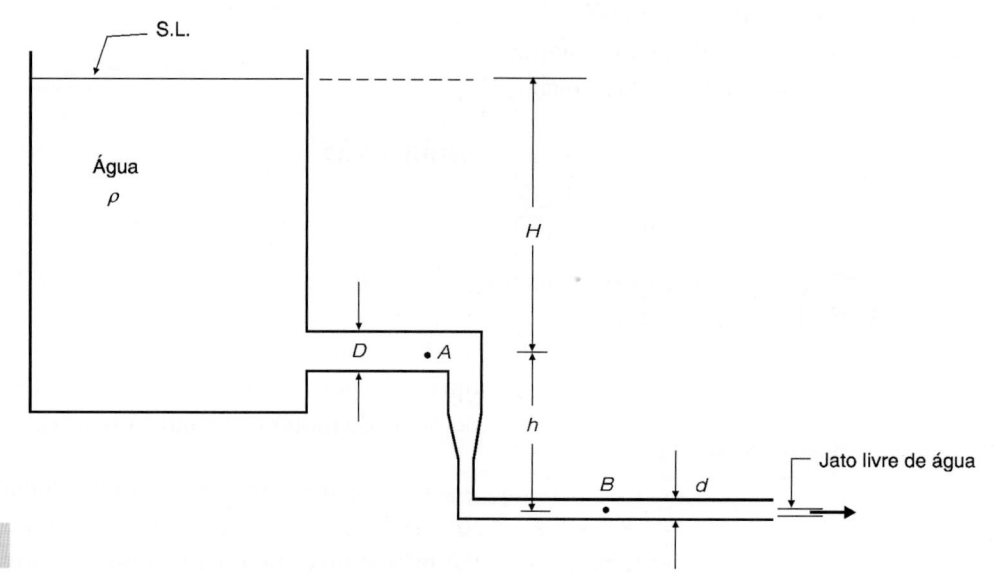

FIGURA 5.39

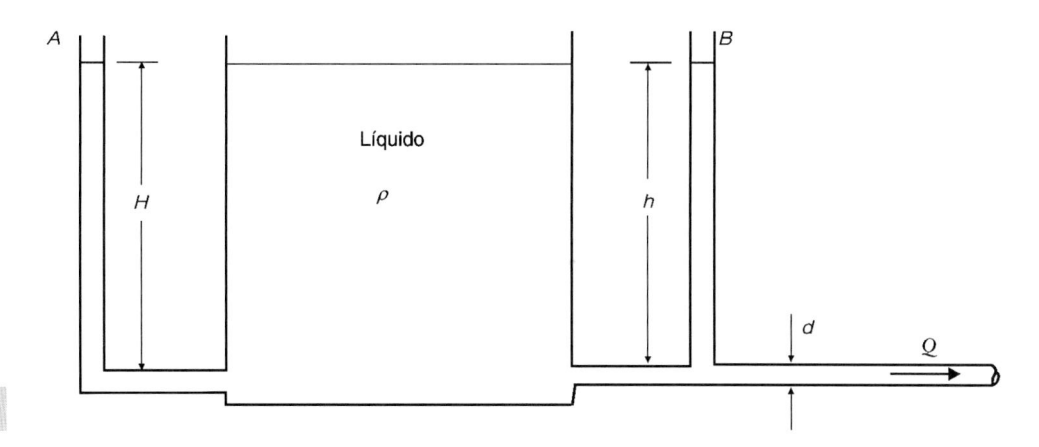

FIGURA 5.41

grandes dimensões, aberto para a atmosfera, e de um duto horizontal de pequeno diâmetro interno d por onde é extraído o líquido de massa específica ρ. Para se verificar o nível do líquido no reservatório, foram instalados os medidores (A) e (B). Observa-se que quando há extração do líquido os indicadores fornecem medidas diferentes. Considerando que não há perda de carga por atrito viscoso, pede-se:

a) justifique essa observação e cite qual dos indicadores fornece a medida correta; e

b) determine a diferença de leitura $(H - h)$ entre os dois indicadores, em função da vazão do escoamento.

5.28 A Figura 5.42 mostra um esquema de um borrifador de água na forma de "venturi" que suga água de um reservatório de nível constante submetido à pressão atmosférica. Conhecendo-se a velocidade V_A e a pressão p_{atm} do ar na seção de entrada do "venturi" e considerando que não há atrito viscoso, determine a máxima cota h entre o "venturi" e a superfície livre do reservatório para o funcionamento do borrifador. Explique o fenômeno.

Resp.: $h = \dfrac{\rho_{ar} V_A^2}{2 \rho_{água} g}\left(\dfrac{D^4}{d^4} - 1\right)$.

5.29 A Figura 5.43 mostra um esquema de um tanque de grandes dimensões com água, onde está colocado um sifão constituído de um tubo de diâmetro interno $d = 2$ cm. Desprezando o atrito viscoso, determine a vazão da água que sai do sifão e a pressão no ponto A no escoamento. Considere $p_{atm} = 101.300$ Pa.

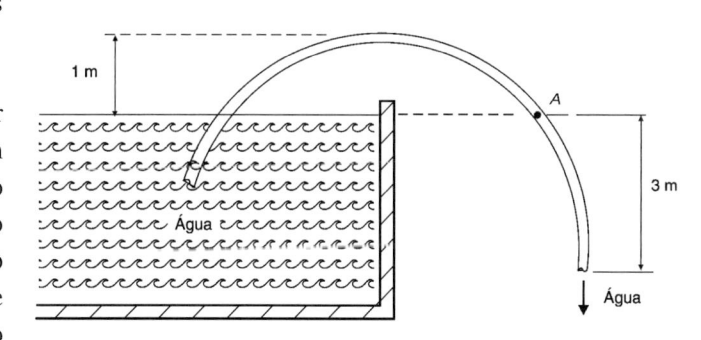

FIGURA 5.43

Resp.: $Q = 0,0024$ m³/s e $p_A = 71.800$ Pa.

5.30 A Figura 5.44 mostra um esquema de um escoamento permanente de água em um duto de pequeno diâmetro. Determine a velocidade de escoamento da água.

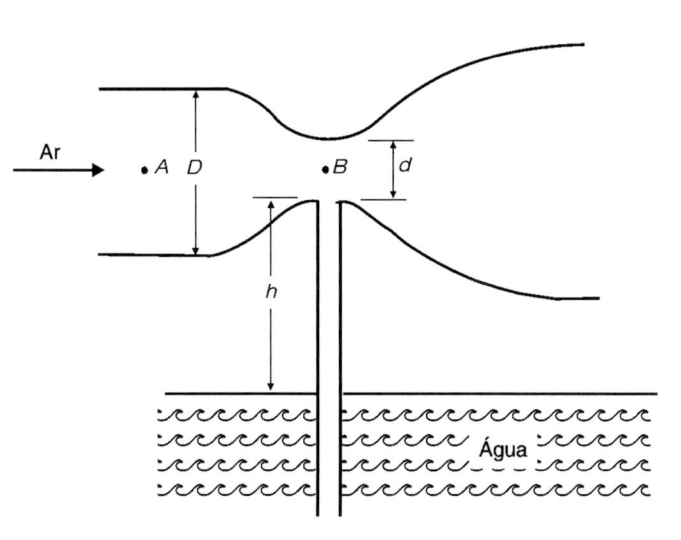

FIGURA 5.42

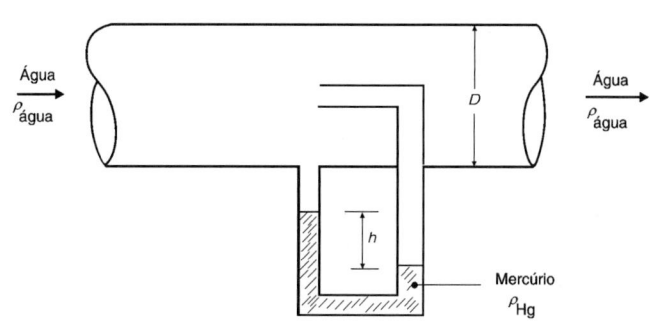

FIGURA 5.44

5.31 A Figura 5.45 mostra um esquema de um escoamento permanente de água, sem atrito viscoso, com vazão Q e massa específica ρ, em um duto vertical de seção circular. Pede-se:

a) determine o diâmetro interno da seção (2), para que as pressões estáticas nas seções (1) e (2) sejam iguais; e

b) para essas condições, determine a altura manométrica h.

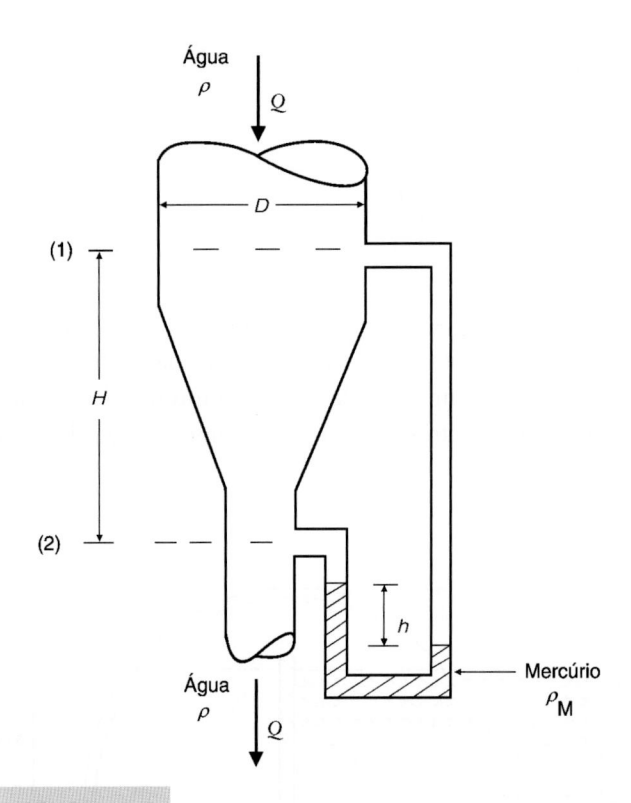

FIGURA 5.45

$Resp.$: a) $d = \sqrt[4]{\dfrac{8Q^2 D^4}{\pi^2 g H D^4 + 8Q^2}}$;   b) $h = \left(\dfrac{\rho}{\rho_M - \rho}\right) H.$

5.32 Um jato livre de água com massa específica ρ, que sai horizontalmente de um bocal de seção circular de diâmetro d, incide sobre um carro que se move com velocidade constante V_C, conforme é mostrado no esquema da Figura 5.46. Considerando regime permanente e perfis uniformes de velocidade nas seções transversais, determine:

a) a velocidade do jato livre; e

b) a força exercida pelo jato livre sobre o carro.

$Resp.$: a) $V_J = \left(\dfrac{D}{d}\right)^2 \sqrt{\dfrac{2(\rho_M - \rho)gh}{\rho}}$;

b) $F_J = \dfrac{\rho \pi d^2}{4}(V_J - V_C)^2 (1 - \cos\theta).$

5.33 A Figura 5.47 mostra um esquema do escoamento de um líquido de massa específica ρ, num duto vertical de seção transversal circular, com vazão Q constante e sem atrito viscoso. Pede-se:

a) determine o diâmetro interno d da seção (2), para que as pressões estáticas nas seções (1) e (2) sejam iguais; e

b) para essas condições, determine a leitura manométrica h, considerando que o fluido manométrico tem massa específica $\rho_m = 10\,\rho$.

5.34 Um líquido de massa específica ρ escoa em regime permanente no duto vertical de seção transversal circular mostrado no esquema da Figura 5.48. Na seção (2) está colocado um objeto sólido simétrico no eixo longitudinal do duto, de forma que ocorre uma redução na área da seção de escoamento. Considerando que a massa específica do fluido manométrico é $\rho_m = 8\,\rho$, que as propriedades são uniformes nas seções transversais, que não há atrito viscoso e que a leitura manométrica H é dada, determine:

a) a vazão do escoamento; e

b) a altura manométrica h.

$Resp.$: a) $Q = \dfrac{\pi D^2}{4}\sqrt{14gH}$ e b) $h = H\left(\dfrac{D^2}{D^2 - d^2}\right)^2.$

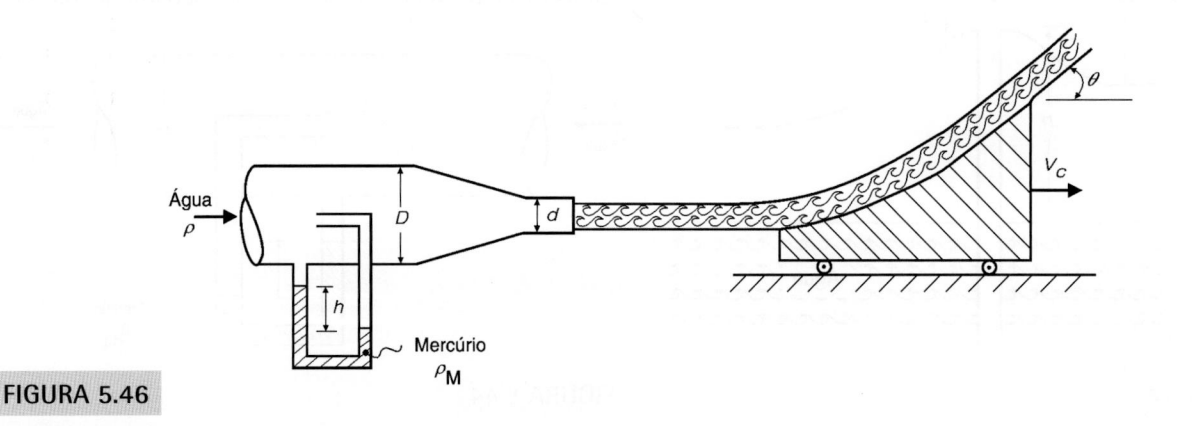

FIGURA 5.46

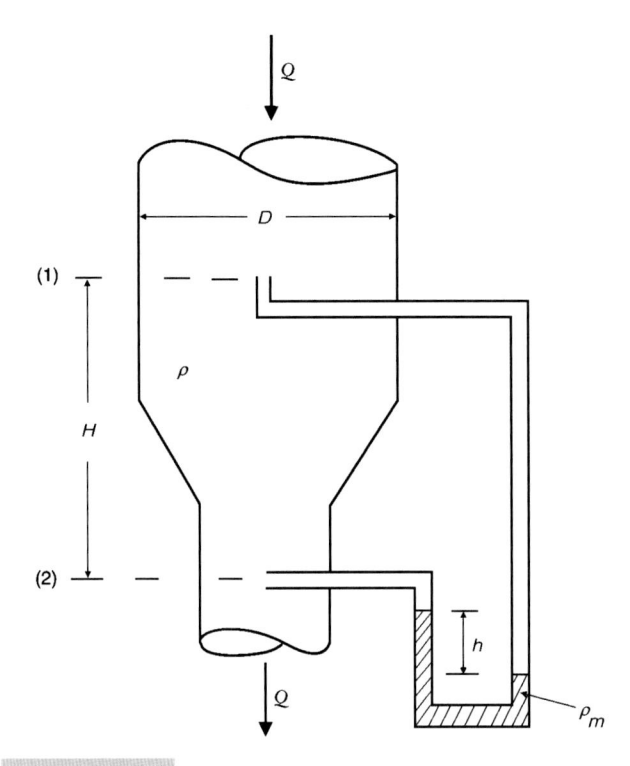

FIGURA 5.47

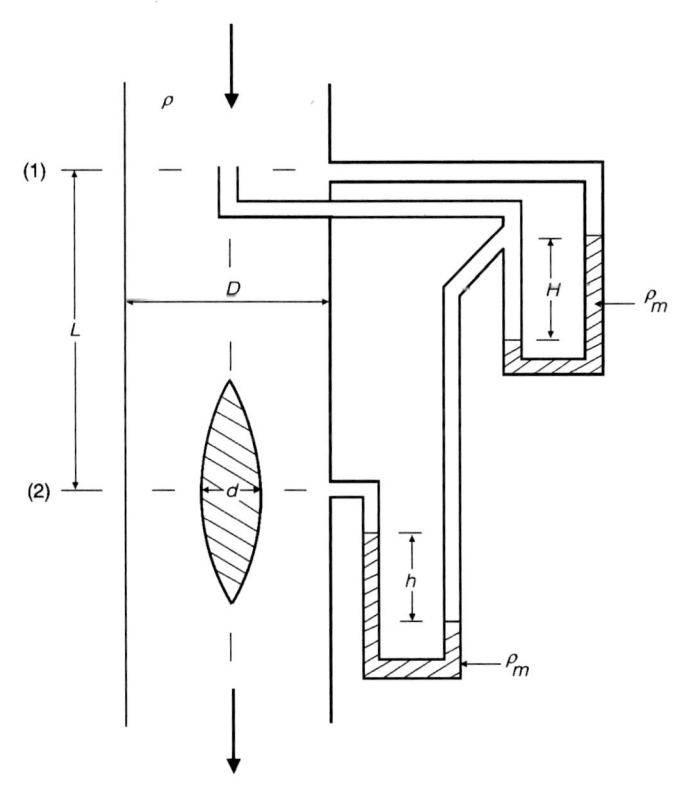

FIGURA 5.48

5.35 Água escoa com vazão $Q = 0,05$ m³/s no duto horizontal de diâmetro constante mostrado no esquema da Figura 5.49. Devido ao atrito viscoso, ocorre uma perda de carga $h_p = 0,04$ m de água entre as seções A e B. Se a pressão

no ponto B corresponde a uma altura de água $h_B = 0,6$ m no medidor sobre o ponto B, determine a altura de água h_A correspondente à pressão no ponto A.

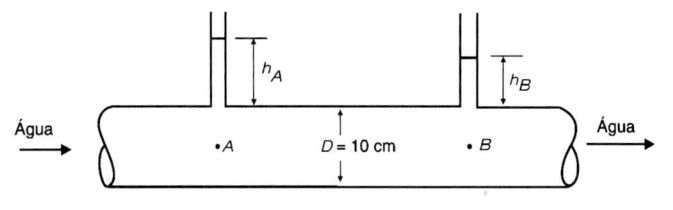

FIGURA 5.49

5.36 Água escoa, em regime permanente, no duto horizontal de seção transversal circular mostrado no esquema da Figura 5.50. Considerando propriedades uniformes nas seções transversais e que somente há perda de carga na placa de orifício, determine a velocidade de escoamento na seção C.

Resp.: $V_C = \left(\dfrac{D}{d}\right)^2 \sqrt{2g(H - h_2)}$.

5.37 A Figura 5.51 mostra um esquema de um duto horizontal de seção transversal circular, com uma redução, onde escoa água em regime permanente. A pressão na seção A é p_A, indicada no manômetro. Existindo uma perda de carga h_p entre as seções A e B, determine:
   a) a vazão do escoamento; e
   b) a pressão estática na seção B.

Resp.: a) $Q = \dfrac{\pi D^2}{4} \sqrt{2g(H - h)}$;

   b) $p_B = p_A + \dfrac{1}{2}\rho_{\text{água}} V_A^2 \left(1 - \dfrac{D^4}{d^4}\right) - \rho_{\text{água}}\, g\, h_p$.

5.38 A Figura 5.52 mostra um esquema de um duto curvo de diâmetro $D = 8$ cm que possui na extremidade um bocal de diâmetro $d = 4$ cm, de onde sai um jato livre de água vertical que é totalmente defletido (ângulo de deflexão igual a 180°) pelo bloco de peso W. Na seção A do duto está conectado um manômetro diferencial contendo mercúrio ($\rho_M = 13,6\ \rho_{\text{água}}$) com altura manométrica $h = 5$ cm. Considerando que o regime é permanente, que as propriedades são uniformes nas seções transversais, que a diferença de altura entre o bocal e o bloco é pequena e que $\rho_{\text{água}} = 1000$ kg/m³, determine:
   a) a velocidade do escoamento de água na seção A;
   b) a velocidade e a vazão do jato livre; e
   c) o peso W do bloco para que ele fique em equilíbrio.

Resp.: $V_A = 3,5$ m/s; $V_J = 14$ m/s; $Q = 0,018$ m³/s e $W = 493$ N.

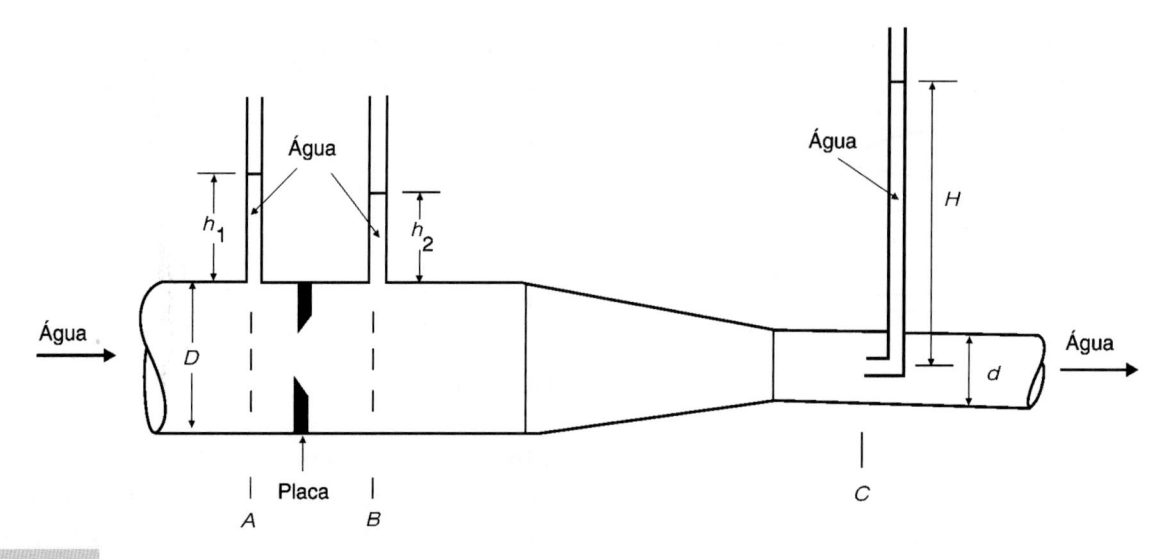

FIGURA 5.50

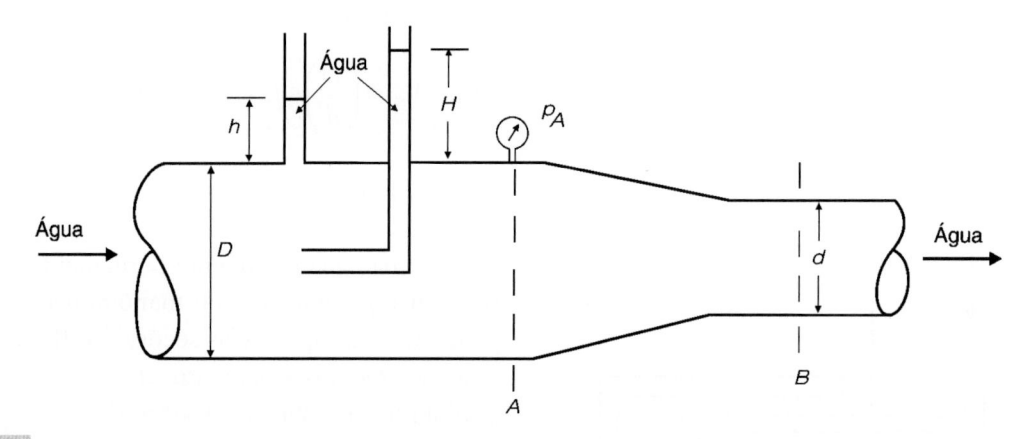

FIGURA 5.51

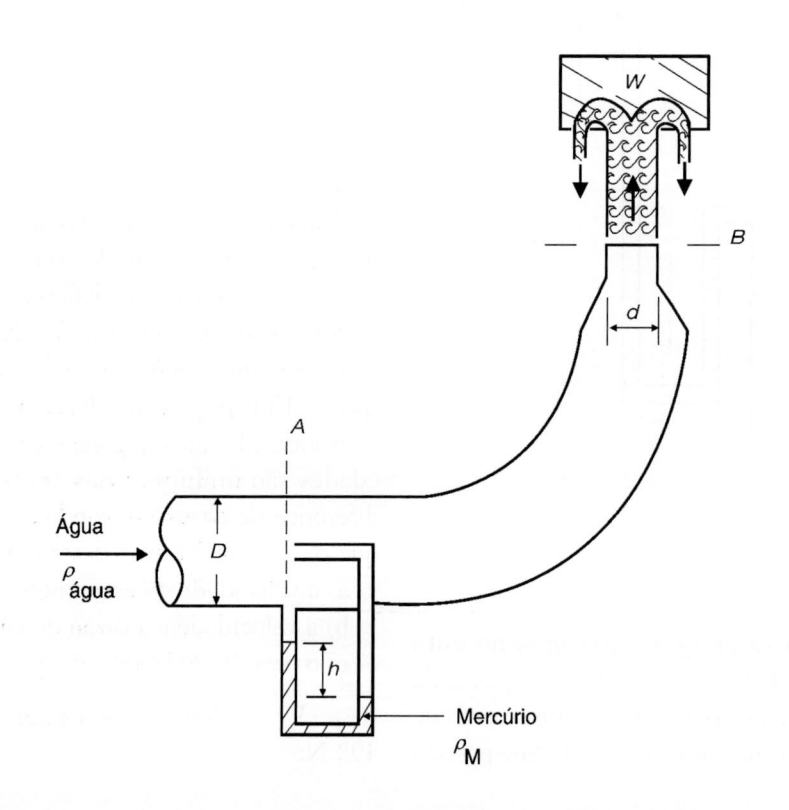

FIGURA 5.52

5.39 A Figura 5.53 mostra um esquema de um duto redutor na posição vertical, de seção transversal circular, onde escoa água com massa específica ρ e vazão Q constante. A pressão estática na seção A é p_A lida no manômetro. Sendo W o peso da água contida no duto redutor entre as seções A e B, existindo uma perda de carga h_p entre as seções A e B e considerando propriedades uniformes nas seções transversais, determine:

a) a pressão estática na seção B; e

b) a força exercida pelo escoamento sobre o duto redutor.

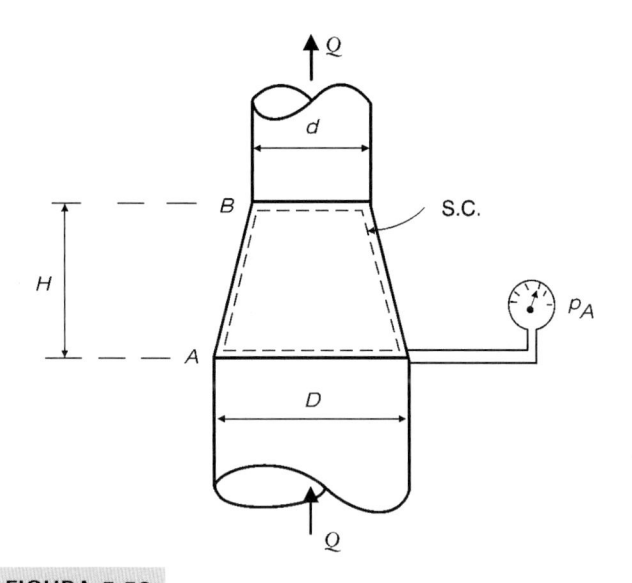

FIGURA 5.53

Resp.: a) $p_B = p_A + \dfrac{1}{2}\rho(V_A^2 - V_B^2) - \rho g(H + h_p)$.

b) $F_E = \dfrac{\pi}{4}\rho(V_A^2 D^2 - V_B^2 d^2) +$

$$\dfrac{\pi}{4}(p_A D^2 - p_B d^2) - W.$$

5.40 Considere um escoamento de água, com vazão $Q = 0,02$ m³/s, num duto horizontal de ferro galvanizado de seção transversal circular com diâmetro $D = 10$ cm. O duto tem comprimento $L = 300$ m e rugosidade relativa $\dfrac{e}{D} = 0,0015$. Considerando que $\rho_{\text{água}} = 1000$ kg/m³ e $\mu_{\text{água}} = 0,001$ Pa · s, determine a perda de carga distribuída e a correspondente queda de pressão no duto.

Resp.: $h_{p,d} = 21$ m; $\Delta p = 205,8$ kPa.

5.41 Resolva o Problema 5.40, considerando que o diâmetro do duto de ferro galvanizado é $D = 20$ cm, de forma que a rugosidade relativa da parede do duto é $\dfrac{e}{D} = 0,0007$.

5.42 Considere o Exemplo 5.12. Resolva essa questão, considerando o ponto (1) numa seção transversal do duto de sucção da bomba e a mesma perda de carga $h_p = 2$ m.

5.43 A Figura 5.54 mostra um esquema de um escoamento permanente de água em um duto horizontal, de seção transversal circular, com uma redução no diâmetro entre as seções B e C. Considerando propriedades uni-

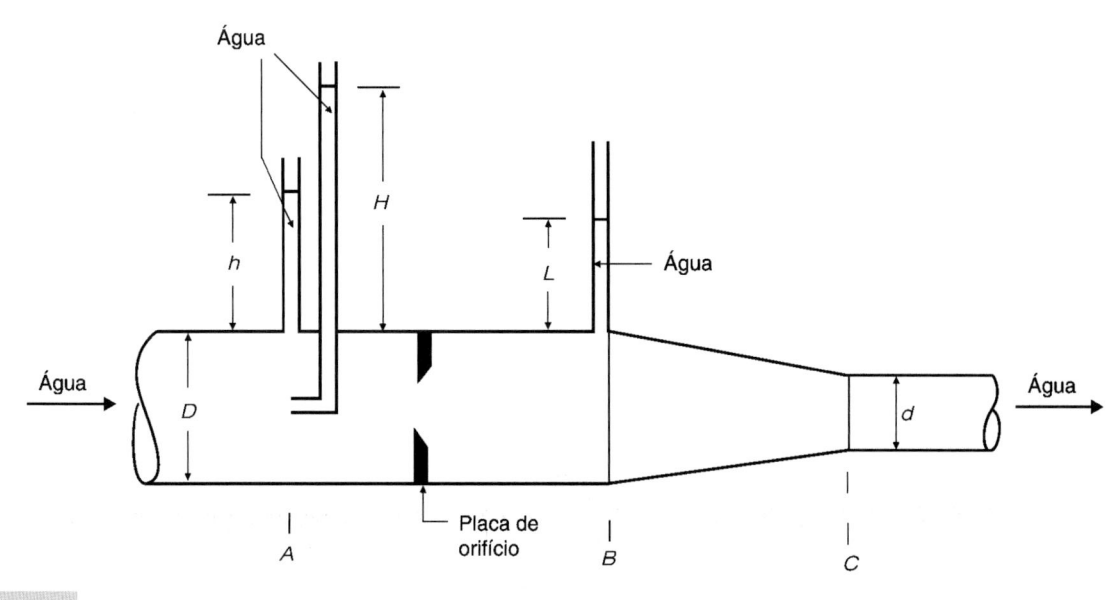

FIGURA 5.54

formes nas seções transversais e que somente existe perda de carga na placa de orifício, determine:

a) a vazão do escoamento; e

b) a pressão na seção C.

5.44 A Figura 5.55 mostra um esquema de uma instalação com uma bomba que eleva água com vazão $Q = 0,02$ m³/s. Os manômetros instalados nas seções (1) e (2) indicam, respectivamente, as pressões $p_1 = 80$ kPa e $p_2 = 330$ kPa. O duto de sucção tem diâmetro $D = 10$ cm e o tubo de descarga da bomba possui diâmetro $d = 5$ cm. Considerando que existe uma perda de carga $h_p = 12$ m de água entre as seções (1) e (2), sendo $\rho_{\text{água}} = 1000$ kg/m³ e $H = 20$ m, determine a potência fornecida pela bomba ao escoamento.

Resp.: $\dfrac{\delta W_B}{dt} = 12,2$ kW.

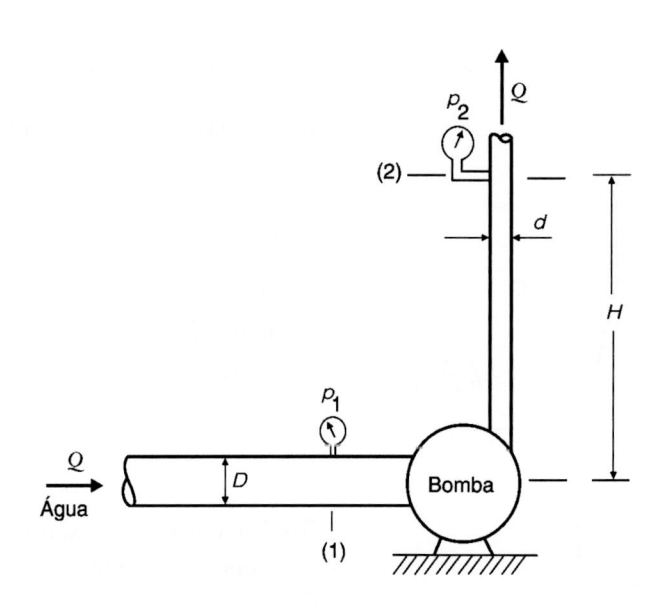

FIGURA 5.55

Introdução à Análise Diferencial de Escoamentos

6.1 INTRODUÇÃO

No Capítulo 5, desenvolvemos uma análise dos escoamentos na formulação de volume de controle em que as equações integrais obtidas fornecem informações considerando balanços globais em volumes de controle macroscópicos. Neste capítulo, deduziremos equações diferenciais que possibilitam um estudo mais detalhado dos escoamentos, ou seja, permitem a determinação das distribuições das grandezas intensivas em estudo.

6.2 EQUAÇÃO DA CONTINUIDADE NA FORMA DIFERENCIAL

Deduziremos a equação diferencial da continuidade a partir da equação da continuidade na forma integral, com a aplicação do teorema da divergência (ou teorema de Gauss) do cálculo vetorial.

O teorema da divergência permite transformar uma integral de superfície em uma integral de volume, da seguinte forma:

$$\iint_S \vec{G} \cdot \vec{n} \; dA = \iiint_\forall \vec{\nabla} \cdot \vec{G} \; d\forall \qquad (6.2.1)$$

em que:

S é a superfície que envolve o volume $\forall$; e
$\vec{G}$ é uma grandeza vetorial,

de forma que, em coordenadas retangulares, tem-se

$$\vec{G} = G_x \vec{i} + G_y \vec{j} + G_z \vec{k} \qquad (6.2.2)$$

e

$$\vec{\nabla} \cdot \vec{G} = \frac{\partial G_x}{\partial x} + \frac{\partial G_y}{\partial y} + \frac{\partial G_z}{\partial z} \qquad (6.2.3)$$

No caso da equação da continuidade, a grandeza vetorial $\vec{G}$ é a densidade de fluxo de massa $\rho\vec{V}$. A equação da continuidade na forma integral é dada por

$$\iint_{S.C.} \rho\left(\vec{V} \cdot \vec{n}\right) dA + \frac{\partial}{\partial t} \iiint_{V.C.} \rho \, d\forall = 0 \qquad (6.2.4)$$

Aplicando o teorema da divergência na integral de superfície da Eq. (6.2.4), obtém-se

$$\iint_{S.C.} \rho\left(\vec{V} \cdot \vec{n}\right) dA = \iiint_{V.C.} \vec{\nabla} \cdot \rho\vec{V} \, d\forall \qquad (6.2.5)$$

Assim, a Eq. (6.2.4) fica sendo

$$\iiint\limits_{V.C.} \vec{\nabla} \cdot \rho \vec{V} \, d\mathbf{V} + \frac{\partial}{\partial t} \iiint\limits_{V.C.} \rho \, d\mathbf{V} = 0 \tag{6.2.6}$$

que pode ser escrita como

$$\iiint\limits_{V.C.} \left(\vec{\nabla} \cdot \rho \vec{V} + \frac{\partial \rho}{\partial t} \right) d\mathbf{V} = 0 \tag{6.2.7}$$

O volume de controle é arbitrário, de forma que o integrando da Eq. (6.2.7) deve ser nulo, resultando em

$$\vec{\nabla} \cdot \rho \vec{V} + \frac{\partial \rho}{\partial t} = 0 \tag{6.2.8}$$

que é a *equação da continuidade na forma diferencial*. Esta equação fornece um balanço diferencial de massa por unidade de volume para um volume de controle infinitesimal fixo no espaço.

Em coordenadas retangulares, a equação diferencial da continuidade é dada por

$$\frac{\partial(\rho V_x)}{\partial x} + \frac{\partial(\rho V_y)}{\partial y} + \frac{\partial(\rho V_z)}{\partial z} + \frac{\partial \rho}{\partial t} = 0 \tag{6.2.9}$$

Casos Particulares da Equação Diferencial da Continuidade

• Escoamento incompressível

Para escoamentos incompressíveis, tem-se ρ = constante, de forma que a Eq. (6.2.8) fica sendo

$$\vec{\nabla} \cdot \vec{V} = 0 \tag{6.2.10}$$

• Escoamento permanente

Nos escoamentos permanentes, as propriedades do fluido e do escoamento são invariantes com o tempo, de maneira que a equação diferencial da continuidade se reduz a

$$\vec{\nabla} \cdot \rho \vec{V} = 0 \tag{6.2.11}$$

Diversos problemas apresentam geometria cilíndrica, sendo, então, necessário utilizar as equações em coordenadas cilíndricas. A equação diferencial da continuidade em coordenadas cilíndricas (r, θ e z) é dada por

$$\frac{1}{r} \frac{\partial(r \rho V_r)}{\partial r} + \frac{1}{r} \frac{\partial(\rho V_\theta)}{\partial \theta} + \frac{\partial(\rho V_z)}{\partial z} + \frac{\partial \rho}{\partial t} = 0 \tag{6.2.12}$$

Casos Particulares da Equação Diferencial da Continuidade em Coordenadas Cilíndricas

• Escoamento incompressível

Nos escoamentos incompressíveis, tem-se ρ = constante, de forma que a Eq. (6.2.12) se reduz a

$$\frac{1}{r} \frac{\partial(r V_r)}{\partial r} + \frac{1}{r} \frac{\partial V_\theta}{\partial \theta} + \frac{\partial V_z}{\partial z} = 0 \tag{6.2.13}$$

• Escoamento permanente

Nos escoamentos permanentes as propriedades do fluido e do escoamento são invariantes com o tempo, de maneira que a equação diferencial da continuidade fica sendo

$$\frac{1}{r}\frac{\partial(r\rho V_r)}{\partial r} + \frac{1}{r}\frac{\partial(\rho V_\theta)}{\partial \theta} + \frac{\partial(\rho V_z)}{\partial z} = 0 \qquad (6.2.14)$$

6.3 EQUAÇÃO DIFERENCIAL DO MOVIMENTO DE UM FLUIDO. EQUAÇÕES DE NAVIER–STOKES

Deduziremos a equação diferencial do movimento de um fluido a partir da segunda lei de Newton aplicada a um sistema microscópico de massa Δm.

A segunda lei de Newton para o movimento pode ser expressa como

$$\sum \vec{F} = \frac{d\vec{P}_{\text{sist}}}{dt} \qquad (6.3.1)$$

em que:

$\sum \vec{F}$ é a força resultante que atua sobre o sistema; e
$\vec{P}_{\text{sist}}$ é o momento linear do sistema, dado por

$$\vec{P}_{\text{sist}} = \Delta m \vec{V} \qquad (6.3.2)$$

O sistema microscópico de massa Δm considerado é um elemento fluido (partícula) de massa constante que se move no campo de escoamento, de forma que a segunda lei de Newton para o movimento desse sistema microscópico de massa Δm pode ser escrita como

$$\sum \vec{F} = \Delta m \frac{d\vec{V}_{\text{sist}}}{dt} \qquad (6.3.3)$$

em que $\vec{V}$ é o vetor velocidade de escoamento do fluido.

Conforme vimos na Seção 4.2, a taxa de variação da velocidade, $\dfrac{d\vec{V}}{dt}$, fornece a aceleração das partículas fluidas no campo de escoamento. Essa diferenciação em relação ao tempo costuma ser chamada de derivada material ou substantiva e, geralmente, é representada pelo operador $\dfrac{D}{Dt}$ no lugar de $\dfrac{d}{dt}$ para salientar que a derivada em relação ao tempo é realizada seguindo-se a partícula fluida ao longo de sua trajetória.

Assim, a aceleração das partículas fluidas, considerando um sistema referencial de coordenadas retangulares, é dada por

$$\vec{a} = \frac{D\vec{V}}{Dt} = V_x \frac{\partial \vec{V}}{\partial x} + V_y \frac{\partial \vec{V}}{\partial y} + V_z \frac{\partial \vec{V}}{\partial z} + \frac{\partial \vec{V}}{\partial t} \qquad (6.3.4)$$

A Eq. (6.3.4) é uma equação vetorial, de forma que ela pode ser decomposta em três equações escalares que, em relação a um sistema de coordenadas retangulares, são dadas por

$$a_x = \frac{DV_x}{Dt} = V_x \frac{\partial V_x}{\partial x} + V_y \frac{\partial V_x}{\partial y} + V_z \frac{\partial V_x}{\partial z} + \frac{\partial V_x}{\partial t} \qquad (6.3.5a)$$

$$a_y = \frac{DV_y}{Dt} = V_x \frac{\partial V_y}{\partial x} + V_y \frac{\partial V_y}{\partial y} + V_z \frac{\partial V_y}{\partial z} + \frac{\partial V_y}{\partial t} \qquad (6.3.5b)$$

$$a_z = \frac{DV_z}{Dt} = V_x \frac{\partial V_z}{\partial x} + V_y \frac{\partial V_z}{\partial y} + V_z \frac{\partial V_z}{\partial z} + \frac{\partial V_z}{\partial t} \qquad (6.3.5c)$$

O sistema microscópico que estamos considerando é um elemento fluido cúbico, com faces paralelas aos planos coordenados, de massa Δm e volume $\Delta \forall = \Delta x \Delta y \Delta z$, conforme é mostrado na Figura 6.1.

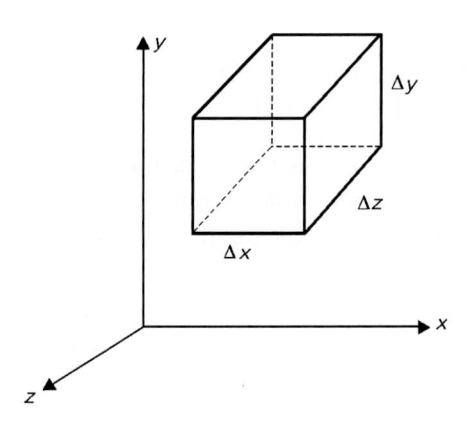

FIGURA 6.1

Elemento fluido cúbico com faces paralelas aos planos coordenados.

Com a expressão dada pela Eq. (6.3.4) para a aceleração, a segunda lei de Newton para o movimento do sistema de massa Δm pode ser escrita como

$$\sum \vec{F} = \Delta m \frac{D\vec{V}}{Dt} = \Delta m \left(V_x \frac{\partial \vec{V}}{\partial x} + V_y \frac{\partial \vec{V}}{\partial y} + V_z \frac{\partial \vec{V}}{\partial z} + \frac{\partial \vec{V}}{\partial t} \right) \qquad (6.3.6)$$

que pode ser decomposta em três equações escalares, dadas por

$$\sum F_x = \Delta m \frac{DV_x}{Dt} = \Delta m \left(V_x \frac{\partial V_x}{\partial x} + V_y \frac{\partial V_x}{\partial y} + V_z \frac{\partial V_x}{\partial z} + \frac{\partial V_x}{\partial t} \right) \qquad (6.3.7a)$$

$$\sum F_y = \Delta m \frac{DV_y}{Dt} = \Delta m \left(V_x \frac{\partial V_y}{\partial x} + V_y \frac{\partial V_y}{\partial y} + V_z \frac{\partial V_y}{\partial z} + \frac{\partial V_y}{\partial t} \right) \qquad (6.3.7b)$$

$$\sum F_z = \Delta m \frac{DV_z}{Dt} = \Delta m \left(V_x \frac{\partial V_z}{\partial x} + V_y \frac{\partial V_z}{\partial y} + V_z \frac{\partial V_z}{\partial z} + \frac{\partial V_z}{\partial t} \right) \qquad (6.3.7c)$$

As forças que atuam sobre um elemento fluido são:

a) forças devidas às tensões normais;
b) forças devidas às tensões cisalhantes; e
c) peso devido à aceleração gravitacional.

A Figura 6.2 mostra um esquema das tensões normais e cisalhantes que atuam sobre as faces do elemento fluido cúbico considerado.

A força resultante na direção x que atua sobre o elemento fluido é dada por

$$\sum F_x = \left(\sigma_{xx}\big|_{x+\Delta x} - \sigma_{xx}\big|_x \right) \Delta y \Delta z + \left(\tau_{yx}\big|_{y+\Delta y} - \tau_{yx}\big|_y \right) \Delta x \Delta z + $$
$$+ \left(\tau_{zx}\big|_{z+\Delta z} - \tau_{zx}\big|_z \right) \Delta x \Delta y + \rho \left(\Delta x \Delta y \Delta z \right) g_x \qquad (6.3.8)$$

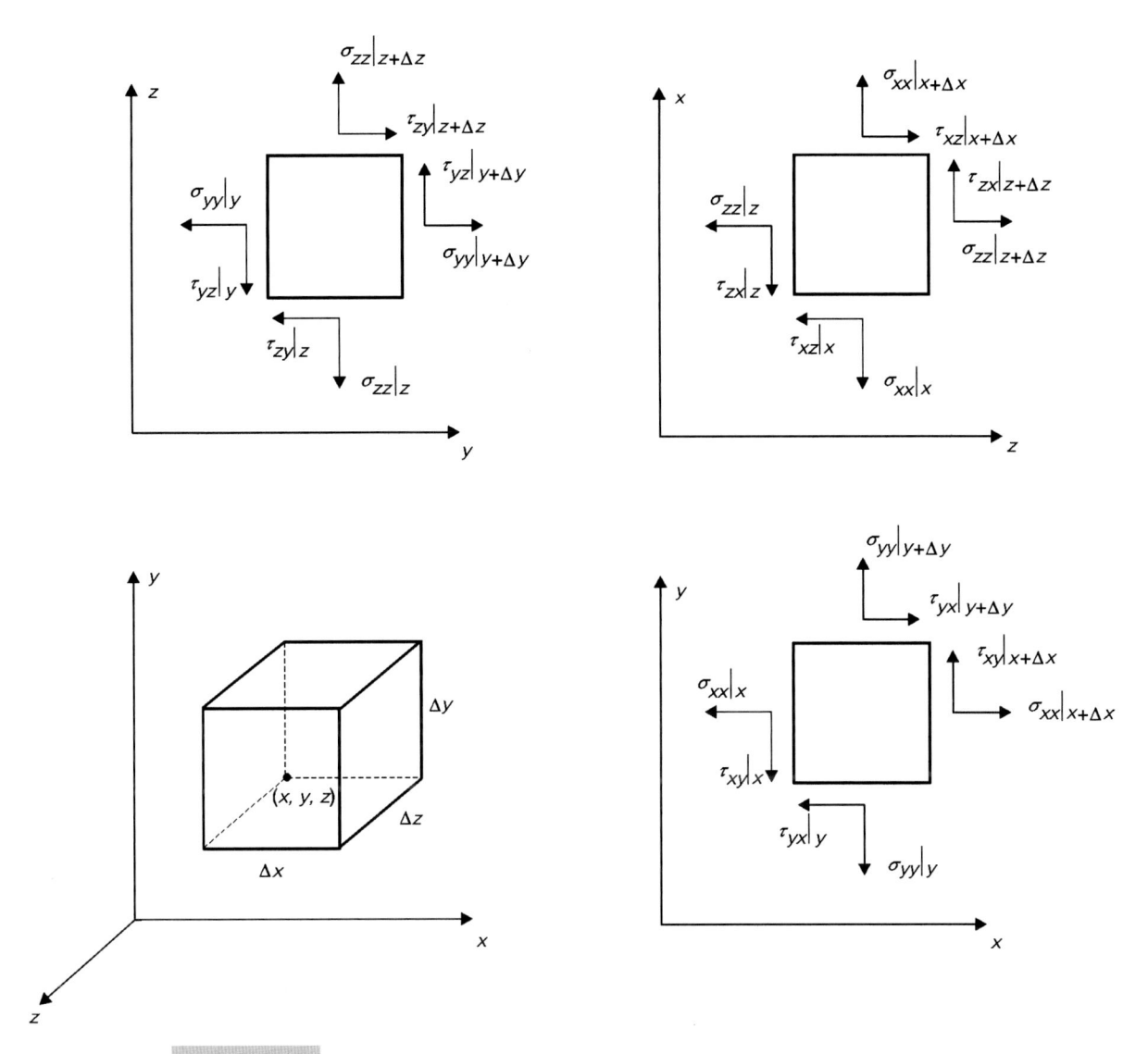

FIGURA 6.2

Esquema das tensões normais e cisalhantes que atuam sobre um elemento fluido.

na qual ρ é a massa específica do fluido e g_x é a componente da aceleração gravitacional na direção x.

Com essa expressão para $\sum F_x$ e sendo $\Delta m = \rho(\Delta x \Delta y \Delta z)$, a componente x da segunda lei de Newton para o movimento fica sendo

$$\left(\sigma_{xx}\big|_{x+\Delta x} - \sigma_{xx}\big|_{x}\right)\Delta y \Delta z + \left(\tau_{yx}\big|_{y+\Delta y} - \tau_{yx}\big|_{y}\right)\Delta x \Delta z + \left(\tau_{zx}\big|_{z+\Delta z} - \tau_{zx}\big|_{z}\right)\Delta x \Delta y +$$

$$+ \rho(\Delta x \Delta y \Delta z)g_x = \rho(\Delta x \Delta y \Delta z)\left(V_x \frac{\partial V_x}{\partial x} + V_y \frac{\partial V_x}{\partial y} + V_z \frac{\partial V_x}{\partial z} + \frac{\partial V_x}{\partial t}\right) \tag{6.3.9}$$

Dividindo a Eq. (6.3.9) por $\Delta x \Delta y \Delta z$ e fazendo o limite quando o volume do elemento tende a zero, considerando a definição de derivada, obtém-se

$$\frac{\partial \sigma_{xx}}{\partial x} + \frac{\partial \tau_{yx}}{\partial y} + \frac{\partial \tau_{zx}}{\partial z} + \rho g_x = \rho\left(V_x \frac{\partial V_x}{\partial x} + V_y \frac{\partial V_x}{\partial y} + V_z \frac{\partial V_x}{\partial z} + \frac{\partial V_x}{\partial t}\right) \tag{6.3.10a}$$

que é a componente x da equação diferencial do movimento do fluido.

Fazendo um desenvolvimento similar para as direções y e z, obtêm-se as componentes da equação diferencial do movimento nas direções y e z dadas por

$$\frac{\partial \tau_{xy}}{\partial x} + \frac{\partial \sigma_{yy}}{\partial y} + \frac{\partial \tau_{zy}}{\partial z} + \rho g_y = \rho \left(V_x \frac{\partial V_y}{\partial x} + V_y \frac{\partial V_y}{\partial y} + V_z \frac{\partial V_y}{\partial z} + \frac{\partial V_y}{\partial t} \right) \qquad (6.3.10b)$$

$$\frac{\partial \tau_{xz}}{\partial x} + \frac{\partial \tau_{yz}}{\partial y} + \frac{\partial \sigma_{zz}}{\partial z} + \rho g_z = \rho \left(V_x \frac{\partial V_z}{\partial x} + V_y \frac{\partial V_z}{\partial y} + V_z \frac{\partial V_z}{\partial z} + \frac{\partial V_z}{\partial t} \right) \qquad (6.3.10c)$$

As Eqs. (6.3.10) são as *equações diferenciais do movimento de um fluido nas direções x, y e z*. Essas equações são válidas para qualquer fluido que satisfaça o modelo de meio contínuo. Observe que os termos do lado esquerdo dessas equações representam as forças que atuam sobre um elemento fluido, enquanto os termos do lado direito representam a taxa de variação do momento linear do elemento fluido.

Utilizando o operador derivada material, dado por

$$\frac{D}{Dt} = V_x \frac{\partial}{\partial x} + V_y \frac{\partial}{\partial y} + V_z \frac{\partial}{\partial z} + \frac{\partial}{\partial t} \qquad (6.3.11)$$

pode-se escrever as componentes x, y e z da equação do movimento de um fluido da seguinte forma:

$$\rho \frac{DV_x}{Dt} = \rho g_x + \frac{\partial \sigma_{xx}}{\partial x} + \frac{\partial \tau_{yx}}{\partial y} + \frac{\partial \tau_{zx}}{\partial z} \qquad (6.3.12a)$$

$$\rho \frac{DV_y}{Dt} = \rho g_y + \frac{\partial \tau_{xy}}{\partial x} + \frac{\partial \sigma_{yy}}{\partial y} + \frac{\partial \tau_{zy}}{\partial z} \qquad (6.3.12b)$$

$$\rho \frac{DV_z}{Dt} = \rho g_z + \frac{\partial \tau_{xz}}{\partial x} + \frac{\partial \tau_{yz}}{\partial y} + \frac{\partial \sigma_{zz}}{\partial z} \qquad (6.3.12c)$$

As tensões normais e cisalhantes que aparecem nas Eqs. (6.3.12) podem ser escritas em termos dos gradientes de velocidade e propriedades do fluido. A dedução dessas equações está além dos objetivos deste texto, e a mesma pode ser encontrada em livros mais avançados sobre o assunto. Para fluidos newtonianos, em escoamentos laminares as tensões normais e cisalhantes são dadas pelas seguintes equações:

$$\sigma_{xx} = -p - \frac{2}{3} \mu \vec{\nabla} \cdot \vec{V} + 2\mu \frac{\partial V_x}{\partial x} \qquad (6.3.13a)$$

$$\sigma_{yy} = -p - \frac{2}{3} \mu \vec{\nabla} \cdot \vec{V} + 2\mu \frac{\partial V_y}{\partial y} \qquad (6.3.13b)$$

$$\sigma_{zz} = -p - \frac{2}{3} \mu \vec{\nabla} \cdot \vec{V} + 2\mu \frac{\partial V_z}{\partial z} \qquad (6.3.13c)$$

$$\tau_{xy} = \tau_{yx} = \mu \left(\frac{\partial V_y}{\partial x} + \frac{\partial V_x}{\partial y} \right) \qquad (6.3.13d)$$

$$\tau_{yz} = \tau_{zy} = \mu \left(\frac{\partial V_z}{\partial y} + \frac{\partial V_y}{\partial z} \right) \qquad (6.3.13e)$$

$$\tau_{zx} = \tau_{xz} = \mu\left(\frac{\partial V_x}{\partial z} + \frac{\partial V_z}{\partial x}\right) \tag{6.3.13f}$$

em que p é a pressão e μ é a viscosidade do fluido.

Introduzindo essas relações nas equações do movimento do fluido, obtém-se

$$\rho\frac{DV_x}{Dt} = \rho g_x - \frac{\partial p}{\partial x} + \frac{\partial}{\partial x}\left[\mu\left(2\frac{\partial V_x}{\partial x} - \frac{2}{3}\vec{\nabla}\cdot\vec{V}\right)\right] + \\ + \frac{\partial}{\partial y}\left[\mu\left(\frac{\partial V_y}{\partial x} + \frac{\partial V_x}{\partial y}\right)\right] + \frac{\partial}{\partial z}\left[\mu\left(\frac{\partial V_x}{\partial z} + \frac{\partial V_z}{\partial x}\right)\right] \tag{6.3.14a}$$

$$\rho\frac{DV_y}{Dt} = \rho g_y - \frac{\partial p}{\partial y} + \frac{\partial}{\partial x}\left[\mu\left(\frac{\partial V_x}{\partial y} + \frac{\partial V_y}{\partial x}\right)\right] + \\ + \frac{\partial}{\partial y}\left[\mu\left(2\frac{\partial V_y}{\partial y} - \frac{2}{3}\vec{\nabla}\cdot\vec{V}\right)\right] + \frac{\partial}{\partial z}\left[\mu\left(\frac{\partial V_z}{\partial y} + \frac{\partial V_y}{\partial z}\right)\right] \tag{6.3.14b}$$

$$\rho\frac{DV_z}{Dt} = \rho g_z - \frac{\partial p}{\partial z} + \frac{\partial}{\partial x}\left[\mu\left(\frac{\partial V_x}{\partial z} + \frac{\partial V_z}{\partial x}\right)\right] + \\ + \frac{\partial}{\partial y}\left[\mu\left(\frac{\partial V_z}{\partial y} + \frac{\partial V_y}{\partial z}\right)\right] + \frac{\partial}{\partial z}\left[\mu\left(2\frac{\partial V_z}{\partial z} - \frac{2}{3}\vec{\nabla}\cdot\vec{V}\right)\right] \tag{6.3.14c}$$

As Eqs. (6.3.14) são as componentes x, y e z da *equação diferencial do movimento para um fluido newtoniano* em coordenadas retangulares.

Para escoamento incompressível, laminar e com viscosidade constante, as equações diferenciais do movimento ficam simplificadas. Para um escoamento incompressível (ρ = constante) tem-se que

$$\vec{\nabla}\cdot\vec{V} = 0 \tag{6.3.15}$$

e sendo a viscosidade μ constante, resulta que as Eqs. (6.3.14) ficam sendo

$$\rho\frac{DV_x}{Dt} = \rho g_x - \frac{\partial p}{\partial x} + \mu\left(\frac{\partial^2 V_x}{\partial x^2} + \frac{\partial^2 V_x}{\partial y^2} + \frac{\partial^2 V_x}{\partial z^2}\right) \tag{6.3.16a}$$

$$\rho\frac{DV_y}{Dt} = \rho g_y - \frac{\partial p}{\partial y} + \mu\left(\frac{\partial^2 V_y}{\partial x^2} + \frac{\partial^2 V_y}{\partial y^2} + \frac{\partial^2 V_y}{\partial z^2}\right) \tag{6.3.16b}$$

$$\rho\frac{DV_z}{Dt} = \rho g_z - \frac{\partial p}{\partial z} + \mu\left(\frac{\partial^2 V_z}{\partial x^2} + \frac{\partial^2 V_z}{\partial y^2} + \frac{\partial^2 V_z}{\partial z^2}\right) \tag{6.3.16c}$$

Essas Eqs. (6.3.16) são as componentes x, y e z da equação diferencial do movimento para o caso de escoamento incompressível, laminar e com viscosidade constante, chamada de *equação de Navier-Stokes,* que pode ser escrita numa forma vetorial como

$$\rho\frac{D\vec{V}}{Dt} = \rho\vec{g} - \vec{\nabla}p + \mu\nabla^2\vec{V} \tag{6.3.17}$$

Considerando coordenadas retangulares e a definição de derivada material, as componentes x, y e z da Eq. (6.3.17), que são chamadas de *equações de Navier-Stokes*, podem ser escritas como componente x:

$$\rho\left(V_x \frac{\partial V_x}{\partial x} + V_y \frac{\partial V_x}{\partial y} + V_z \frac{\partial V_x}{\partial z} + \frac{\partial V_x}{\partial t}\right) = \rho g_x - \frac{\partial p}{\partial x} + \mu\left(\frac{\partial^2 V_x}{\partial x^2} + \frac{\partial^2 V_x}{\partial y^2} + \frac{\partial^2 V_x}{\partial z^2}\right)$$

(6.3.18a)

componente y:

$$\rho\left(V_x \frac{\partial V_y}{\partial x} + V_y \frac{\partial V_y}{\partial y} + V_z \frac{\partial V_y}{\partial z} + \frac{\partial V_y}{\partial t}\right) = \rho g_y - \frac{\partial p}{\partial y} + \mu\left(\frac{\partial^2 V_y}{\partial x^2} + \frac{\partial^2 V_y}{\partial y^2} + \frac{\partial^2 V_y}{\partial z^2}\right)$$

(6.3.18b)

componente z:

$$\rho\left(V_x \frac{\partial V_z}{\partial x} + V_y \frac{\partial V_z}{\partial y} + V_z \frac{\partial V_z}{\partial z} + \frac{\partial V_z}{\partial t}\right) = \rho g_z - \frac{\partial p}{\partial z} + \mu\left(\frac{\partial^2 V_z}{\partial x^2} + \frac{\partial^2 V_z}{\partial y^2} + \frac{\partial^2 V_z}{\partial z^2}\right)$$

(6.3.18c)

Para o caso de um escoamento ideal, onde não há manifestação dos efeitos viscosos, a Eq. (6.3.17) se reduz a

$$\rho \frac{D\vec{V}}{Dt} = \rho \vec{g} - \vec{\nabla} p$$

(6.3.19)

que é conhecida como *equação de Euler*.

As equações do movimento do fluido e da continuidade formam um sistema de quatro equações diferenciais simultâneas de onde se podem obter as distribuições de velocidade e pressão para um dado escoamento. Por causa da natureza não linear das equações diferenciais do movimento de um fluido (a não linearidade aparece nos termos da derivada material), há soluções analíticas somente para alguns problemas simples.

Diversos problemas apresentam geometria cilíndrica, sendo, então, necessário utilizar as equações em coordenadas cilíndricas. As componentes da equação diferencial do movimento para um escoamento laminar e incompressível de um fluido newtoniano com massa específica e viscosidade constantes, ou seja, as *componentes da equação de Navier-Stokes* em coordenadas cilíndricas (r, θ e z), são dadas por:
componente r:

$$\rho\left(\frac{\partial V_r}{\partial t} + V_r \frac{\partial V_r}{\partial r} + \frac{V_\theta}{r}\frac{\partial V_r}{\partial \theta} - \frac{V_\theta^2}{r} + V_z \frac{\partial V_r}{\partial z}\right) = \rho g_r - \frac{\partial p}{\partial r} + \\ + \mu\left[\frac{\partial}{\partial r}\left(\frac{1}{r}\frac{\partial}{\partial r}(rV_r)\right) + \frac{1}{r^2}\frac{\partial^2 V_r}{\partial \theta^2} - \frac{2}{r^2}\frac{\partial V_\theta}{\partial \theta} + \frac{\partial^2 V_r}{\partial z^2}\right]$$

(6.3.20a)

componente θ:

$$\rho\left(\frac{\partial V_\theta}{\partial t} + V_r \frac{\partial V_\theta}{\partial r} + \frac{V_\theta}{r}\frac{\partial V_\theta}{\partial \theta} + \frac{V_r V_\theta}{r} + V_z \frac{\partial V_\theta}{\partial z}\right) = \rho g_\theta - \frac{1}{r}\frac{\partial p}{\partial \theta} + \\ + \mu\left[\frac{\partial}{\partial r}\left(\frac{1}{r}\frac{\partial}{\partial r}(rV_\theta)\right) + \frac{1}{r^2}\frac{\partial^2 V_\theta}{\partial \theta^2} + \frac{2}{r^2}\frac{\partial V_r}{\partial \theta} + \frac{\partial^2 V_\theta}{\partial z^2}\right]$$

(6.3.20b)

componente z:

$$\rho\left(\frac{\partial V_z}{\partial t} + V_r \frac{\partial V_z}{\partial r} + \frac{V_\theta}{r}\frac{\partial V_z}{\partial \theta} + V_z \frac{\partial V_z}{\partial z}\right) = \rho g_z - \frac{\partial p}{\partial z} +$$
$$+ \mu\left[\frac{1}{r}\frac{\partial}{\partial r}\left(r\frac{\partial V_z}{\partial r}\right) + \frac{1}{r^2}\frac{\partial^2 V_z}{\partial \theta^2} + \frac{\partial^2 V_z}{\partial z^2}\right] \qquad (6.3.20c)$$

6.4 EQUAÇÃO DIFERENCIAL DE TRANSPORTE DE CALOR

Deduziremos a equação diferencial de transporte de calor a partir de um balanço de energia térmica, para escoamento incompressível, no qual não ocorre dissipação de energia mecânica por atrito viscoso e também não há fontes de geração interna de calor.

A primeira lei da termodinâmica na formulação de volume de controle é expressa pela equação da energia na forma integral, que pode ser escrita como

$$\frac{\delta Q}{dt} - \frac{\delta W_{\text{eixo}}}{dt} = \iint_{\text{S.C.}} \left(e + \frac{p}{\rho}\right)\rho\left(\vec{V}\cdot\vec{n}\right)dA + \frac{\partial}{\partial t}\iiint_{\text{V.C.}} e\rho\, d\forall \qquad (6.4.1)$$

na qual e é a energia total específica (por unidade de massa), dada por

$$e = gy + \frac{V^2}{2} + u \qquad (6.4.2)$$

sendo a energia interna específica u proporcional à temperatura, de forma que $u = c_v T$, em que c_v é o calor específico a volume constante.

Considerando as seguintes hipóteses:

a) escoamento incompressível;
b) não há realização de trabalho de eixo;
c) não ocorre dissipação de energia mecânica por atrito viscoso; e
d) sem fontes de geração interna de calor,

a equação da energia fica reduzida a

$$\frac{\delta Q}{dt} = \iint_{\text{S.C.}} \left(e + \frac{p}{\rho}\right)\rho\left(\vec{V}\cdot\vec{n}\right)dA + \frac{\partial}{\partial t}\iiint_{\text{V.C.}} e\rho\, d\forall \qquad (6.4.3)$$

A energia total específica e é composta de termos de energia mecânica e energia interna, conforme a Eq. (6.4.2). Considerando somente o balanço de energia térmica, tem-se que

$$\frac{\delta Q}{dt} = \iint_{\text{S.C.}} c_v\, T\rho\left(\vec{V}\cdot\vec{n}\right)dA + \frac{\partial}{\partial t}\iiint_{\text{V.C.}} c_v\, T\rho\, d\forall \qquad (6.4.4)$$

A Eq. (6.4.4) fornece um balanço global de energia térmica para um volume de controle macroscópico e fixo no espaço, em que o primeiro termo representa o fluxo líquido de calor que entra por condução no volume de controle e o termo da integral de superfície fornece o fluxo líquido de calor que entra por convecção (calor transferido pelo movimento de massa fluida) através da superfície de controle.

O fluxo líquido de calor que entra por condução no volume de controle é dado por

$$\frac{\delta Q}{dt} = -\iint_{\text{S.C.}} \left(\vec{q}\cdot\vec{n}\right)dA \qquad (6.4.5)$$

em que $\vec{q}$ é a densidade de fluxo de calor por condução que cruza a superfície de controle S.C.

O sinal é negativo na Eq. (6.4.5), porque arbitra-se como positivo o fluxo de calor que entra no volume de controle, ou seja, para $\vec{q} \cdot \vec{n} < 0$.

Assim, a Eq. (6.4.4) fica sendo

$$-\iint\limits_{\text{S.C.}} \left(\vec{q}\cdot\vec{n}\right)dA = \iint\limits_{\text{S.C.}} c_v\, T\rho\left(\vec{V}\cdot\vec{n}\right)dA + \frac{\partial}{\partial t}\iiint\limits_{\text{V.C.}} c_v\, T\rho\, d\forall \tag{6.4.6}$$

Do teorema da divergência, para uma grandeza $\vec{G}$ genérica tem-se que

$$\iint\limits_{\text{S.C.}} \vec{G}\cdot\vec{n}\, dA = \iiint\limits_{\text{V.C.}} \vec{\nabla}\cdot\vec{G}\, d\forall \tag{6.4.7}$$

Aplicando o teorema da divergência, pode-se escrever a Eq. (6.4.6) como

$$\iiint\limits_{\text{V.C.}} \left[\frac{\partial}{\partial t}\left(c_v\, T\rho\right) + \vec{\nabla}\cdot\left(c_v\, T\rho\vec{V}\right) + \vec{\nabla}\cdot\vec{q}\right] d\forall = 0 \tag{6.4.8}$$

O volume de controle é arbitrário, de forma que o integrando da Eq. (6.4.8) deve ser identicamente nulo, ou seja,

$$\frac{\partial}{\partial t}\left(c_v\, T\rho\right) + \vec{\nabla}\cdot\left(c_v\, T\rho\vec{V}\right) + \vec{\nabla}\cdot\vec{q} = 0 \tag{6.4.9}$$

Tem-se que

$$\vec{\nabla}\cdot\left(c_v\, T\rho\vec{V}\right) = c_v\, T\rho\,\vec{\nabla}\cdot\vec{V} + \vec{V}\cdot\vec{\nabla}\left(c_v\, T\rho\right) \tag{6.4.10}$$

de maneira que a Eq. (6.4.9) pode ser escrita como

$$\frac{\partial}{\partial t}\left(c_v\, T\rho\right) + c_v\, T\rho\,\vec{\nabla}\cdot\vec{V} + \vec{V}\cdot\vec{\nabla}\left(c_v\, T\rho\right) + \vec{\nabla}\cdot\vec{q} = 0 \tag{6.4.11}$$

Estamos considerando escoamento incompressível (ρ = constante), de forma que, da equação diferencial da continuidade, tem-se

$$\vec{\nabla}\cdot\vec{V} = 0 \tag{6.4.12}$$

de maneira que, considerando também calor específico constante, a Eq. (6.4.11) pode ser escrita como

$$\rho\, c_v\, \frac{\partial T}{\partial t} + \rho\, c_v\, \vec{V}\cdot\vec{\nabla} T + \vec{\nabla}\cdot\vec{q} = 0 \tag{6.4.13}$$

Da equação de Fourier, tem-se que a densidade de fluxo de calor por condução é dada por

$$\vec{q} = -k\,\vec{\nabla} T \tag{6.4.14}$$

na qual k é a condutividade térmica.

Substituindo essa expressão para $\vec{q}$ na Eq. (6.4.13), obtém-se

$$\rho\, c_v\, \frac{\partial T}{\partial t} + \rho\, c_v\, \vec{V}\cdot\vec{\nabla} T + \vec{\nabla}\cdot\left(-k\,\vec{\nabla} T\right) = 0 \tag{6.4.15}$$

Sendo a condutividade térmica k constante, resulta que a Eq. (6.4.15) fica sendo

$$\rho\, c_v\, \frac{\partial T}{\partial t} + \rho\, c_v\, \vec{V}\cdot\vec{\nabla} T - k\,\nabla^2 T = 0 \tag{6.4.16}$$

em que $\nabla^2 T$ é o laplaciano da temperatura que, em coordenadas retangulares, é dado por

$$\nabla^2 T = \frac{\partial^2 T}{\partial x^2} + \frac{\partial^2 T}{\partial y^2} + \frac{\partial^2 T}{\partial z^2} \qquad (6.4.17)$$

A Eq. (6.4.16) é a *equação diferencial de transporte de calor* para um escoamento incompressível onde não ocorre dissipação de energia por atrito viscoso e não há fontes de geração interna de calor, e a condutividade térmica e o calor específico são constantes. Essa equação apresenta um balanço de energia térmica para um volume de controle infinitesimal e fixo, onde o segundo termo corresponde ao fluxo de calor por convecção e o último termo corresponde ao fluxo de calor por condução.

A solução da Eq. (6.4.16) fornece a distribuição de temperatura em escoamentos com as restrições consideradas, ou seja, para escoamentos incompressíveis, com calor específico e condutividade térmica constantes, e onde não ocorre dissipação de energia mecânica por atrito viscoso e não há geração interna de calor.

Nesses escoamentos, quando a viscosidade do fluido não depende da temperatura, pode-se resolver as equações diferenciais do movimento independentemente da equação diferencial de transporte de calor. Essas situações podem ocorrer em casos de convecção forçada. Com as distribuições de velocidade obtidas com as equações do movimento, pode-se obter, por meio da Eq. (6.4.16), a distribuição de temperatura.

Em termos da derivada material, a Eq. (6.4.16) pode ser escrita como

$$\rho c_v \frac{DT}{Dt} = k\nabla^2 T \qquad (6.4.18)$$

em que:

$$\frac{D}{Dt} = \frac{\partial}{\partial t} + \vec{V} \cdot \vec{\nabla} \qquad (6.4.19)$$

é o operador derivada material.

Para escoamentos isobáricos, com calor específico e condutividade térmica constantes, e onde não ocorre dissipação de energia mecânica por atrito viscoso e não há geração de energia interna, a equação diferencial de transporte de calor fica modificada, sendo dada por

$$\rho c_p \frac{DT}{Dt} = k\nabla^2 T \qquad (6.4.20)$$

A difusividade térmica α é definida por

$$\alpha = \frac{k}{\rho c_p} \qquad (6.4.21)$$

de forma que a Eq. (6.4.20) pode ser escrita como

$$\nabla^2 T = \frac{1}{\alpha} \frac{DT}{Dt} \qquad (6.4.22)$$

Para situações de fluidos incompressíveis submetidos à pressão constante e em repouso, ou para sólidos, tem-se que $\vec{V} = 0$, ou seja, o termo de transporte convectivo é nulo, de forma que a transferência de calor ocorre somente por condução, com condutividade térmica e calor específico constantes e sem geração interna de calor; resulta que a Eq. (6.4.22) se reduz a

$$\nabla^2 T = \frac{1}{\alpha} \frac{\partial T}{\partial t} \qquad (6.4.23)$$

que é conhecida como a *equação da difusão de calor*.

No Capítulo 9 estudaremos mais detalhadamente essa equação da difusão de calor.

6.5 FORMULAÇÃO (MODELAGEM MATEMÁTICA) E SOLUÇÕES PARA ALGUNS PROBLEMAS SIMPLES

A resolução das equações diferenciais para o movimento (ou equações de Navier-Stokes) e de transporte de calor, em geral, é de grande complexidade. Obtêm-se soluções analíticas somente para problemas relativamente simples. Nosso objetivo, tendo em vista que este texto se destina a uma disciplina introdutória sobre o assunto no ciclo básico dos cursos de engenharia, é tratar da formulação dos problemas e da obtenção das soluções analíticas para problemas relativamente simples.

A formulação de um problema consiste em:

a) expressar corretamente as equações diferenciais que descrevem o problema em estudo;

b) obter simplificações dessas equações diferenciais, se possíveis, mediante considerações adicionais consistentes; e

c) determinar as condições de contorno e inicial para o problema considerado.

Assim, a formulação de um problema implica uma modelagem matemática de uma situação física, onde estão presentes os princípios de idealização e aproximação. A seguir, estudaremos alguns problemas e determinaremos as soluções somente para casos simples.

■ **Exemplo 6.1** Determinação das distribuições de pressão e de velocidade em um escoamento permanente e incompressível, de um fluido newtoniano com viscosidade μ constante, entre duas placas paralelas, de grandes dimensões e separadas por uma distância h pequena. A placa superior está em movimento com velocidade V_0 constante, enquanto a inferior permanece em repouso, conforme é mostrado no esquema da Figura 6.3.

O escoamento é causado pelo movimento da placa superior, que arrasta o fluido devido ao atrito viscoso. As placas são horizontais, e considerando que possuem dimensões (largura e comprimento) infinitas, tem-se que o escoamento ocorre na direção x com um campo de velocidade unidirecional que pode, em princípio, ser escrito como

$$\vec{V} = V_x(x,y)\,\vec{i}$$

O escoamento é incompressível e a viscosidade é constante, de forma que utilizaremos a equação da continuidade (Eq. (6.2.9)) e as componentes x e y da equação de Navier-Stokes (Eqs. (6.3.18 a e b)), dadas por

$$\frac{\partial(\rho V_x)}{\partial x} + \frac{\partial(\rho V_y)}{\partial y} + \frac{\partial(\rho V_z)}{\partial z} + \frac{\partial \rho}{\partial t} = 0$$

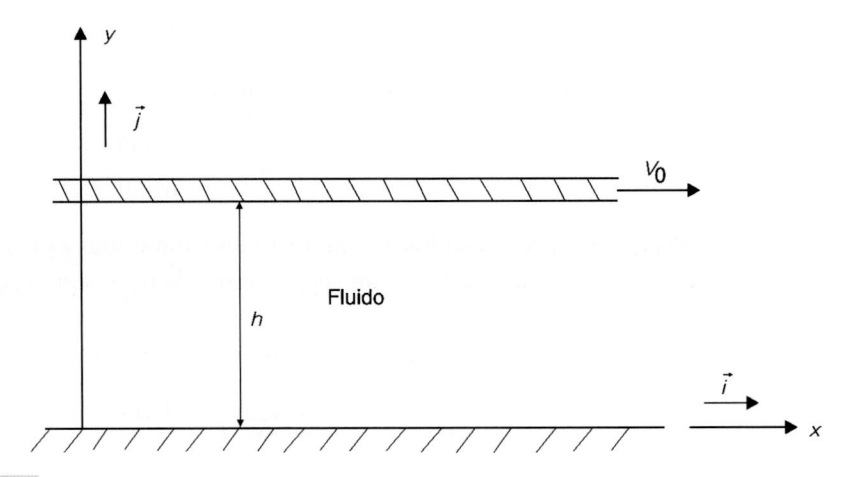

FIGURA 6.3

Esquema de um escoamento entre duas placas paralelas de dimensões infinitas.

$$\rho\left(V_x\frac{\partial V_x}{\partial x} + V_y\frac{\partial V_x}{\partial y} + V_z\frac{\partial V_x}{\partial z} + \frac{\partial V_x}{\partial t}\right) = \rho\, g_x - \frac{\partial p}{\partial x} + \mu\left(\frac{\partial^2 V_x}{\partial x^2} + \frac{\partial^2 V_x}{\partial y^2} + \frac{\partial^2 V_x}{\partial z^2}\right)$$

$$\rho\left(V_x\frac{\partial V_y}{\partial x} + V_y\frac{\partial V_y}{\partial y} + V_z\frac{\partial V_y}{\partial z} + \frac{\partial V_y}{\partial t}\right) = \rho\, g_y - \frac{\partial p}{\partial y} + \mu\left(\frac{\partial^2 V_y}{\partial x^2} + \frac{\partial^2 V_y}{\partial y^2} + \frac{\partial^2 V_y}{\partial z^2}\right)$$

Hipóteses:

- escoamento permanente, de forma que $\dfrac{\partial}{\partial t}(..) = 0$;

- escoamento incompressível, portanto, ρ = constante;
- o eixo y é vertical, de maneira que $g_x = 0$ e $g_y = -g$;
- o escoamento é causado somente pelo movimento da placa superior, de forma que não há gradiente de pressão na direção x, ou seja, $\dfrac{\partial p}{\partial x} = 0$; e

- o campo de velocidade é unidirecional na direção x, de maneira que $V_y = V_z = 0$.

Com essas hipóteses feitas, a equação da continuidade se reduz a

$$\frac{dV_x}{dx} = 0$$

de forma que V_x não depende de x, ou seja, tem-se que

$$\vec{V} = V_x(y)\,\vec{i}$$

e as componentes x e y da equação de Navier-Stokes ficam reduzidas a

$$\mu\frac{d^2V_x}{dy^2} = 0$$

$$\frac{dp}{dy} - \rho g_y$$

Desta última equação, como $g_y = -g$, obtém-se a distribuição de pressão

$$p(y) = p(0) - \rho gy$$

A distribuição de velocidade de escoamento é obtida da equação

$$\mu\frac{d^2V_x}{dy^2} = 0$$

que tem solução geral dada por

$$V_x(y) = ay + b$$

Da propriedade de aderência dos fluidos às superfícies sólidas (condição de não deslizamento do fluido nas superfícies sólidas), obtêm-se as condições de contorno

para $y = 0$, tem-se que $V_x(0) = 0$; e

para $y = h$, tem-se que $V_x(h) = V_0$

resultando

$$V_x(y) = \frac{V_0}{h}y$$

Essa distribuição de velocidade é linear. Assim, a consideração feita na Seção 2.4, de que o perfil de velocidade de escoamento após o estabelecimento de um regime permanente seria linear, estava correta.

■ Exemplo 6.2 Considere um escoamento permanente, incompressível e laminar, totalmente desenvolvido, de um fluido newtoniano com viscosidade μ constante, no interior de um duto horizontal de seção circular constante de raio interno R, conforme é mostrado no esquema da Figura 6.4. Determine a distribuição (perfil) de velocidade de escoamento numa seção, a partir da equação de Navier-Stokes, considerando um gradiente de pressão $\dfrac{dp}{dz}$ constante ao longo do escoamento.

Tem-se um duto cilíndrico horizontal, de maneira que escolhemos um sistema de coordenadas cilíndricas com o eixo z coincidente com o eixo longitudinal da tubulação.

Consideram-se as seguintes hipóteses:

a) escoamento permanente, de forma que $\dfrac{\partial}{\partial t}(..) = 0$;

b) escoamento incompressível, portanto, ρ = constante;

c) escoamento horizontal, de forma que $g_z = 0$;

d) gradiente de pressão $\dfrac{dp}{dz} =$ constante; e

e) escoamento unidirecional na direção z, laminar e totalmente desenvolvido, de maneira que se tem

$$V_r = 0$$

$$V_\theta = 0$$

$$\frac{\partial V_z}{\partial z} = 0$$

$$\frac{\partial V_z}{\partial \theta} = 0$$

de forma que utilizaremos a componente z da equação de Navier-Stokes (Eq. (6.3.20c)), dada por

$$\rho\left(\frac{\partial V_z}{\partial t} + V_r\frac{\partial V_z}{\partial r} + \frac{V_\theta}{r}\frac{\partial V_z}{\partial \theta} + V_z\frac{\partial V_z}{\partial z}\right) = \rho g_z - \frac{\partial p}{\partial z} +$$

$$+ \mu\left[\frac{1}{r}\frac{\partial}{\partial r}\left(r\frac{\partial V_z}{\partial r}\right) + \frac{1}{r^2}\frac{\partial^2 V_z}{\partial \theta^2} + \frac{\partial^2 V_z}{\partial z^2}\right]$$

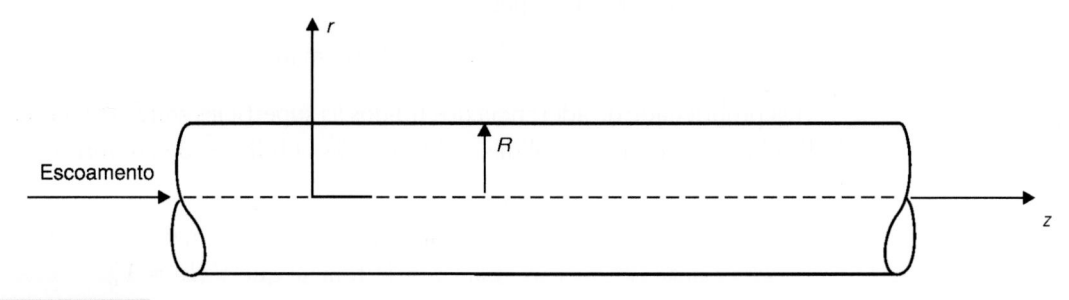

FIGURA 6.4

Esquema de um duto horizontal, de seção transversal circular constante, onde ocorre um escoamento laminar totalmente desenvolvido.

Com as hipóteses feitas aqui e com a velocidade de escoamento V_z sendo função somente da coordenada radial r, a componente z da equação de Navier-Stokes se reduz a uma equação diferencial ordinária, que pode ser escrita como

$$\frac{1}{r}\frac{d}{dr}\left(r\frac{dV_z}{dr}\right)=\frac{1}{\mu}\frac{dp}{dz}$$

Integrando duas vezes essa equação diferencial, obtém-se a solução geral

$$V_z(r)=\frac{1}{4\mu}\frac{dp}{dz}r^2+c_1\ln r+c_2$$

As constantes de integração c_1 e c_2 são determinadas com a aplicação das condições de contorno à solução geral. As condições de contorno são obtidas pela análise da situação física do problema. Na superfície interna do duto, em $r = R$, tem-se a condição de não deslizamento do fluido (aderência do fluido à superfície sólida). No centro da seção transversal, em $r = 0$, não se conhece o valor da velocidade de escoamento, mas pode-se afirmar que a velocidade é finita.

Assim, as condições de contorno desse problema são:

para $r = 0$, tem-se que $V_z(0)$ é finita; e
para $r = R$, tem-se que $V_z(R) = 0$.

Para que a solução satisfaça a primeira condição de contorno é necessário que a constante de integração c_1 seja nula, de forma que

$$c_1 = 0$$

Aplicando a condição de contorno para $r = R$, obtém-se

$$c_2 = -\frac{1}{4\mu}\frac{dp}{dz}R^2$$

Substituindo os valores de c_1 e c_2 na solução geral, obtém-se a distribuição de velocidade

$$V_z(r)=\frac{1}{4\mu}\frac{dp}{dz}\left(r^2-R^2\right)$$

que pode ser escrita como

$$V_z(r)=-\frac{1}{4\mu}\frac{dp}{dz}R^2\left[1-\left(\frac{r}{R}\right)^2\right]$$

Verifica-se, experimentalmente, que a velocidade de escoamento é máxima no centro do duto, ou seja,

para $r = 0$, tem-se que $V_z(0) = V_{máx}$

de forma que

$$V_{máx}=-\frac{1}{4\mu}\frac{dp}{dz}R^2$$

Assim, em termos de $V_{máx}$, a distribuição de velocidade de escoamento numa seção é dada por

$$V_z(r)=V_{máx}\left[1-\left(\frac{r}{R}\right)^2\right]$$

■ **Exemplo 6.3** Determinação da distribuição de velocidade para um escoamento laminar, totalmente desenvolvido, de um fluido newtoniano, de massa específica ρ e viscosidade μ, constantes, sobre um plano inclinado com largura e comprimento infinitos. O escoamento é permanente e a espessura da camada de fluido sobre o plano é L, conforme é mostrado no esquema da Figura 6.5.

Consideram-se as seguintes hipóteses:

a) escoamento permanente, de forma que $\dfrac{\partial}{\partial t}(..) = 0$;

b) escoamento incompressível, portanto, ρ = constante;

c) o eixo y é normal ao plano, de maneira que há uma componente x da aceleração gravitacional, na direção do escoamento, dada por $g_x = g$ sen θ;

d) o ar sobre a superfície livre (S.L.) está em repouso;

e) o escoamento é devido à ação da gravidade, de forma que não há gradiente de pressão na direção x, ou seja, $\dfrac{\partial p}{\partial x} = 0$; e

f) o plano tem dimensões infinitas e o escoamento é laminar, de maneira que o movimento do fluido é unidirecional na direção x com uma distribuição de velocidade, em princípio, dada por $\vec{V} = V_x(x,y)\vec{i}$.

A equação da continuidade ((Eq. 6.2.9)) é dada por

$$\frac{\partial(\rho V_x)}{\partial x} + \frac{\partial(\rho V_y)}{\partial y} + \frac{\partial(\rho V_z)}{\partial z} + \frac{\partial \rho}{\partial t} = 0$$

e como

$$\rho = \text{constante}$$

$$\vec{V} = V_x(x,y)\vec{i}$$

$$V_y = V_z = 0$$

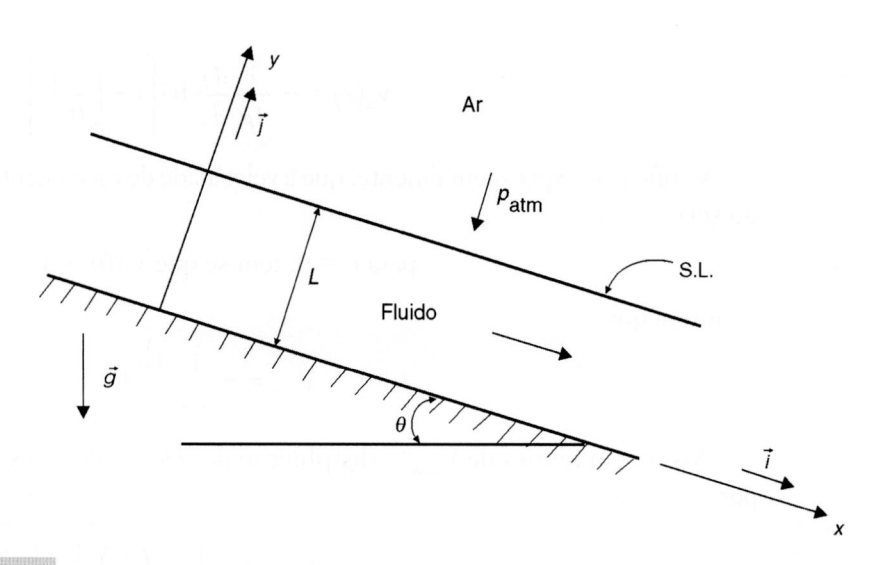

FIGURA 6.5

Esquema de um escoamento laminar sobre um plano inclinado de dimensões infinitas.

obtém-se

$$\frac{\partial V_x}{\partial x} = 0$$

de forma que a velocidade V_x não depende de x, ou seja,

$$\vec{V} = V_x(y)\,\vec{i}$$

As componentes x e y da equação de Navier-Stokes (Eqs. (6.3.18 a e b)) podem ser escritas como

$$\rho\left(V_x\frac{\partial V_x}{\partial x} + V_y\frac{\partial V_x}{\partial y} + V_z\frac{\partial V_x}{\partial z} + \frac{\partial V_x}{\partial t}\right) = \rho g_x - \frac{\partial p}{\partial x} + \mu\left(\frac{\partial^2 V_x}{\partial x^2} + \frac{\partial^2 V_x}{\partial y^2} + \frac{\partial^2 V_x}{\partial z^2}\right)$$

$$\rho\left(V_x\frac{\partial V_y}{\partial x} + V_y\frac{\partial V_y}{\partial y} + V_z\frac{\partial V_y}{\partial z} + \frac{\partial V_y}{\partial t}\right) = \rho g_y - \frac{\partial p}{\partial y} + \mu\left(\frac{\partial^2 V_y}{\partial x^2} + \frac{\partial^2 V_y}{\partial y^2} + \frac{\partial^2 V_y}{\partial z^2}\right)$$

Com as hipóteses aqui feitas, tem-se

$$\frac{\partial}{\partial t}(..) = 0$$

$$\frac{\partial V_x}{\partial x} = 0$$

$$\frac{\partial V_x}{\partial z} = 0$$

$$V_y = V_z = 0$$

$$\frac{\partial p}{\partial x} = 0$$

de maneira que as componentes x e y da equação de Navier-Stokes ficam reduzidas a

$$\mu\frac{\partial^2 V_x}{\partial y^2} + \rho g_x = 0$$

$$\frac{\partial p}{\partial y} = \rho g_y$$

que podem ser escritas como

$$\frac{d^2 V_x}{d y^2} = -\frac{\rho g}{\mu}\,\mathrm{sen}\,\theta$$

$$\frac{d p}{d y} = -\rho g\cos\theta$$

Integrando essa última equação, com as condições de contorno

para $y = 0$, tem-se que $p = p(0)$

para $y = y$, tem-se que $p = p(y)$

obtém-se a distribuição de pressão

$$p(y) = p(0) - \rho g(\cos\theta)\,y$$

Sendo

$$p(0) = p_{atm} + \rho g(\cos \theta)\, L$$

resulta

$$p(y) = p_{atm} + \rho g(\cos \theta)\,(L - y) \qquad \text{para } 0 \leq y \leq L$$

Para esse escoamento sobre o plano inclinado, tem-se:

a) condição de aderência (não deslizamento) do fluido à superfície sólida em $y = 0$, de forma que

$$V_x(0) = 0$$

b) como o ar sobre a superfície livre está em repouso, pode-se considerar que a tensão de cisalhamento é nula em $y = L$, ou seja,

$$\tau_{yx}\Big|_{y=L} = -\mu \frac{dV_x}{dy}\Big|_{y=L} = 0$$

de maneira que

$$\frac{dV_x}{dy}\Big|_{y=L} = 0$$

Assim, tem-se a equação diferencial

$$\frac{d^2V_x}{dy^2} = -\frac{\rho g}{\mu}\,\text{sen}\,\theta$$

que tem solução geral dada por

$$V_x(y) = -\frac{\rho g\,\text{sen}\,\theta}{2\mu}\,y^2 + c_1\,y + c_2$$

com as seguintes condições de contorno:

$$\text{para } y = 0, \text{ tem-se que } V_x(0) = 0$$

$$\text{para } y = L, \text{ tem-se que } \frac{dV_x(L)}{dy} = 0$$

Aplicando as condições de contorno à solução geral, obtém-se

$$c_2 = 0$$

$$c_1 = \frac{\rho g(\text{sen}\,\theta)L}{\mu}$$

resultando

$$V_x(y) = \frac{\rho g\,\text{sen}\,\theta}{\mu}\left(Ly - \frac{y^2}{2} \right)$$

que é a distribuição de velocidade para o escoamento considerado.

■ **Exemplo 6.4**   A Figura 6.6 mostra um esquema de um fluido newtoniano com massa específica ρ e viscosidade μ, constantes, sobre uma placa horizontal de comprimento e largura infinitos. Inicialmente, o sistema (placa e fluido) está em repouso. No instante $t = 0$, a placa é colocada subitamente em movimento com velocidade constante $\vec{V} = V_0\vec{i}$. Formule o problema transiente para a determinação da distribuição de velocidade de escoamento do fluido.

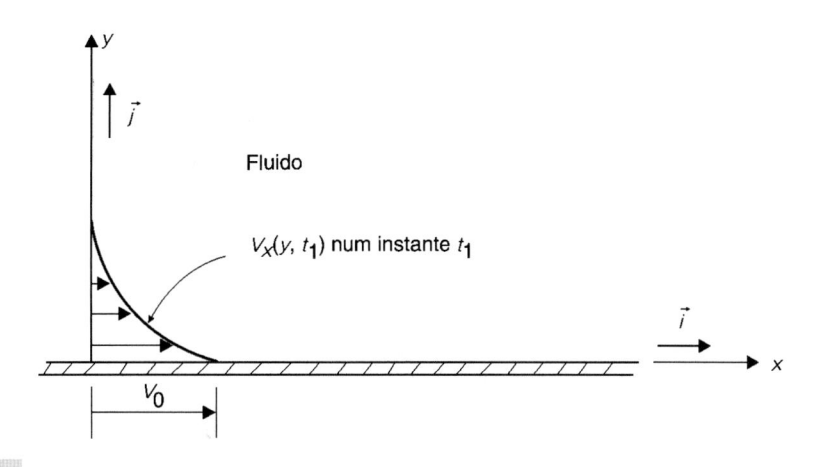

FIGURA 6.6

Esquema da distribuição de velocidade do fluido sobre a placa num instante t_1.

Hipóteses:

- escoamento incompressível, ou seja, ρ = constante;
- a viscosidade μ é constante;
- o escoamento é causado pelo movimento da placa, de forma que não há gradiente de pressão na direção x, ou seja, $\dfrac{\partial p}{\partial x} = 0$; e
- a placa é horizontal com dimensões infinitas, e o escoamento é laminar, de maneira que o movimento do fluido é unidirecional, na direção x, com uma distribuição transiente de velocidade dada, em princípio, por

$$\vec{V} = V_x\left(x,y,t\right)\vec{i}$$

A equação da continuidade (Eq. (6.2.9)) é dada por

$$\frac{\partial\left(\rho V_x\right)}{\partial x} + \frac{\partial\left(\rho V_y\right)}{\partial y} + \frac{\partial\left(\rho V_z\right)}{\partial z} + \frac{\partial\rho}{\partial t} = 0$$

mas, tem-se que

$$\rho = \text{constante}$$

$$\vec{V} = V_x\left(x,y,t\right)\vec{i}$$

$$V_y = V_z = 0$$

resultando

$$\frac{\partial V_x}{\partial x} = 0$$

de forma que a velocidade de escoamento V_x não depende de x, ou seja, a distribuição de velocidade é unidimensional, sendo dada por

$$\vec{V} = V_x\left(y,t\right)\vec{i}$$

A componente x da equação de Navier-Stokes (Eq. (6.3.18a)) pode ser escrita como

$$\rho\left(V_x\frac{\partial V_x}{\partial x} + V_y\frac{\partial V_x}{\partial y} + V_z\frac{\partial V_x}{\partial z} + \frac{\partial V_x}{\partial t}\right) = \rho\, g_x - \frac{\partial p}{\partial x} + \mu\left(\frac{\partial^2 V_x}{\partial x^2} + \frac{\partial^2 V_x}{\partial y^2} + \frac{\partial^2 V_x}{\partial z^2}\right)$$

Com as hipóteses feitas, tem-se

$$V_x = V_x(y,t)$$

$$V_y = V_z = 0$$

$$\frac{\partial V_x}{\partial x} = 0$$

$$\frac{\partial^2 V_x}{\partial x^2} = 0$$

$$\frac{\partial^2 V_x}{\partial z^2} = 0$$

$$g_x = 0$$

$$\frac{\partial p}{\partial x} = 0$$

de maneira que a componente x da equação de Navier-Stokes fica reduzida a

$$\rho \frac{\partial V_x}{\partial t} = \mu \frac{\partial^2 V_x}{\partial y^2}$$

que pode ser escrita como

$$\frac{\partial V_x}{\partial t} = \nu \frac{\partial^2 V_x}{\partial y^2}$$

em que $\nu = \dfrac{\mu}{\rho}$ é a viscosidade cinemática do fluido.

Tem-se:

a) inicialmente, a placa e o fluido estão em repouso, ou seja, $V_x(y,0) = 0$;

b) condição de aderência (não deslizamento) do fluido à superfície da placa, em $y = 0$, de forma que $V_x(0,t) = V_0$; e

c) na região bastante afastada da placa, para $y = \infty$, o fluido não sofre a influência do movimento da placa e permanece em repouso, ou seja, $V_x(\infty,t) = 0$.

Assim, para este problema, tem-se a seguinte formulação:

Equação diferencial:

$$\frac{\partial V_x(y,t)}{\partial t} = \nu \frac{\partial^2 V_x(y,t)}{\partial y^2} \quad \text{para} \quad \begin{cases} 0 \leq y \leq \infty \\ t \geq 0 \end{cases}$$

Condição inicial:

$$V_x(y,0) = 0 \quad \text{para} \quad \begin{cases} 0 \leq y \leq \infty \\ t = 0 \end{cases}$$

Condições de contorno:

$$V_x(0,t) = V_0 \quad \text{para} \quad \begin{cases} y = 0 \\ t > 0 \end{cases}$$

$$V_x(\infty,t) = 0 \quad \text{para} \quad \begin{cases} y = \infty \\ t > 0 \end{cases}$$

6.6 BIBLIOGRAFIA

BENNETT, C. O.; MYERS, J. E. *Fenômenos de Transporte.* São Paulo: McGraw-Hill do Brasil, 1978.

BIRD, R. B.; STEWART, W. E.; LIGHTFOOT, E. *Transport Phenomena.* John Wiley, 1960.

FOX, R. W.; MCDONALD, A. T. *Introdução à Mecânica dos Fluidos.* Rio de Janeiro: Guanabara Koogan, 1988.

SISSOM, L. E.; PITTS, D. R. *Fenômenos de Transporte.* Rio de Janeiro: Guanabara Dois, 1979.

WELTY, J. R.; WICKS, C. E.; WILSON, R. E. *Fundamentals of Momentum, Heat and Mass Transfer.* John Wiley, 1976.

6.7 PROBLEMAS

6.1 A Figura 6.7 mostra um esquema de um escoamento laminar e incompressível, em regime permanente, de um fluido newtoniano com viscosidade μ constante, entre duas placas horizontais de dimensões infinitas e separadas por uma distância h pequena. A placa superior permanece em repouso, enquanto a inferior move-se com velocidade V_0 constante. Formule o problema e determine a distribuição de velocidade de escoamento do fluido entre as placas.

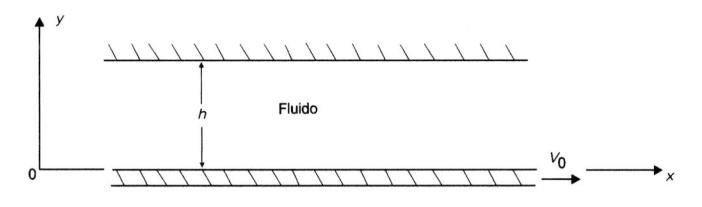

FIGURA 6.7

Resp.: $V_x(y) = V_0 - \dfrac{V_0}{h} y$ para $0 \leq y \leq h$

6.2 A Figura 6.8 mostra um esquema de um escoamento laminar, totalmente desenvolvido, em regime permanente, de um fluido newtoniano com massa específica ρ e viscosidade μ constantes, entre duas placas estacionárias, paralelas e horizontais, de grandes dimensões (dimensões infinitas no plano xz) e separadas por uma distância h pequena. O escoamento é unidirecional na direção x e é causado por um gradiente de pressão $\dfrac{\partial p}{\partial x}$ constante dado $\left(\dfrac{\partial p}{\partial x} < 0 \right)$. Determine, a partir da equação de Navier-Stokes, a distribuição de velocidade de escoamento $V_x(y)$ do fluido entre as placas.

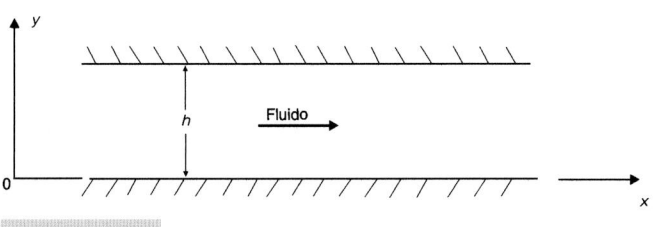

FIGURA 6.8

Resp.: $V_x(y) = \dfrac{1}{2\mu} \left(\dfrac{\partial p}{\partial x} \right) \left(y^2 - h y \right)$ para $0 \leq y \leq h$

6.3 A Figura 6.9 mostra um esquema de um escoamento laminar, totalmente desenvolvido, em regime permanente, de um fluido newtoniano com massa específica ρ e viscosidade μ constantes, entre duas placas paralelas e horizontais, de grandes dimensões (dimensões infinitas no plano xz) e separadas por uma distância h pequena, na qual a placa inferior permanece estacionária. O escoamento é unidirecional na direção x e é causado por um gradiente de pressão $\dfrac{\partial p}{\partial x}$ constante dado $\left(\dfrac{\partial p}{\partial x} < 0 \right)$ e pelo movimento da placa superior, que tem velocidade V_0 constante, conforme é mostrado na Figura 6.9. Determine, a partir da equação de Navier-Stokes, a distribuição de velocidade de escoamento $V_x(y)$ do fluido entre as placas.

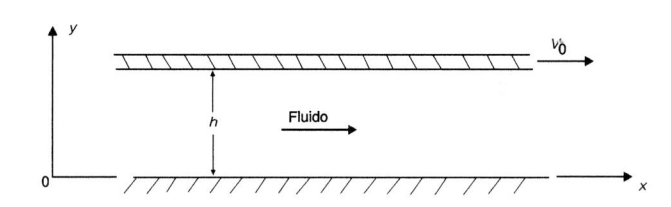

FIGURA 6.9

Resp.: $V_x(y) = \dfrac{1}{2\mu} \left(\dfrac{\partial p}{\partial x} \right) \left(y^2 - h y \right) + \dfrac{V_0}{h} y$

para $0 \leq y \leq h$

6.4 A Figura 6.10 mostra um esquema de um escoamento laminar, totalmente desenvolvido, em regime permanente, de um fluido newtoniano com massa específica ρ e viscosidade μ constantes, entre duas placas paralelas e horizontais, de grandes dimensões (dimensões infinitas no plano xz) e separadas por uma distância h pequena, na qual a placa inferior permanece estacionária. O escoamento é unidirecional na direção x e é causado por um gradiente de pressão $\dfrac{\partial p}{\partial x}$ constante dado, que produz o deslocamento do fluido no sentido positivo do eixo x, e pelo movimento da placa superior, que tem velocidade com módulo V_0 no sentido negativo do eixo x, conforme é mostrado na Figura 6.10. Determine, a partir da equação de Navier-Stokes, a distribuição de velocidade de escoamento $V_x(y)$ do fluido entre as placas.

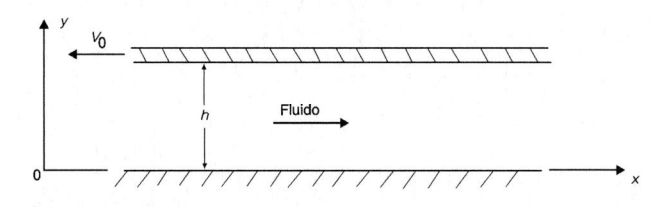

FIGURA 6.10

Resp.: $V_x(y) = \dfrac{1}{2\mu}\left(\dfrac{\partial p}{\partial x}\right)(y^2 - hy) - \dfrac{V_0}{h}y$

para $0 \le y \le h$

6.5 Faça uma análise comparativa das situações físicas dos Problemas 6.2, 6.3 e 6.4 e respectivas soluções. Verifique que a distribuição de velocidade de escoamento do fluido entre as placas é a resultante de uma distribuição parabólica de velocidade devido ao gradiente de pressão mais uma distribuição linear de velocidade devido ao movimento de uma das placas. Faça uma análise comparativa por meio de representações gráficas dessas distribuições de velocidade.

6.6 A Figura 6.11 mostra um esquema de um fluido newtoniano, com massa específica ρ e viscosidade μ, constantes, entre dois cilindros muito longos, verticais e coaxiais. O cilindro central, que tem raio R_1, permanece estacionário, enquanto o cilindro externo de raio interno R_2 possui velocidade angular ω_0 constante, de forma que o escoamento do fluido é laminar e em regime permanente. Determine, a partir da equação de Navier-Stokes, a distribuição de velocidade de escoamento $V_\theta(r)$ do fluido entre os cilindros.

Resp.: $V_\theta(r) = \omega_0 R_2 \dfrac{\left(\dfrac{R_1}{r} - \dfrac{r}{R_1}\right)}{\left(\dfrac{R_1}{R_2} - \dfrac{R_2}{R_1}\right)}$

para $R_1 \le r \le R_2$

6.7 A Figura 6.12 mostra um esquema de um fluido newtoniano, com massa específica ρ e viscosidade μ, constantes, entre dois cilindros muito longos, verticais e coaxiais. O cilindro central de raio R_1 possui velocidade angular ω_1 e o cilindro externo de raio interno R_2 tem velocidade

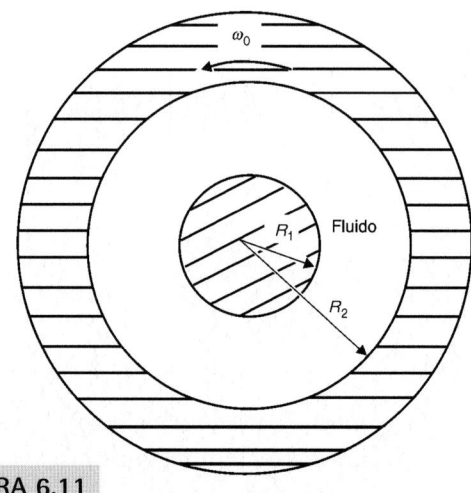

FIGURA 6.11

angular ω_2, constantes, de forma que o escoamento do fluido é laminar e permanente. Determine, a partir da equação de Navier-Stokes, a distribuição de velocidade de escoamento $V_\theta(r)$ do fluido entre os cilindros.

Resp.: $V_\theta(r) = \dfrac{1}{\left(R_2^2 - R_1^2\right)} \times$

$\times \left[\left(\omega_2 R_2^2 - \omega_1 R_1^2\right)r + \dfrac{R_1^2 R_2^2\left(\omega_1 - \omega_2\right)}{r}\right]$

para $R_1 \le r \le R_2$

6.8 Um fluido newtoniano, de massa específica ρ e viscosidade μ, constantes, ocupa a região entre dois cilindros muito longos, verticais e concêntricos, tal como é mostrado no esquema da Figura 6.12. Considere a situação em que, inicialmente, os dois cilindros têm a mesma velocidade angular ω_0 constante. Se o cilindro central subitamente fica em repouso, formule detalhadamente o problema transiente para a distribuição de velocidade de escoamento $V_\theta(r, t)$ do fluido entre os dois cilindros.

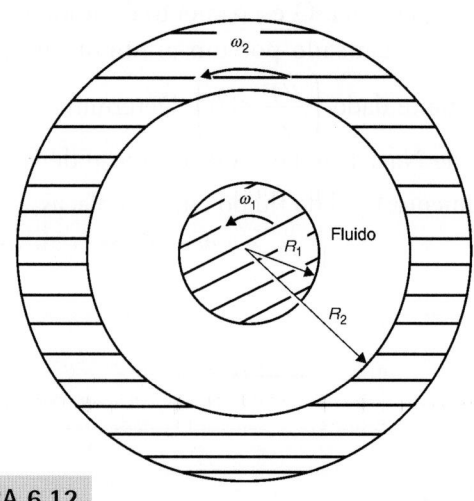

FIGURA 6.12

7

Introdução à Transferência de Calor

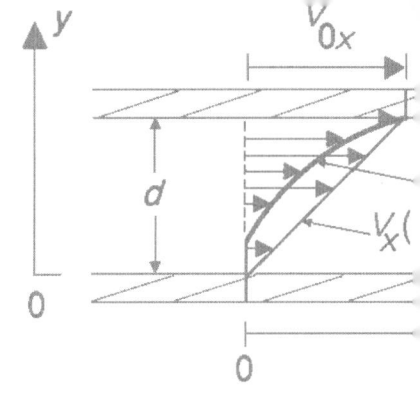

7.1 INTRODUÇÃO

Calor pode ser definido como a energia que é transferida em função de uma diferença de temperatura. A termodinâmica estuda as relações entre as propriedades de um sistema e as trocas de calor e trabalho com a vizinhança, fornecendo informações sobre a quantidade de energia (calor) envolvida para o sistema passar de um estado inicial a um estado final num dado processo termodinâmico.

A *transferência de calor* é a área da ciência que estuda os mecanismos de transporte de calor e a determinação das distribuições de temperatura e dos fluxos (taxas de transferência) de calor.

Existem três mecanismos de transferência de calor: condução, convecção e radiação. Neste capítulo, vamos caracterizá-los e apresentar as equações que fornecem as densidades de fluxo de calor para esses três modos de transferência.

Define-se *fluxo de calor* (taxa de transferência de calor) como a quantidade de calor que é transferida através de uma superfície por unidade de tempo, e *densidade de fluxo de calor* como a quantidade de calor que é transferida por unidade de tempo e por unidade de área, ou seja, a densidade de fluxo de calor é a taxa de transferência de calor por unidade de área.

7.2 CONDUÇÃO

O mecanismo de transferência de calor por condução se caracteriza pela transferência de energia térmica em um meio material sólido ou fluido, causada pela existência de um gradiente de temperatura.

Verifica-se, experimentalmente, que a densidade de fluxo de calor por condução é diretamente proporcional ao gradiente de temperatura. Para um processo unidimensional de condução, na direção x, pode-se escrever que

$$q_x = -k \frac{dT}{dx} \qquad (7.2.1)$$

em que:

q_x é a densidade de fluxo de calor por condução na direção x;

$\frac{dT}{dx}$ é o gradiente de temperatura na direção x; e

k é o coeficiente de proporcionalidade conhecido como condutividade térmica do material.

A densidade de fluxo de calor é a taxa de transferência de calor por unidade de área, de forma que a Eq. (7.2.1) pode ser escrita como

$$\frac{\dot{Q}_x}{A} = -k\frac{dT}{dx} \qquad (7.2.2)$$

em que:

$\dot{Q}_x$ é o fluxo de calor por condução na direção x; e

A é a área da seção normal ao fluxo de calor.

A Eq. (7.2.1) é uma expressão unidimensional da *equação de Fourier para a condução de calor* que, para um caso geral, pode ser escrita numa forma vetorial como

$$\vec{q} = -k\vec{\nabla}T \qquad (7.2.3)$$

O sinal negativo na equação de Fourier para a condução de calor é devido ao fato de o fluxo de calor por condução ser no sentido contrário ao gradiente de temperatura.

O mecanismo de condução de calor consiste em uma transferência de energia térmica através de um meio material sólido ou fluido, em função de um gradiente de temperatura, da região de maior temperatura para a região de menor temperatura. A temperatura é uma medida macroscópica da atividade térmica atômica ou molecular em uma substância, de forma que a condução de calor consiste em uma transferência de energia entre as partículas, onde as mais energéticas cedem parte de sua energia às partículas vizinhas que possuem energia menor.

Observa-se que, em geral, os bons condutores elétricos são também bons condutores de calor. Os metais puros (como cobre, ouro, prata e alumínio) apresentam grandes concentrações de elétrons livres, de maneira que nesses metais, além do mecanismo de interação molecular (ou vibração da rede), também ocorre uma condução de calor através dos elétrons livres, que é o mecanismo predominante nesses metais puros.

A condutividade térmica é uma propriedade do material que indica a capacidade do meio em conduzir calor e, geralmente, depende da temperatura.

7.3 CONVECÇÃO

O mecanismo de convecção se caracteriza pela transferência de calor causada pelo deslocamento de massa fluida. Num fluido em movimento, onde existe uma distribuição não uniforme de temperatura, o calor é transferido pelo transporte de massa fluida e, também, por condução devido aos gradientes de temperatura.

A transferência de calor por convecção é usualmente classificada, em função do escoamento, em *convecção forçada* e *convecção natural* ou *livre*. Tem-se convecção forçada quando o escoamento do fluido é causado por agentes externos, tais como ventiladores ou bombas. Na convecção natural ou livre o escoamento é causado por forças de empuxo devidas aos gradientes de massa específica produzidos pelas diferenças de temperatura no fluido.

Quando um fluido está em movimento sobre uma superfície sólida pode-se, de maneira geral, dividir o campo de velocidade de escoamento em duas regiões principais: junto à superfície sólida há uma região com gradientes de velocidade que é chamada de *camada limite hidrodinâmica*; e mais distante da superfície sólida (fora da camada limite hidrodinâmica) existe uma região que apresenta distribuição uniforme de velocidade, chamada de escoamento livre.

Analogamente, quando existe diferença de temperatura entre a superfície sólida e o fluido adjacente pode-se dividir o campo de temperatura no fluido em duas regiões principais: junto à superfície sólida há uma região com gradientes de temperatura que é chamada de *camada limite térmica*; e mais distante da superfície sólida (fora da camada limite térmica) existe uma região onde o fluido apresenta distribuição uniforme de temperatura.

Consideremos uma situação de transferência de calor, por convecção forçada, de uma placa sólida aquecida, cuja superfície é mantida à temperatura T_s constante, para um fluido adjacente que possui temperatura T_∞, conforme é mostrado no esquema da Figura 7.1.

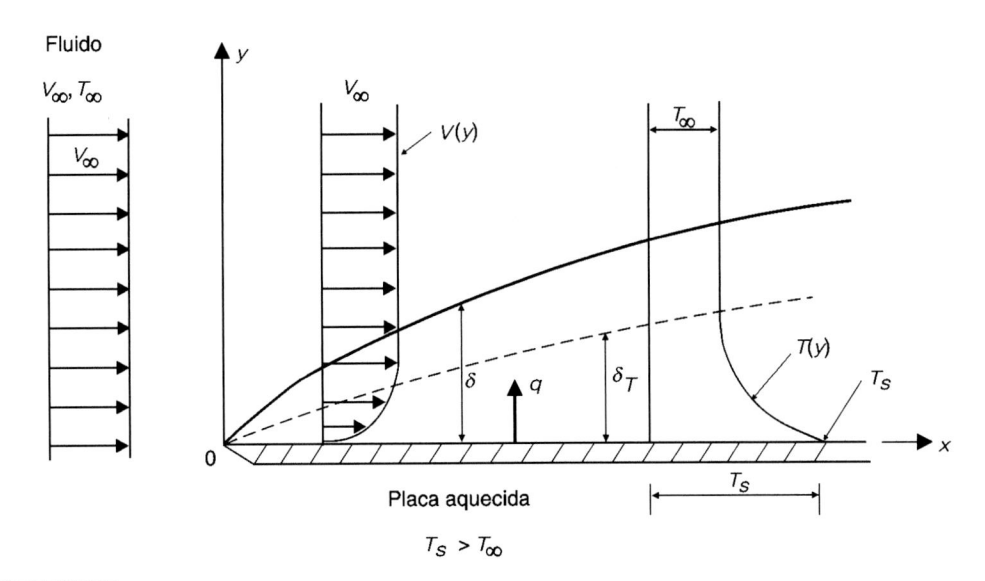

FIGURA 7.1

Esquema da transferência de calor por convecção forçada de uma placa aquecida para um fluido.

Devido à propriedade de aderência dos fluidos viscosos às superfícies sólidas, existe uma película fluida em repouso aderida à placa, de forma que nessa película, onde a velocidade de escoamento é nula, o calor é transferido somente por condução.

A influência retardadora que a placa exerce sobre o movimento das partículas fluidas se propaga à medida que o fluido escoa sobre a superfície sólida, de maneira que a espessura δ da camada limite hidrodinâmica aumenta em função da coordenada x, que tem origem no bordo de ataque da placa.

Quando a superfície da placa e o escoamento livre do fluido possuem temperaturas diferentes, ocorre o desenvolvimento de uma camada limite térmica com espessura δ_T que aumenta à medida que o fluido escoa sobre a superfície sólida.

A relação entre as espessuras das camadas limites hidrodinâmica e térmica depende de um parâmetro adimensional, chamado de *número de Prandtl* e representado por Pr, que é definido como o quociente entre a viscosidade cinemática e a difusividade térmica do fluido, ou seja,

$$Pr = \frac{\nu}{\alpha} \tag{7.3.1}$$

O número de Prandtl fornece uma medida relativa entre as intensidades do transporte difusivo de momento linear e da transferência difusiva de calor que ocorrem nas camadas limites hidrodinâmica e térmica em escoamentos laminares. Para os gases, o número de Prandtl é próximo da unidade, de forma que os transportes difusivos de momento linear e de calor são relativamente da mesma ordem de grandeza e, consequentemente, para os gases as camadas limites hidrodinâmica e térmica possuem espessuras aproximadamente iguais ($\delta \approx \delta_T$). Para os metais líquidos, tem-se Pr $<< 1$, resultando que $\delta_T >> \delta$. Para os óleos viscosos, tem-se Pr $>> 1$, de forma que para os óleos $\delta >> \delta_T$.

Com o conhecimento da condutividade térmica do fluido e do gradiente de temperatura na película fluida que fica aderida à superfície sólida, pode-se, por meio da equação de Fourier para a condução, determinar a densidade de fluxo de calor que é transferida da placa para o fluido. Considerando um eixo y, perpendicular à placa, com origem na superfície sólida, tem-se que

$$q = -k \frac{\partial T}{\partial y}\bigg|_{y=0} \tag{7.3.2}$$

em que:

q é a densidade de fluxo de calor por condução na película fluida aderida à placa; e
k é a condutividade térmica do fluido.

Entretanto, esse gradiente de temperatura na película fluida aderida à superfície sólida depende do fluxo de calor que é transportado pelo escoamento, ou seja, é função do campo de velocidade de escoamento, além de depender de outras propriedades do fluido. Na Seção 6.4 deduzimos a equação diferencial de transporte de calor cuja solução fornece a distribuição de temperatura para escoamentos incompressíveis, de fluidos com calor específico e condutividade térmica constantes, onde não ocorre dissipação de energia mecânica por atrito e não há geração interna de calor.

Nesses escoamentos, quando a viscosidade do fluido não depende da temperatura pode-se resolver as equações diferenciais do movimento independentemente da equação diferencial de transporte de calor. Essas situações podem ocorrer em casos de convecção forçada. Com as distribuições de velocidade de escoamento obtidas com a resolução das equações do movimento, pode-se determinar, por meio da equação de transporte de calor, a distribuição de temperatura no fluido.

Na situação de transferência de calor por convecção forçada de uma placa aquecida para um fluido, esquematizada na Figura 7.1, tem-se uma região, junto à superfície sólida, na qual o fluido está em movimento e apresenta uma distribuição não uniforme de temperatura, de forma que o mecanismo de transferência de calor por convecção compreende a transferência de calor associada ao deslocamento de massa fluida e a condução de calor devido ao gradiente de temperatura no fluido.

A densidade de fluxo de calor por convecção é diretamente proporcional à diferença entre as temperaturas da superfície sólida e do fluido, e é determinada por meio da equação conhecida como a *lei de Newton para o resfriamento*, dada por

$$q = h(T_s - T_\infty) \tag{7.3.3}$$

em que:

q é a densidade de fluxo de calor por convecção;
T_s é a temperatura da superfície sólida;
T_∞ é a temperatura do fluido; e
h é o coeficiente de transferência de calor por convecção, que costuma ser chamado de coeficiente de película.

O coeficiente de transferência de calor por convecção h geralmente depende do tipo de escoamento, da geometria do sistema, das propriedades do fluido, do tipo de convecção (forçada ou natural) e da posição ao longo da superfície.

Quando o coeficiente h varia com a posição ao longo da superfície, pode-se considerar um coeficiente médio $\bar{h}$ para toda a superfície, definido por

$$\bar{h} = \frac{1}{A} \iint_{\text{área}} h \, dA \tag{7.3.4}$$

em que:

A é a área da superfície; e
h é o coeficiente local de transferência de calor por convecção.

Assim, em termos do coeficiente médio $\bar{h}$, o fluxo de calor por convecção que passa da superfície sólida para o fluido é dado por

$$\dot{Q} = A\bar{h}(T_s - T_\infty) \tag{7.3.5}$$

em que:

$\dot{Q}$ é o fluxo de calor por convecção; e

A é a área da superfície.

Geralmente, os problemas de transferência convectiva de calor são tão complicados que o coeficiente de transferência de calor por convecção h só pode ser determinado analiticamente para casos simples. Combinando as Eqs. (7.3.2) e (7.3.3), obtém-se

$$h = \frac{-k\left.\dfrac{\partial T}{\partial y}\right|_{y=0}}{T_s - T_\infty} \qquad (7.3.6)$$

Em geral, o coeficiente de transferência de calor por convecção h é determinado experimentalmente.

7.4 RADIAÇÃO

A transferência de calor por radiação consiste no transporte de energia por radiação térmica. Uma das características do mecanismo de radiação é que, além de não necessitar um meio material para a transferência de calor, o transporte de energia tem eficiência máxima através do vácuo absoluto.

Qualquer superfície com temperatura acima de zero kelvin emite radiação térmica. Define-se como corpo negro uma superfície que absorve totalmente a radiação que incide sobre ela. Um radiador ideal (corpo negro) emite radiação térmica com uma densidade de fluxo dada pela *lei de Stefan-Boltzmann*, que pode ser escrita como

$$q = \sigma T_s^4 \qquad (7.4.1)$$

na qual:

q é a densidade de fluxo de energia radiante emitida pela superfície;

σ é a constante de Stefan-Boltzmann; e

T_s é a temperatura absoluta da superfície.

As superfícies reais emitem menos energia que um corpo negro, com uma densidade de fluxo de energia radiante dada por

$$q = \varepsilon \sigma T_s^4 \qquad (7.4.2)$$

em que ε é a emissividade da superfície.

A emissividade ε é uma propriedade da superfície e indica a eficiência com que a radiação térmica é emitida pela superfície em comparação com um corpo negro. Em geral, os metais polidos apresentam emissividade baixa, enquanto as substâncias não metálicas possuem emissividade alta.

A análise da troca de calor por radiação entre superfícies é, geralmente, bastante complexa. Consideremos um caso ideal mais simples, que consiste em duas superfícies negras planas e paralelas, de dimensões infinitas, com temperaturas absolutas T_1 e T_2, respectivamente. Considerando que o meio entre as superfícies não absorve radiação térmica, tem-se que a densidade de fluxo líquida de troca de calor por radiação entre essas superfícies negras é dada por

$$q = \sigma(T_1^4 - T_2^4) \qquad (7.4.3)$$

As situações reais de troca de calor por radiação são muito mais complicadas. Geralmente, as superfícies não são corpos negros, de maneira que se deve considerar fatores de emissividade e de absortividade, e o sistema pode apresentar geometria mais complexa. Além disso, as superfícies possuem áreas finitas, resultando que somente parte da radiação emitida por uma superfície atinge a outra, de maneira que também se devem considerar fatores de forma geométrica.

7.5 MECANISMOS COMBINADOS DE TRANSFERÊNCIA DE CALOR

Geralmente, nas situações reais de transmissão de calor estão envolvidos dois ou os três mecanismos, mas em alguns casos pode acontecer que um ou dois modos de transferência sejam pouco significativos. Para ilustrarmos o assunto, consideremos uma situação de transferência de calor que ocorre através de uma parede plana de um forno para o ar ambiente e a vizinhança, conforme é mostrado no esquema da Figura 7.2. Verifica-se que o ar ambiente, junto à superfície sólida, apresenta uma distribuição não uniforme de temperatura, de forma que nessa região tem-se transferência de calor por condução devido ao gradiente de temperatura e, também, pelo movimento de massa fluida. O calor transferido por convecção da superfície sólida para o ar ambiente compreende a transferência de calor associada ao transporte de massa fluida e, também, a condução de calor devido ao gradiente de temperatura no fluido.

A Figura 7.2 mostra as distribuições de temperatura no sistema, em uma situação de regime permanente, considerando que o ar ambiente é um reservatório térmico que mantém temperatura T_∞ constante. Em função do gradiente de temperatura, na parede sólida ocorre uma densidade de fluxo de calor (taxa de transferência de calor por unidade de área) por condução. O calor que chega por condução à superfície da parede, localizada em $x = L$, é transferido para o ar ambiente por convecção e para a vizinhança por radiação. Em situações tais como em que a superfície sólida tem temperatura T_s aproximadamente igual à temperatura ambiente e ocorre convecção forçada, de forma que a densidade de fluxo de calor por radiação seja pouco significativa em comparação com a densidade de fluxo de calor por convecção, pode-se desprezar o modo de radiação,

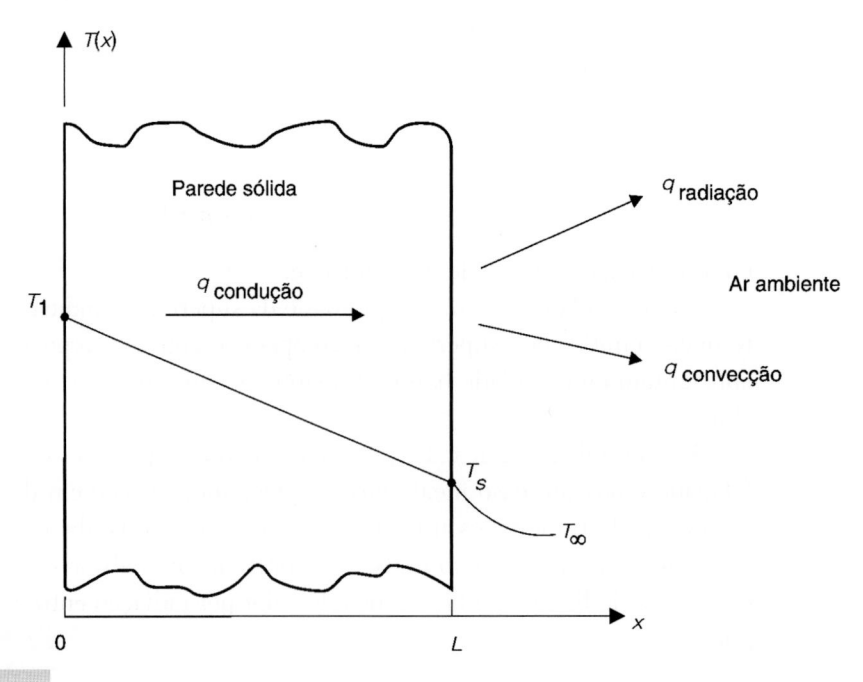

FIGURA 7.2

Esquema mostrando as densidades de fluxo de calor envolvidas numa situação de transferência de calor da parede de um forno para o ar ambiente e a vizinhança.

considerando, assim, somente um mecanismo combinado de condução na parede sólida com convecção no contorno.

Neste texto, que se destina a uma disciplina introdutória sobre o assunto, situada no ciclo básico dos cursos de engenharia, somente estudaremos a condução de calor e mecanismos combinados de condução com convecção no contorno.

7.6 BIBLIOGRAFIA

BENNETT, C. O.; MYERS, J. E. *Fenômenos de Transporte*. São Paulo: McGraw-Hill do Brasil, 1978.

HOLMAN, J. P. *Transferência de Calor*. São Paulo: McGraw-Hill do Brasil, 1983.

INCROPERA, F. P.; DEWITT, D. P. *Fundamentos de Transferência de Calor e de Massa*. Rio de Janeiro: Guanabara Koogan, 1992.

ÖZISIK, M. N. *Transferência de Calor – Um Texto Básico*. Rio de Janeiro: Guanabara Koogan, 1990.

SISSON, L. E.; PITTS, D. R. *Fenômenos de Transporte*. Rio de Janeiro: Guanabara Dois, 1979.

WELTY, J. R.; WICKS, C. E.; WILSON, R. E. *Fundamentals of Momentum, Heat and Mass Transfer*. John Wiley, 1976.

8 Introdução à Condução Unidimensional de Calor em Regime Permanente

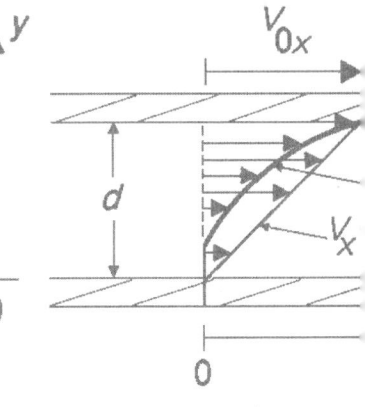

8.1 INTRODUÇÃO

Neste capítulo, estudaremos a determinação do fluxo de calor (taxa de transferência de calor) e da distribuição de temperatura para situações de condução unidimensional e em regime permanente, em sistemas com geometria simples onde são conhecidas as temperaturas no contorno e o meio possui condutividade térmica constante, sem geração interna de calor. Apresentaremos duas abordagens para a resolução desses problemas: numa, por meio da integração da equação de Fourier para a condução, determina-se o fluxo de calor e posteriormente a distribuição de temperatura; na outra abordagem determina-se a distribuição de temperatura por intermédio da equação da difusão de calor e, com o conhecimento do perfil de temperatura no meio, obtém-se o fluxo de calor com o uso da equação de Fourier para a condução.

Também estudaremos problemas unidimensionais de condução de calor, em regime permanente, em paredes compostas com convecção no contorno, e definiremos resistência térmica, que é um conceito útil na análise de problemas de transferência de calor em regime permanente sem geração interna de calor.

8.2 CONDUÇÃO UNIDIMENSIONAL DE CALOR ATRAVÉS DE PAREDE DE UMA CAMADA

Nesta Seção, estudaremos a condução de calor em regime permanente e sem geração interna de calor, em sistemas com geometria simples (parede plana e parede cilíndrica de uma camada) onde existe gradiente de temperatura numa única direção.

8.2.1 Parede Plana de uma Camada

Consideremos a parede plana, de espessura L e constituída de um material com condutividade térmica k constante, que é mostrada no esquema da Figura 8.1. As superfícies da parede são mantidas às temperaturas T_0 e T_L, constantes, sendo $T_0 > T_L$. Trataremos da determinação do fluxo de calor e da distribuição de temperatura na parede.

Considerando que a parede tem grandes dimensões no plano yz e que a espessura L é pequena, tem-se um problema unidimensional com gradiente de temperatura na direção perpendicular às superfícies da parede, ou seja, na direção x, de forma que a equação de Fourier para a condução pode ser escrita como

$$\frac{\dot{Q}_x}{A} = -k\frac{dT}{dx}$$

$$(8.2.1.1)$$

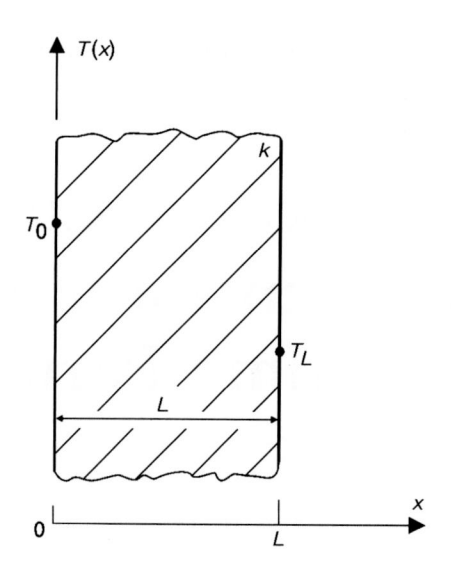

FIGURA 8.1

Esquema de uma parede plana com as superfícies mantidas às temperaturas T_0 e T_L.

em que:

$\dot{Q}_x$ é o fluxo de calor por condução na direção x; e
A é a área da seção normal ao fluxo de calor.

Como as superfícies são mantidas às temperaturas T_0 e T_L, constantes, têm-se as seguintes condições de contorno:

$$\text{para } x = 0, \text{ tem-se } T(0) = T_0$$

e

$$\text{para } x = L, \text{ tem-se } T(L) = T_L$$

O regime é permanente, de maneira que o fluxo de calor $\dot{Q}_x$ é constante. Sendo a condutividade térmica k invariável e como para uma parede plana a área A da seção normal ao fluxo de calor é constante, integrando a Eq. (8.2.1.1) obtém-se

$$\frac{\dot{Q}_x}{A} \int_0^L dx = -k \int_{T_0}^{T_L} dT \tag{8.2.1.2}$$

resultando que o fluxo de calor é dado por

$$\dot{Q}_x = \frac{kA}{L}(T_0 - T_L) \tag{8.2.1.3}$$

A distribuição (perfil) de temperatura $T(x)$ na parede pode ser obtida da integração da Eq. (8.2.1.1), considerando a segunda condição de contorno para uma coordenada x genérica, ou seja,

$$\text{para } x = x, \text{ tem-se } T = T(x)$$

de forma que da integração

$$\frac{\dot{Q}_x}{A} \int_0^x dx = -k \int_{T_0}^{T(x)} dT \tag{8.2.1.4}$$

resulta

$$T(x) = T_0 - \frac{\dot{Q}_x}{kA}x \quad \text{para} \quad 0 \le x \le L \tag{8.2.1.5}$$

Assim, para uma parede plana com as condições consideradas tem-se uma distribuição linear de temperatura.

Uma abordagem alternativa para a determinação da distribuição de temperatura é a integração da equação da difusão de calor (Eq. (6.4.23)), dada por

$$\nabla^2 T = \frac{1}{\alpha}\frac{\partial T}{\partial t} \tag{8.2.1.6}$$

que pode ser escrita como

$$\frac{\partial^2 T}{\partial x^2} + \frac{\partial^2 T}{\partial y^2} + \frac{\partial^2 T}{\partial z^2} = \frac{1}{\alpha}\frac{\partial T}{\partial t} \tag{8.2.1.7}$$

A condução de calor na parede plana, mostrada no esquema da Figura 8.1, é unidimensional na direção x, ou seja, não há variação de temperatura no plano yz, e o regime é permanente, de forma que a Eq. (8.2.1.7) se reduz a

$$\frac{d^2 T}{d x^2} = 0 \tag{8.2.1.8}$$

que tem solução geral dada por

$$T(x) = ax + b \tag{8.2.1.9}$$

Tem-se a especificação das temperaturas nas superfícies da parede, de maneira que o problema apresenta as seguintes condições de contorno:

para $x = 0$, tem-se $T(0) = T_0$

para $x = L$, tem-se $T(L) = T_L$

Aplicando essas condições de contorno na solução geral, obtém-se

$$b = T_0 \tag{8.2.1.10a}$$

e

$$a = \frac{T_L - T_0}{L} \tag{8.2.1.10b}$$

resultando a solução

$$T(x) = \left(\frac{T_L - T_0}{L}\right)x + T_0 \tag{8.2.1.11}$$

que pode ser escrita como

$$T(x) = T_0 - \frac{(T_0 - T_L)}{L}x \tag{8.2.1.12}$$

A densidade de fluxo de calor é determinada por meio da equação de Fourier para a condução, dada por

$$\frac{\dot{Q}_x}{A} = -k\frac{dT}{dx} \tag{8.2.1.13}$$

em que:

$\dot{Q}_x$ é o fluxo de calor por condução na direção x; e

A é a área da seção normal ao fluxo de calor,

de forma que

$$\frac{\dot{Q}_x}{A} = -k\left(-\frac{(T_0 - T_L)}{L}\right) \tag{8.2.1.14}$$

resultando o fluxo de calor

$$\dot{Q}_x = \frac{kA}{L}(T_0 - T_L) \qquad (8.2.1.15)$$

que é igual à Eq. (8.2.1.3).

Da Eq. (8.2.1.15) obtém-se

$$T_0 - T_L = \frac{\dot{Q}_x L}{kA} \qquad (8.2.1.16)$$

de maneira que a Eq. (8.2.1.12) pode ser escrita como

$$T(x) = T_0 - \frac{\dot{Q}_x}{kA}x \qquad (8.2.1.17)$$

que é a mesma distribuição de temperatura dada pela Eq. (8.2.1.5).

8.2.2 Parede Cilíndrica de uma Camada com Condução na Direção Radial

Neste item, estudaremos a determinação do fluxo de calor e da distribuição de temperatura para a condução unidimensional de calor, em regime permanente e sem geração interna, através de uma parede cilíndrica, na direção radial.

Consideremos um duto cilíndrico longo, de comprimento L, com raio interno r_i e raio externo r_e, construído de um material com condutividade térmica k constante, conforme é mostrado no esquema da Figura 8.2. As superfícies interna e externa do duto são mantidas às temperaturas T_i e T_e, respectivamente, constantes, sendo $T_i > T_e$.

O duto é longo, de forma que o gradiente de temperatura é radial, ou seja, na direção r. Assim, a equação de Fourier para a condução pode ser escrita como

$$\frac{\dot{Q}_r}{A} = -k\frac{dT}{dr} \qquad (8.2.2.1)$$

em que:

$\dot{Q}_r$ é o fluxo de calor por condução na direção r; e
A é a área da seção normal ao fluxo de calor.

Como as superfícies interna e externa são mantidas às temperaturas T_i e T_e, respectivamente, constantes, têm-se as seguintes condições de contorno:

$$\text{para } r = r_i, \text{ tem-se } T(r_i) = T_i$$

e

$$\text{para } r = r_e, \text{ tem-se } T(r_e) = T_e$$

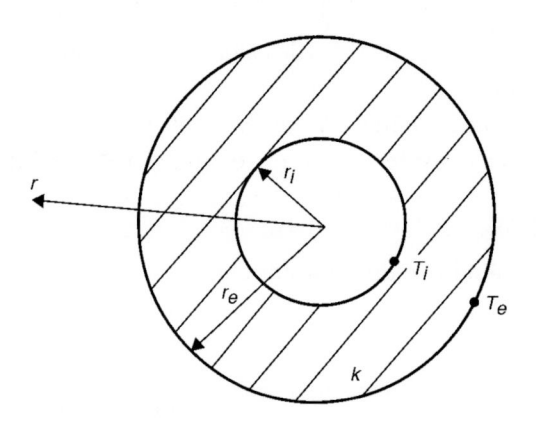

FIGURA 8.2

Esquema de um duto cilíndrico com as superfícies interna e externa mantidas às temperaturas T_i e T_e constantes.

A área A da seção normal ao fluxo de calor depende da coordenada r e é dada por

$$A = 2\,\pi\,r\,L \tag{8.2.2.2}$$

Substituindo essa expressão para a área A na Eq. (8.2.2.1) e integrando, obtém-se

$$\int_{r_i}^{r_e} \frac{\dot{Q}_r}{2\,\pi\,r\,L}\,dr = -\int_{T_i}^{T_e} k\,dT \tag{8.2.2.3}$$

A condutividade térmica k e as temperaturas T_i e T_e são constantes, de forma que o fluxo de calor na direção radial $\dot{Q}_r$ também é constante. Assim, a Eq. (8.2.2.3) pode ser escrita como

$$\dot{Q}_r \int_{r_i}^{r_e} \frac{dr}{r} = -2\,\pi\,k\,L \int_{T_i}^{T_e} dT \tag{8.2.2.4}$$

resultando

$$\dot{Q}_r (\ln r_e - \ln r_i) = 2\,\pi\,k\,L(T_i - T_e) \tag{8.2.2.5}$$

que pode ser escrita como

$$\dot{Q}_r \ln\!\left(\frac{r_e}{r_i}\right) = 2\,\pi\,k\,L\,(T_i - T_e) \tag{8.2.2.6}$$

de forma que o fluxo de calor por condução na direção radial é dado por

$$\dot{Q}_r = \frac{2\,\pi\,k\,L}{\ln\!\left(\dfrac{r_e}{r_i}\right)}\,(T_i - T_e) \tag{8.2.2.7}$$

A distribuição de temperatura $T(r)$ na parede desse duto cilíndrico pode ser obtida por meio da integração da Eq. (8.2.2.4), considerando a segunda condição de contorno para uma coordenada r genérica, ou seja,

$$\text{para } r = r, \text{ tem-se } T - T(r)$$

de forma que, da integração,

$$\dot{Q}_r \int_{r_i}^{r} \frac{dr}{r} = -2\,\pi\,k\,L \int_{T_i}^{T(r)} dT \tag{8.2.2.8}$$

resulta

$$T(r) = T_i - \frac{\dot{Q}_r}{2\,\pi\,k\,L}\ln\!\left(\frac{r}{r_i}\right) \tag{8.2.2.9}$$

ou seja, para a condução de calor através de uma parede cilíndrica na direção radial, com as condições consideradas, tem-se uma distribuição de temperatura logarítmica.

Uma abordagem alternativa para a determinação da distribuição de temperatura consiste na integração da equação da difusão de calor dada por

$$\nabla^2 T = \frac{1}{\alpha}\frac{\partial T}{\partial t} \tag{8.2.2.10}$$

que, em coordenadas cilíndricas (r, θ e z), pode ser escrita como

$$\frac{1}{r}\frac{\partial}{\partial r}\!\left(r\frac{\partial T}{\partial r}\right) + \frac{1}{r^2}\frac{\partial^2 T}{\partial \theta^2} + \frac{\partial^2 T}{\partial z^2} = \frac{1}{\alpha}\frac{\partial T}{\partial t} \tag{8.2.2.11}$$

A condução de calor na parede do duto cilíndrico mostrado no esquema da Figura 8.2 é unidimensional, ocorre na direção r e o regime é permanente, de forma que a Eq. (8.2.2.11) se reduz a

$$\frac{1}{r}\frac{d}{dr}\left(r\frac{dT}{dr}\right)=0 \qquad (8.2.2.12)$$

que tem solução geral dada por

$$T(r) = c_1 \ln r + c_2 \qquad (8.2.2.13)$$

Tem-se a especificação das temperaturas nas superfícies interna e externa do duto cilíndrico, de maneira que o problema apresenta as seguintes condições de contorno:

$$\text{para } r = r_i, \text{ tem-se } T(r_i) = T_i$$

e

$$\text{para } r = r_e, \text{ tem-se } T(r_e) = T_e$$

Aplicando essas condições de contorno na solução geral, obtém-se

$$c_1 = \frac{T_e - T_i}{\ln\left(\dfrac{r_e}{r_i}\right)} \qquad (8.2.2.14a)$$

e

$$c_2 = T_i - \frac{T_e - T_i}{\ln\left(\dfrac{r_e}{r_i}\right)} \ln r_i \qquad (8.2.2.14b)$$

resultando a solução

$$T(r) = T_i + \frac{T_e - T_i}{\ln\left(\dfrac{r_e}{r_i}\right)} \ln\left(\frac{r}{r_i}\right) \qquad (8.2.2.15)$$

que pode ser escrita como

$$T(r) = T_i - \frac{T_i - T_e}{\ln\left(\dfrac{r_e}{r_i}\right)} \ln\left(\frac{r}{r_i}\right) \qquad (8.2.2.16)$$

A densidade de fluxo de calor é determinada por meio da equação de Fourier para a condução, que para esse caso é dada por

$$\frac{\dot{Q}_r}{A} = -k\frac{dT}{dr} \qquad (8.2.2.17)$$

em que:

$\dot{Q}_r$ é o fluxo de calor por condução na direção r; e
$A = 2\,\pi\,r\,L$ é a área da seção normal ao fluxo de calor,

de forma que

$$\frac{\dot{Q}_r}{2\,\pi\,r\,L} = -k\left[-\frac{T_i - T_e}{\ln\left(\dfrac{r_e}{r_i}\right)}\frac{r_i}{r}\frac{1}{r_i}\right] \qquad (8.2.2.18)$$

resultando

$$\dot{Q}_r = \frac{2\,\pi\,k\,L}{\ln\left(\dfrac{r_e}{r_i}\right)}\,(T_i - T_e) \qquad (8.2.2.19)$$

que é igual à Eq. (8.2.2.7).

Da Eq. (8.2.2.19) tem-se que

$$T_i - T_e = \frac{\dot{Q}_r}{2\,\pi\,k\,L}\,\ln\left(\frac{r_e}{r_i}\right) \qquad (8.2.2.20)$$

de maneira que a Eq. (8.2.2.16) fica sendo

$$T(r) = T_i - \frac{\dot{Q}_r}{2\,\pi\,k\,L}\,\ln\left(\frac{r}{r_i}\right) \qquad (8.2.2.21)$$

que é o mesmo resultado dado pela Eq. (8.2.2.9).

■ **Exemplo 8.1** A Figura 8.3 mostra um esquema de um duto cilíndrico de aço, longo, de comprimento L, com raio interno $r_i = 2,5$ cm e raio externo $r_e = 3$ cm. As superfícies interna e externa são mantidas às temperaturas $T_i = 120°C$ e $T_e = 80°C$, respectivamente. Sendo a condutividade térmica do aço constante e dada por $k_a = 40\,\dfrac{W}{m \cdot °C}$, determine o fluxo de calor por comprimento unitário do duto e calcule as densidades de fluxo de calor nas superfícies interna e externa.

Hipóteses:

- T_i e T_e são constantes, de forma que o regime é permanente; e
- a condutividade térmica k_a é constante.

O duto é longo, de maneira que o gradiente de temperatura é radial, ou seja, o fluxo de calor através da parede do duto ocorre na direção r. Assim, a equação de Fourier para a condução fica sendo

$$\frac{\dot{Q}_r}{A} = -k_a\,\frac{dT}{dr}$$

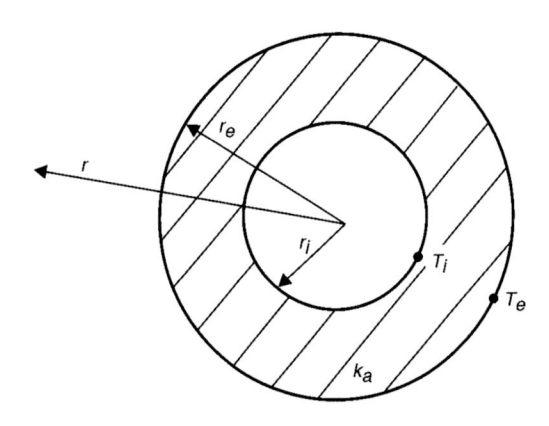

FIGURA 8.3

Esquema de um duto cilíndrico, longo, com as superfícies interna e externa mantidas às temperaturas T_i e T_e, constantes.

em que:

$$A = 2\,\pi\,r\,L,$$

com as condições de contorno:

$$\text{para } r = r_i\text{, tem-se } T(r_i) = T_i$$

$$\text{para } r = r_e\text{, tem-se } T(r_e) = T_e$$

O regime é permanente, de forma que o fluxo de calor $\dot{Q}_r$ é constante. Com a integração da equação de Fourier para a condução

$$\dot{Q}_r \int_{r_i}^{r_e} \frac{dr}{r} = -2\,\pi\,k_a\,L \int_{T_i}^{T_e} dT$$

obtém-se o fluxo de calor, por comprimento unitário do duto, dado por

$$\frac{\dot{Q}_r}{L} = \frac{2\,\pi\,k_a}{\ln\left(\dfrac{r_e}{r_i}\right)}\,(T_i - T_e)$$

Substituindo os dados

$r_i = 0,025$ m

$r_e = 0,03$ m

$L = 1$ m

$k_a = 40\,\dfrac{W}{m\cdot°C}$

$T_i = 120°C$

$T_e = 80°C$

resulta

$$\frac{\dot{Q}_r}{L} = 55840\,{}^{W}\!/_{m}$$

As áreas das superfícies interna e externa do duto não são iguais, de forma que as densidades de fluxo de calor nessas superfícies são diferentes.

Para a superfície interna, por unidade de comprimento, tem-se a área

$$A_i = 2\,\pi\,r_i\,L = 0,157\text{ m}^2$$

resultando uma densidade de fluxo de calor

$$q_r\big|_{r=r_i} = \frac{\dot{Q}_r}{A_i} = 355600\,{}^{W}\!/_{m^2}$$

Para a superfície externa, por unidade de comprimento, tem-se a área

$$A_e = 2\,\pi\,r_e\,L = 0,188\text{ m}^2$$

resultando uma densidade de fluxo de calor

$$q_r\big|_{r=r_e} = \frac{\dot{Q}_r}{A_e} = 297000\,{}^{W}\!/_{m^2}$$

8.3 CONDUÇÃO UNIDIMENSIONAL DE CALOR, EM REGIME PERMANENTE, ATRAVÉS DE PAREDE COMPOSTA COM CONVECÇÃO NO CONTORNO

Neste item, estudaremos a determinação do fluxo de calor, para regime permanente e sem geração interna, através de parede composta com convecção no contorno. Deduziremos uma expressão para o fluxo de calor em função da diferença total de temperatura no sistema, considerando um contato térmico perfeito entre as camadas sólidas.

8.3.1 Parede Plana Composta

Consideremos uma parede plana composta constituída por uma camada de um material com condutividade térmica k_1 e espessura L_1 e de outra camada de um material com condutividade térmica k_2 e espessura L_2, conforme é mostrado no esquema da Figura 8.4. Consideremos, também, um contato térmico perfeito entre essas duas camadas sólidas e que as condutividades térmicas e os coeficientes de transferência de calor por convecção são constantes. A superfície esquerda da parede composta está em contato com um fluido aquecido que mantém temperatura T_a constante com coeficiente de transferência de calor por convecção ha, enquanto a superfície direita dessa parede está em contato com um fluido frio que mantém temperatura T_f constante com coeficiente de convecção h_f. Trataremos da determinação do fluxo de calor (taxa de transferência de calor).

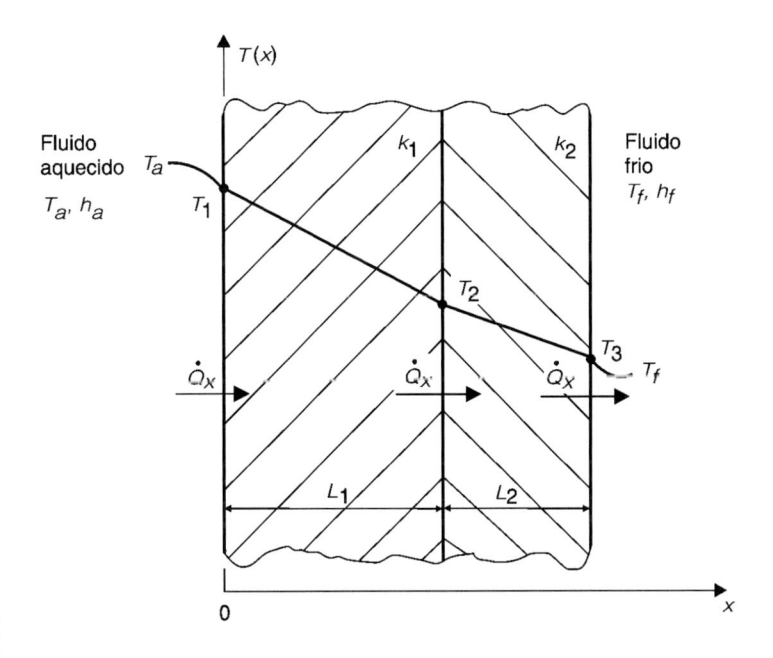

FIGURA 8.4

Esquema de uma parede plana composta com convecção no contorno.

Hipóteses:

- as temperaturas T_a e T_f são constantes, de forma que o regime é permanente;
- $T_a > T_f$;
- a parede tem grandes dimensões e espessura pequena, de maneira que a transferência de calor é unidimensional e ocorre na direção perpendicular às superfícies da parede (direção x);
- os coeficientes de transferência de calor por convecção e as condutividades térmicas são constantes;
- as superfícies da parede, que são perpendiculares ao fluxo de calor, têm área A; e
- o contato térmico entre as camadas sólidas é perfeito.

Como o regime é permanente, tem-se um fluxo de calor na direção x, $\dot{Q}_x$, constante através da parede composta. A transferência de calor através do sistema ocorre por dois mecanismos: condução na parede composta e convecção entre as superfícies sólidas e os fluidos. Aplicando a equação de Fourier para a condução e a lei de Newton para o resfriamento para a convecção, considerando que a seção normal ao fluxo de calor tem área A (área das superfícies da parede), obtém-se que o fluxo de calor na direção x é dado por

$$\dot{Q}_x = h_a A(T_a - T_1) = \frac{k_1 A}{L_1}(T_1 - T_2) = \frac{k_2 A}{L_2}(T_2 - T_3) = h_f A(T_3 - T_f) \qquad (8.3.1.1)$$

Da Eq. (8.3.1.1) obtêm-se as diferenças de temperatura através do sistema, que são dadas por

$$T_a - T_1 = \dot{Q}_x \left(\frac{1}{h_a A} \right) \qquad (8.3.1.2)$$

$$T_1 - T_2 = \dot{Q}_x \left(\frac{L_1}{k_1 A} \right) \qquad (8.3.1.3)$$

$$T_2 - T_3 = \dot{Q}_x \left(\frac{L_2}{k_2 A} \right) \qquad (8.3.1.4)$$

$$T_3 - T_f = \dot{Q}_x \left(\frac{1}{h_f A} \right) \qquad (8.3.1.5)$$

Somando essas quatro últimas equações, obtém-se

$$T_a - T_f = \dot{Q}_x \left(\frac{1}{h_a A} + \frac{L_1}{k_1 A} + \frac{L_2}{k_2 A} + \frac{1}{h_f A} \right) \qquad (8.3.1.6)$$

resultando

$$\dot{Q}_x = \frac{T_a - T_f}{\dfrac{1}{h_a A} + \dfrac{L_1}{k_1 A} + \dfrac{L_2}{k_2 A} + \dfrac{1}{h_f A}} \qquad (8.3.1.7)$$

A Eq. (8.3.1.7) fornece o fluxo de calor $\dot{Q}_x$, que atravessa a parede plana composta com convecção no contorno, em função da diferença total de temperatura no sistema considerado, para problemas em regime permanente e sem geração interna de calor.

■ **Exemplo 8.2** A Figura 8.5 mostra um esquema de uma parede plana composta de um forno industrial, constituída por uma camada de cerâmica com espessura $L_c = 0,15$ m e condutividade térmica $k_c = 1,2 \dfrac{W}{m \cdot °C}$ e uma camada de aço com espessura $L_a = 0,003$ m e condutividade térmica $k_a = 40 \dfrac{W}{m \cdot °C}$. Considerando que o ar no interior do forno é mantido à temperatura $T_i = 500°C$, constante, com coeficiente de transferência de calor por convecção $h_i = 80 \dfrac{W}{m^2 \cdot °C}$, enquanto o ar externo (ambiente) mantém-se à temperatura constante $T_e = 30°C$, com coeficiente de transferência de calor por convecção $h_e = 10 \dfrac{W}{m^2 \cdot °C}$, determine o fluxo de calor por unidade

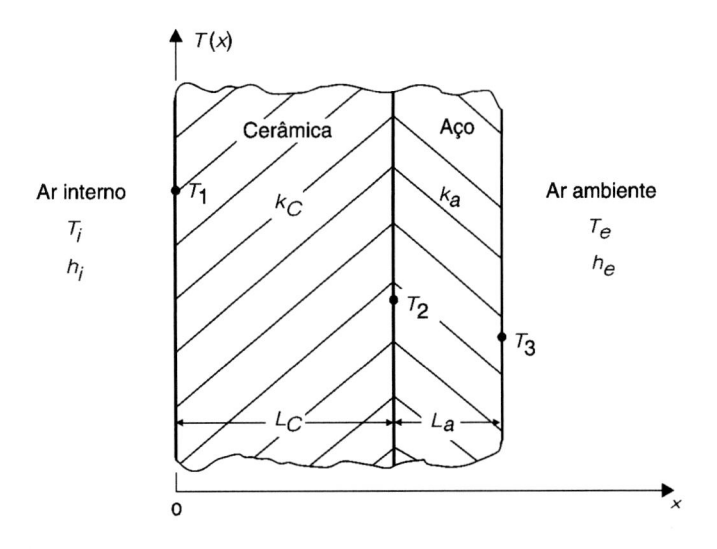

FIGURA 8.5

Esquema de uma parede plana composta de um forno.

de área (densidade de fluxo de calor) que passa do forno para o ambiente e calcule as temperaturas nas superfícies interna e externa e na junção cerâmica-aço.

Hipóteses:

- as temperaturas T_i e T_e são constantes, de forma que o regime é permanente; e
- a transferência de calor é unidimensional e ocorre na direção perpendicular às superfícies da parede, ou seja, na direção x.

O regime é permanente e são dadas as temperaturas T_i e T_e, de maneira que se pode determinar o fluxo de calor com a Eq. (8.3.1.7) que, para esse caso, fica sendo

$$\dot{Q}_x = \frac{T_i - T_e}{\dfrac{1}{h_i\,A} + \dfrac{L_c}{k_c\,A} + \dfrac{L_a}{k_a\,A} + \dfrac{1}{h_e\,A}}$$

A densidade de fluxo de calor é o fluxo de calor por unidade de área, ou seja, é dada por

$$q_x = \frac{\dot{Q}_x}{A} = \frac{T_i - T_e}{\dfrac{1}{h_i} + \dfrac{L_c}{k_c} + \dfrac{L_a}{k_a} + \dfrac{1}{h_e}}$$

Substituindo os dados

$T_i = 500°C$

$T_e = 30°C$

$h_i = 80\ \dfrac{W}{m^2 \cdot °C}$

$h_e = 10\ \dfrac{W}{m^2 \cdot °C}$

$k_c = 1,2\ \dfrac{W}{m \cdot °C}$

$k_a = 40\ \dfrac{W}{m \cdot °C}$

$L_c = 0,15\ m$

$L_a = 0,003\ m$

resulta que a densidade de fluxo de calor é

$$q_x = 1975 \; \text{W}\!/\!_{\text{m}^2}$$

Cálculo da temperatura T_1 na superfície interna: aplicando a lei de Newton para o resfriamento, tem-se

$$q_x = h_i \, (T_i - T_1)$$

de forma que

$$T_1 = T_i - \frac{q_x}{h_i} = 475°\text{C}$$

Cálculo da temperatura T_2 na junção cerâmica-aço: aplicando a equação de Fourier para a condução na camada de cerâmica, obtém-se

$$q_x = \frac{k_c}{L_c}(T_1 - T_2)$$

de maneira que

$$T_2 = T_1 - \frac{q_x L_c}{k_c} = 280°\text{C}$$

Cálculo da temperatura T_3 na superfície externa: aplicando a lei de Newton para o resfriamento, tem-se

$$q_x = h_e \, (T_3 - T_e)$$

resultando

$$T_3 = T_e + \frac{q_x}{h_e} = 227{,}5°\text{C}$$

8.3.2 Parede Cilíndrica Composta com Condução na Direção Radial

Consideremos um duto cilíndrico composto, longo, de comprimento L, constituído por uma camada de um material com condutividade térmica k_1, com raio interno r_1 e raio externo r_2, e outra camada de um material com condutividade térmica k_2 com raio interno r_2 e raio externo r_3, conforme é mostrado no esquema da Figura 8.6. Consideremos, também, que a superfície interna do duto composto está em contato com um fluido aquecido que mantém temperatura T_a constante, com coeficiente de transferência de calor por convecção h_a, enquanto a superfície externa está em contato com um fluido frio que permanece à temperatura T_f constante com coeficiente de transferência de calor por convecção h_f e que o contato térmico entre as camadas sólidas é perfeito. Trataremos da determinação do fluxo de calor em função da diferença total de temperatura.

As temperaturas T_a e T_f são constantes, de forma que o regime é permanente, resultando que o fluxo de calor na direção radial $\dot{Q}_r$ também é constante.

A transferência de calor através desse sistema ocorre por dois mecanismos: condução na parede composta e convecção entre as superfícies sólidas e os fluidos. Aplicando a equação de Fourier para a condução nas camadas sólidas e a lei de Newton para o resfriamento para a convecção entre as superfícies sólidas e os fluidos, obtém-se o fluxo de calor na direção r, que é constante, dado por

$$\dot{Q}_r = 2\,\pi\,r_1\,L\,h_a\,(T_a - T_1) = \frac{2\,\pi\,L\,k_1}{\ln\left(\dfrac{r_2}{r_1}\right)}\,(T_1 - T_2) = \frac{2\,\pi\,L\,k_2}{\ln\left(\dfrac{r_3}{r_2}\right)}\,(T_2 - T_3) = 2\,\pi\,r_3\,L\,h_f\,(T_3 - T_f)$$

$$(8.3.2.1)$$

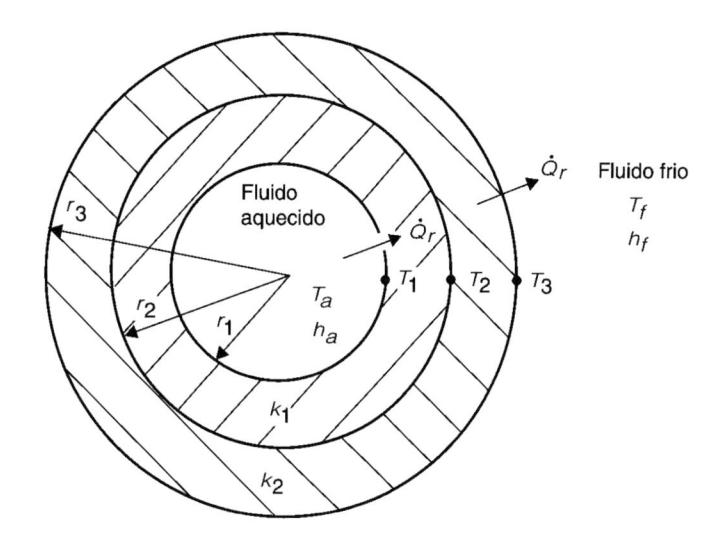

FIGURA 8.6

Esquema de um duto cilíndrico composto com convecção no contorno.

Da Eq. (8.3.2.1) obtêm-se as diferenças de temperatura através do sistema, que são dadas por

$$T_a - T_1 = \dot{Q}_r \left(\frac{1}{2\pi r_1 L h_a} \right) \tag{8.3.2.2}$$

$$T_1 - T_2 = \dot{Q}_r \left(\frac{\ln\left(\dfrac{r_2}{r_1}\right)}{2\pi L k_1} \right) \tag{8.3.2.3}$$

$$T_2 - T_3 = \dot{Q}_r \left(\frac{\ln\left(\dfrac{r_3}{r_2}\right)}{2\pi L k_2} \right) \tag{8.3.2.4}$$

$$T_3 - T_f = \dot{Q}_r \left(\frac{1}{2\pi r_3 L h_f} \right) \tag{8.3.2.5}$$

Somando essas quatro últimas equações, obtém-se

$$T_a - T_f = \dot{Q}_r \left(\frac{1}{2\pi r_1 L h_a} + \frac{\ln\left(\dfrac{r_2}{r_1}\right)}{2\pi L k_1} + \frac{\ln\left(\dfrac{r_3}{r_2}\right)}{2\pi L k_2} + \frac{1}{2\pi r_3 L h_f} \right) \tag{8.3.2.6}$$

de maneira que

$$\dot{Q}_r = \frac{T_a - T_f}{\dfrac{1}{2\pi r_1 L h_a} + \dfrac{\ln\left(\dfrac{r_2}{r_1}\right)}{2\pi L k_1} + \dfrac{\ln\left(\dfrac{r_3}{r_2}\right)}{2\pi L k_2} + \dfrac{1}{2\pi r_3 L h_f}} \tag{8.3.2.7}$$

A Eq. (8.3.2.7) fornece o fluxo de calor (taxa de transferência de calor) $\dot{Q}_r$ na direção radial através da parede cilíndrica composta com convecção no contorno, em função da diferença total de temperatura no sistema considerado, para problemas em regime permanente e sem geração interna de calor.

8.4 CONCEITO DE RESISTÊNCIA TÉRMICA

Observa-se uma analogia entre o fluxo de calor num meio material e a corrente elétrica num fio condutor. Define-se fluxo de calor como a quantidade de calor que atravessa uma superfície por unidade de tempo. A corrente elétrica num fio condutor pode ser definida como a quantidade de carga elétrica que passa pela área da seção reta por unidade de tempo.

A resistência R, entre dois pontos de um condutor elétrico, é definida por

$$R = \frac{\Delta V}{I} \tag{8.4.1}$$

em que:

ΔV é a diferença de potencial entre os pontos; e
I é a corrente elétrica.

Considerando o circuito composto por quatro resistências em série, mostrado no esquema da Figura 8.7, tem-se que a corrente elétrica é dada por

$$I = \frac{V_1 - V_2}{R_1 + R_2 + R_3 + R_4} = \frac{\Delta V}{\sum R} \tag{8.4.2}$$

Para as situações de transferência de calor, em regime permanente e sem geração interna de calor, estudadas nos itens anteriores, pode-se, de uma forma análoga à condução de carga elétrica num condutor, associar resistências térmicas ao sistema.

As resistências térmicas dependem do mecanismo de transferência de calor e da geometria do sistema.

Para a condução unidimensional de calor, que ocorre na direção x, através de parede plana composta com convecção no contorno, estudada no item 8.3.1, pode-se associar as resistências térmicas mostradas no esquema da Figura 8.8, onde as resistências térmicas $R_{T,1}$ e $R_{T,4}$ são relativas ao mecanismo de transferência de calor por convecção entre as superfícies sólidas e os fluidos, e as resistências térmicas $R_{T,2}$ e $R_{T,3}$ são referentes ao mecanismo de condução de calor através das camadas sólidas da parede.

O fluxo de calor $\dot{Q}_x$ através dessa parede plana composta com convecção no contorno é dado pela Eq. (8.3.1.7) como

$$\dot{Q}_x = \frac{T_a - T_f}{\frac{1}{h_a A} + \frac{L_1}{k_1 A} + \frac{L_2}{k_2 A} + \frac{1}{h_f A}} \tag{8.4.3}$$

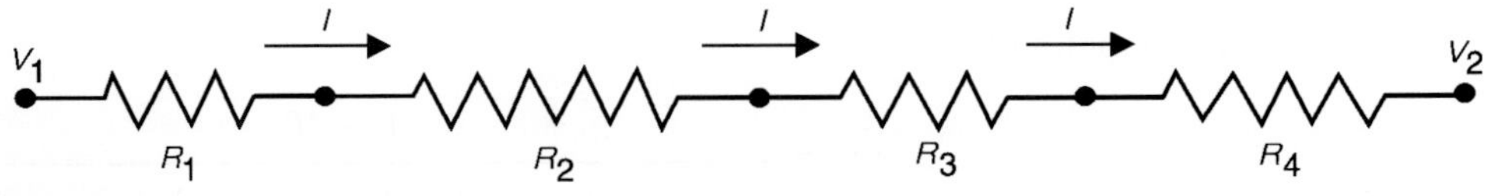

FIGURA 8.7

Esquema de um circuito resistivo em série.

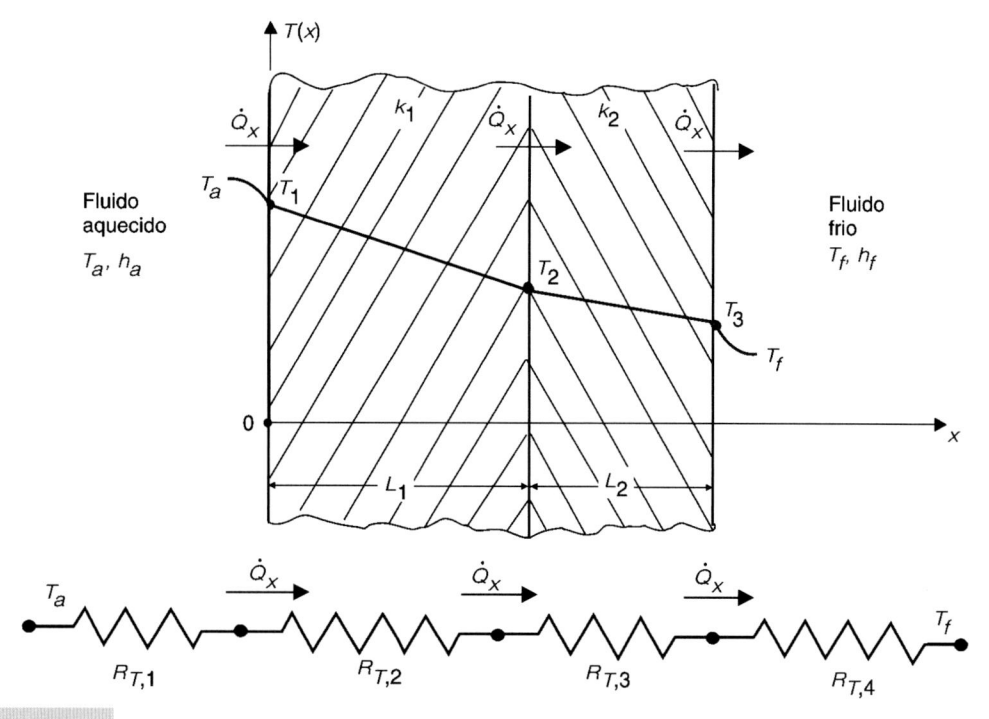

FIGURA 8.8

Esquema das resistências térmicas associadas à transferência de calor numa parede plana composta com convecção no contorno.

que, de forma análoga à Eq. (8.4.2), pode ser escrita como

$$\dot{Q}_x = \frac{\Delta T}{\sum R_T} \tag{8.4.4}$$

em que:

ΔT é a diferença total de temperatura; e

R_T são as resistências térmicas associadas à transferência de calor através dos componentes do sistema.

A Eq. (8.4.3), em comparação com a Eq. (8.4.4), define as resistências térmicas de uma parede plana com convecção no contorno, que são dadas por

$$R_{T,\text{ convecção}} = \frac{1}{hA} \tag{8.4.5}$$

$$R_{T,\text{ condução}} = \frac{L}{kA} \tag{8.4.6}$$

Em algumas situações pode-se ter uma parede composta de camadas colocadas em paralelo submetidas à mesma diferença de temperatura. Quando os materiais das camadas paralelas tiverem condutividades térmicas aproximadamente iguais pode-se considerar que o fluxo de calor através da parede composta será unidimensional, de maneira que para essa situação de duas camadas em paralelo pode-se associar o circuito de resistências térmicas em paralelo mostrado no esquema da Figura 8.9, de forma que a resistência térmica equivalente é dada por

$$\frac{1}{R_T} = \frac{1}{R_{T,1}} + \frac{1}{R_{T,2}} \tag{8.4.7}$$

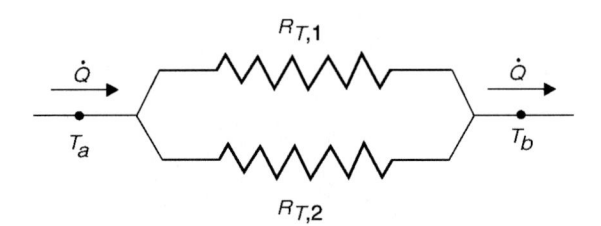

FIGURA 8.9

Esquema de duas resistências térmicas em paralelo.

Para a transferência de calor, em regime permanente e sem geração interna de calor, através de uma parede cilíndrica composta com condução na direção radial e com convecção no contorno, estudada no item 8.3.2, o fluxo de calor $\dot{Q}_r$ é dado pela Eq. (8.3.2.7) como

$$\dot{Q}_r = \frac{T_a - T_f}{\dfrac{1}{2\pi r_1 L h_a} + \dfrac{\ln\left(\dfrac{r_2}{r_1}\right)}{2\pi L k_1} + \dfrac{\ln\left(\dfrac{r_3}{r_2}\right)}{2\pi L k_2} + \dfrac{1}{2\pi r_3 L h_f}} \tag{8.4.8}$$

de forma que a Eq. (8.4.8), em comparação com a Eq. (8.4.4), define as resistências térmicas para a transferência de calor através de parede cilíndrica na direção radial que são dadas por

$$R_{T,\,\text{convecção}} = \frac{1}{2\pi r_s L h} \tag{8.4.9}$$

em que r_s é o raio da superfície considerada e

$$R_{T,\,\text{condução}} = \frac{\ln\left(\dfrac{r_e}{r_i}\right)}{2\pi L k} \tag{8.4.10}$$

em que r_e e r_i são, respectivamente, os raios externo e interno da camada sólida considerada.

Observe que consideramos um contato térmico perfeito entre as camadas sólidas, ou seja, uma resistência térmica de contato nula, de forma que na junção as superfícies das duas camadas têm a mesma temperatura. Em situações reais, geralmente a resistência térmica de contato deve ser considerada e, nesses casos, ocorre uma queda de temperatura na junta entre as camadas sólidas.

A resistência térmica de contato entre duas camadas sólidas é causada basicamente pela rugosidade das superfícies. Na junção existem pontos de contato direto entre os materiais sólidos intercalados por pequenos buracos que ficam cheios de ar estagnado (ou com o fluido ambiente). Assim, a transferência de calor na junta ocorre por condução nas regiões de contato direto entre os materiais sólidos e, também, no fluido que preenche os pequenos buracos originados da rugosidade. Quando a condutividade térmica do fluido que ocupa esses buracos é menor que a condutividade térmica dos materiais das camadas sólidas, resulta uma resistência térmica de contato devido à rugosidade das superfícies.

A resistência térmica de contato pode ser reduzida com uma interface delgada, constituída de um metal mole ou de uma graxa térmica, prensada entre as duas camadas sólidas.

8.5 RAIO CRÍTICO DE ISOLAMENTO

Para a transferência de calor em regime permanente e sem geração interna, na direção radial, através de um duto cilíndrico com convecção na superfície externa, as resistências térmicas do sistema foram definidas pelas Eqs. (8.4.9) e (8.4.10), e são dadas por

$$R_{T,\text{convecção}} = \frac{1}{2\,\pi\,r_e\,L\,h} \tag{8.5.1}$$

e

$$R_{T,\text{condução}} = \frac{\ln\left(r_e/r_i\right)}{2\pi L k} \tag{8.5.2}$$

Nas situações de transferência de calor na direção radial com mecanismo combinado de condução na camada sólida e convecção na superfície externa, verifica-se que um aumento na espessura da parede cilíndrica produz efeitos opostos sobre o fluxo de calor, pois um acréscimo de espessura causa uma diminuição na resistência térmica de convecção e um aumento na resistência térmica de condução. Assim, um acréscimo na espessura da parede cilíndrica pode causar um aumento ou uma diminuição do fluxo de calor, dependendo do efeito combinado devido às correspondentes variações das resistências térmicas de condução e de convecção.

Em muitas situações práticas, os dutos cilíndricos são revestidos com uma camada de isolante para reduzir a perda de calor para o ambiente. Analisando as Eqs. (8.5.1) e (8.5.2) observa-se que, para um sistema com as mesmas condições térmicas, um acréscimo na espessura da camada de isolante (aumento do raio externo) diminui a resistência térmica de convecção e aumenta a resistência térmica de condução, de forma que para algumas situações o acréscimo na espessura de isolamento sobre um duto cilíndrico pode aumentar o fluxo de calor (perda de calor para o ambiente).

Consideremos uma camada de isolante, com raio interno r_i e raio externo r_e e constituída por um material com condutividade térmica k_I, colocada sobre um duto cilíndrico que perde calor para o ar ambiente conforme é mostrado no esquema da Figura 8.10.

Se a temperatura da superfície interna do isolante é T_i constante e a superfície externa está em contato com o ar ambiente que mantém temperatura T_∞ constante com coeficiente de transferência de calor por convecção h, o fluxo de calor transferido do duto para o ar ambiente através do isolante é determinado por

$$\dot{Q}_r = \frac{\Delta T}{\sum R_T} = \frac{T_i - T_\infty}{\dfrac{\ln\left(r_e/r_i\right)}{2\pi L k_I} + \dfrac{1}{2\pi r_e L h}} \tag{8.5.3}$$

Um acréscimo no raio externo r_e aumenta a resistência térmica de condução e diminui a resistência térmica de convecção. Existe um chamado *raio crítico de isolamento*, representado por r_{ec}, para o qual o fluxo de calor $\dot{Q}_r$ é máximo.

Se para o raio crítico de isolamento r_{ec} o fluxo de calor é um máximo, tem-se que

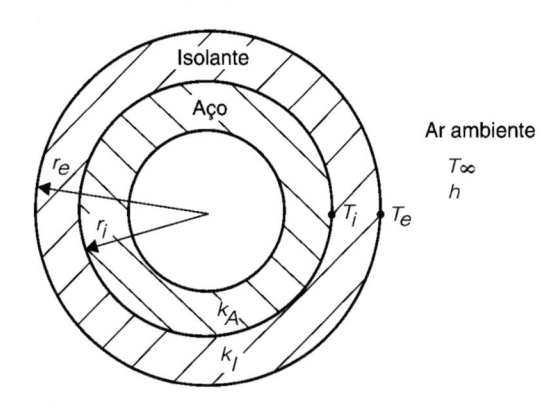

FIGURA 8.10

Esquema de um duto cilíndrico, revestido com uma camada de isolante, que perde calor por convecção para o ar ambiente.

$$\left. \frac{d\dot{Q}_r}{d r_e} \right|_{r_e = r_{ec}} = 0 \tag{8.5.4}$$

de forma que obtém-se

$$\frac{-2\pi L (T_i - T_\infty)}{\left[\dfrac{\ln\left(r_{ec}/r_i\right)}{k_I} + \dfrac{1}{h\, r_{ec}} \right]^2} \left(\frac{1}{k_I\, r_{ec}} - \frac{1}{h\, r_{ec}^2} \right) = 0 \tag{8.5.5}$$

resultando que o raio crítico de isolamento é dado por

$$r_{ec} = \frac{k_I}{h} \tag{8.5.6}$$

O raio crítico de isolamento é o raio da superfície externa da camada de isolante correspondente à espessura que maximiza o fluxo de calor. Assim, tem-se a seguinte significação: mantidas constantes as outras condições do problema, se o raio externo r_e for menor que o raio crítico de isolamento r_{ec}, um acréscimo na espessura da camada de isolante aumentará o fluxo de calor até que o raio externo r_e seja igual a r_{ec}; e se o raio externo r_e for maior que o raio crítico r_{ec}, qualquer aumento na espessura do isolante diminuirá o fluxo de calor que passa do duto para o ar ambiente.

■ **Exemplo 8.3** Um duto cilíndrico com raio externo $r_1 = 2$ cm com sua superfície à temperatura $T_1 = 120°C$, constante, cede calor para o ar ambiente, que mantém temperatura $T_\infty = 25°C$, constante, com coeficiente de transferência de calor por convecção $h = 4\ \dfrac{W}{m^2 \cdot °C}$. Para reduzir a perda de calor, reveste-se o duto com uma camada cilíndrica de isolante com condutividade térmica $k_I = 0,15\ \dfrac{W}{m \cdot °C}$. Considerando um contato térmico perfeito entre o duto e o isolante, determine:

a) o raio crítico de isolamento; e

b) o fluxo de calor perdido para o ar ambiente, por comprimento unitário do duto, para os casos de:

  b-1) duto sem isolamento;
  b-2) duto revestido com uma camada de isolante de raio externo igual ao raio crítico r_{ec}; e
  b-3) duto revestido com uma camada de isolante de raio externo $r_e = 3\, r_{ec}$.

Têm-se os seguintes dados:

$$r_1 = 0,02\ m$$

$$T_1 = 120°C$$

$$T_\infty = 25°C$$

$$h = 4\ \frac{W}{m^2 \cdot °C}$$

$$k_I = 0,15\ \frac{W}{m \cdot °C}$$

a) Cálculo do raio crítico de isolamento r_{ec}:

$$r_{ec} = \frac{k_I}{h} = 0,038\ m = 3,8\ cm$$

b-1) Determinação do fluxo de calor, por comprimento unitário do duto, para o caso sem isolamento:

Ocorre convecção entre a superfície externa do duto e o ar ambiente, de forma que, com a aplicação da lei de Newton para o resfriamento, obtém-se

$$\left.\frac{\dot{Q}_r}{L}\right|_{si} = 2\pi\, r_1\, h\,(T_1 - T_\infty) = 47{,}8\ \text{W}\big/\text{m}$$

b-2) Determinação do fluxo de calor perdido para o ar ambiente, por comprimento unitário do duto, para o caso com camada de isolante de raio externo igual ao raio crítico r_{ec}:

Considerando a transferência de calor com mecanismo combinado de condução através do isolante e de convecção do isolante para o ar ambiente, tem-se

$$\left.\frac{\dot{Q}_r}{L}\right|_{r_e=r_{ec}} = \frac{T_1 - T_\infty}{\dfrac{\ln\left(r_{ec}\big/r_1\right)}{2\pi\, k_I} + \dfrac{1}{2\pi\, r_{ec}\, h}} = 55\ \text{W}\big/\text{m}$$

Observe que o fluxo de calor nessa situação com camada de isolante de raio externo igual ao raio crítico de isolamento é maior do que no caso do duto sem revestimento.

b-3) Determinação do fluxo de calor, por comprimento unitário, para o caso do duto revestido com uma camada de isolante de raio externo $r_e = 3\, r_{ec}$:

Considerando o mecanismo combinado de condução através do isolante e de convecção do isolante para o ar ambiente, tem-se

$$\left.\frac{\dot{Q}_r}{L}\right|_{r_e=3\,r_{ec}} = \frac{T_1 - T_\infty}{\dfrac{\ln\left(3\,r_{ec}\big/r_1\right)}{2\pi\, k_I} + \dfrac{1}{2\pi\,(3\,r_{ec})\, h}} = 43{,}2\ \text{W}\big/\text{m}$$

Observe que com essa espessura de isolamento o fluxo de calor perdido para o ar ambiente é menor do que nos dois casos anteriores.

8.6 BIBLIOGRAFIA

BENNETT, C. O.; MYERS, J. E. *Fenômenos de Transporte*. São Paulo: McGraw-Hill do Brasil, 1978.

BIRD, R. B.; STEWART, W. E.; LIGHTFOOT, E. N. *Transport Phenomena*. John Wiley, 1960.

HOLMAN, J. P. *Transferência de Calor*. São Paulo: McGraw-Hill do Brasil, 1983.

INCROPERA, F. P.; DEWITT, D. P. *Fundamentos de Transferência de Calor e de Massa*. Rio de Janeiro: Guanabara Koogan, 1992.

ÖZISIK, M. N. *Transferência de Calor — Um Texto Básico*. Rio de Janeiro: Guanabara Koogan, 1990.

SISSOM, L. E.; PITTS, D. R. *Fenômenos de Transporte*. Rio de Janeiro: Guanabara Dois, 1979.

WELTY, J. R.; WICKS, C. E.; WILSON, R. E. *Fundamentals of Momentum, Heat and Mass Transfer*. John Wiley, 1976.

8.7 PROBLEMAS

8.1 Considere uma parede plana de espessura $L = 20$ cm constituída de tijolos com condutividade térmica $k_t = 0{,}69\ \dfrac{\text{W}}{\text{m}\cdot{}^\circ\text{C}}$. A superfície esquerda é mantida à temperatura $T_0 = 25{}^\circ\text{C}$, enquanto a superfície direita permanece com temperatura $T_L = 10{}^\circ\text{C}$. Considerando um eixo x perpendicular às superfícies e com origem na superfície esquerda, determine, com o uso da equação da difusão de calor, a distribuição de temperatura $T(x)$ e a densidade de fluxo de calor que atravessa a parede.

Resp.: $T(x) = 25{}^\circ\text{C} - \left(75\ \dfrac{{}^\circ\text{C}}{\text{m}}\right)x;\ q_x = 51{,}8\ \dfrac{\text{W}}{\text{m}^2}$

8.2 Considere uma placa plana de vidro de espessura $L = 1$ cm e condutividade térmica $k_v = 0,78 \dfrac{W}{m \cdot °C}$. A superfície esquerda é mantida à temperatura $T_0 = 25°C$, enquanto a superfície direita permanece com temperatura $T_L = 10°C$. Determine a densidade de fluxo de calor que atravessa a placa de vidro.

Resp.: $q_x = 1170 \dfrac{W}{m^2}$

8.3 A Figura 8.11 mostra um esquema de uma placa de mármore de espessura $L = 2$ cm e condutividade térmica $k_M = 2,5 \dfrac{W}{m \cdot °C}$. A superfície esquerda da placa é mantida à temperatura $T(0) = 30°C$, enquanto a superfície direita permanece com temperatura $T(L) = 20°C$. Determine, por meio da integração da equação de Fourier para a condução:

    a) a densidade de fluxo de calor que atravessa a placa; e

    b) a distribuição de temperatura $T(x)$ na placa.

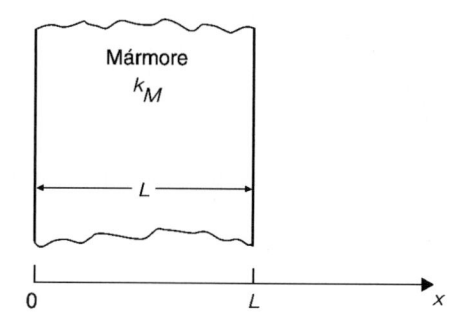

Mármore
k_M

FIGURA 8.11

Resp.: a) $q = 1250 \dfrac{W}{m^2}$ b) $T(x) = 30°C - \left(500\dfrac{°C}{m}\right)x$

8.4 A Figura 8.12 mostra um esquema de um duto cilíndrico de raios interno R_i e externo R_e. A superfície interna é mantida à temperatura T_i, enquanto a superfície externa permanece com temperatura T_e, constantes, sendo $T_i > T_e$. A parede da tubulação é constituída por um material de condutividade térmica k que varia linearmente com a temperatura segundo a função $k = k_0 (1 + cT)$, em que k_0 e c são constantes. Determine o fluxo de calor por comprimento unitário do duto.

Resp.: $\dfrac{\dot{Q}_r}{L} = \dfrac{2\,\pi\,k_0}{\ln\left(\dfrac{R_e}{R_i}\right)}\left[(T_i - T_e) + \dfrac{c}{2}\,(T_i^2 - T_e^2)\right]$

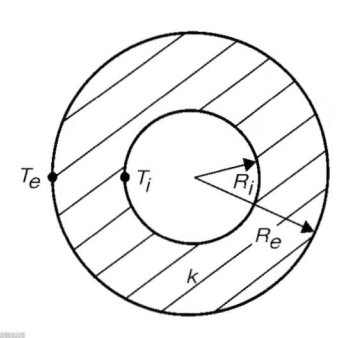

FIGURA 8.12

8.5 Considere uma parede plana de espessura L, com um eixo x perpendicular às suas superfícies, tendo sua superfície esquerda, situada em $x = 0$, mantida à temperatura T_0 constante, enquanto sua superfície direita, localizada em $x = L$, permanece com temperatura T_L constante, sendo $T_0 > T_L$. A condutividade térmica varia com a temperatura segundo a relação $k = k_0 (1 + cT)$, em que k_0 e c são constantes, e a área da seção transversal decresce linearmente de um valor A_0 em $x = 0$ até A_L em $x = L$. Considerando que a condução de calor é unidimensional (na direção x), determine o fluxo de calor (taxa de transferência de calor).

Resp.:

$$\dot{Q}_x = \dfrac{A_0\,k_0\left(1 - \dfrac{A_L}{A_0}\right)}{L\,\ln\left(\dfrac{A_0}{A_L}\right)}\left[(T_0 - T_L) + \dfrac{c}{2}\,(T_0^2 - T_L^2)\right]$$

8.6 Uma janela é constituída de um vidro de espessura $L_v = 4$ mm e condutividade térmica $k_v = 0,78\dfrac{W}{m \cdot °C}$. O ar externo permanece com temperatura $T_{ar,\,e} = 10°C$ e coeficiente de transferência de calor por convecção $h_e = 12\dfrac{W}{m^2 \cdot °C}$. Um sistema de aquecimento mantém o ar do ambiente interno à temperatura $T_{ar,\,i} = 25°C$. O coeficiente de transferência de calor por convecção do ar interno é $h_i = 5\dfrac{W}{m^2 \cdot °C}$. Determine a densidade de fluxo de calor que passa através da janela.

Resp.: $q = 52\dfrac{W}{m^2}$

8.7 Considere a situação física do problema anterior. Para diminuir a perda de calor do ambiente interno para o ar externo, foi instalada uma janela dupla constituída de dois vidros idênticos separados por uma camada de ar em repouso de espessura $L_{ar} = 1,0$ cm e condutividade térmica $k_{ar} = 0,025 \dfrac{W}{m \cdot °C}$. Para a mesma diferença de temperatura $T_{ar,\,i} - T_{ar,\,e} = 15°C$ e para o mesmo vidro do Problema 8.6:

a) determine a densidade de fluxo de calor que passa através da janela dupla; e

b) compare esse resultado com a densidade de fluxo de calor que passa através da janela de somente um vidro do Problema 8.6, e analise a questão considerando o ponto de vista da conservação de energia.

Resp.: a) $q = 21,6 \dfrac{W}{m^2}$

8.8 Água quente, com temperatura T_A constante, escoa no interior de um duto de aço de raio interno R_i, raio externo R_e e comprimento L. O duto está em contato com o ar ambiente, que mantém temperatura T_{ar} constante. Sendo $k_{aço}$ a condutividade térmica do aço, h_A o coeficiente de transferência de calor por convecção da água e h_{ar} o coeficiente de transferência de calor por convecção do ar, determine:

a) o fluxo de calor, por comprimento unitário do duto, que passa da água para o ar ambiente; e

b) a distribuição de temperatura na parede do duto.

8.9 Água quente com temperatura $T_a = 80°C$ escoa no interior de um duto de aço de raio interno $R_i = 2$ cm, raio externo $R_e = 2,3$ cm e comprimento $L = 5$ m. O duto está em contato com o ar ambiente, que mantém temperatura $T_{ar} = 25°C$. Sendo a condutividade térmica do aço $k_{aço} = 40 \dfrac{W}{m \cdot °C}$, o coeficiente de transferência de calor por convecção da água $h_a = 4000 \dfrac{W}{m^2 \cdot °C}$ e o coeficiente de transferência de calor por convecção do ar $h_{ar} = 10 \dfrac{W}{m^2 \cdot °C}$, determine:

a) o fluxo de calor que passa da água para o ar ambiente;

b) as densidades de fluxo de calor nas superfícies interna e externa do duto; e

c) a temperatura na superfície externa do duto.

Resp.: a) $\dot{Q}_r = 396$ W; b) $q\big|_{r=R_i} = 628,6 \dfrac{W}{m^2}$ e

$q\big|_{r=R_e} = 550 \dfrac{W}{m^2}$; c) $T_e = 79,8°C$

8.10 Água quente escoa com temperatura constante no interior de um duto de aço, de forma que a temperatura da superfície interna do duto é T_1 constante, conforme é mostrado no esquema da Figura 8.13. Para diminuir a perda de calor para o ar ambiente, o duto está revestido com uma camada de isolante térmico. Considere que o ar ambiente permanece com temperatura T_∞ e coeficiente de transferência de calor por convecção h_∞.

a) Deduza a equação que fornece o fluxo de calor, que passa da água para o ar ambiente, em função da diferença de temperatura $(T_1 - T_\infty)$; e

b) Determine a distribuição de temperatura $T(r)$ na camada de isolante.

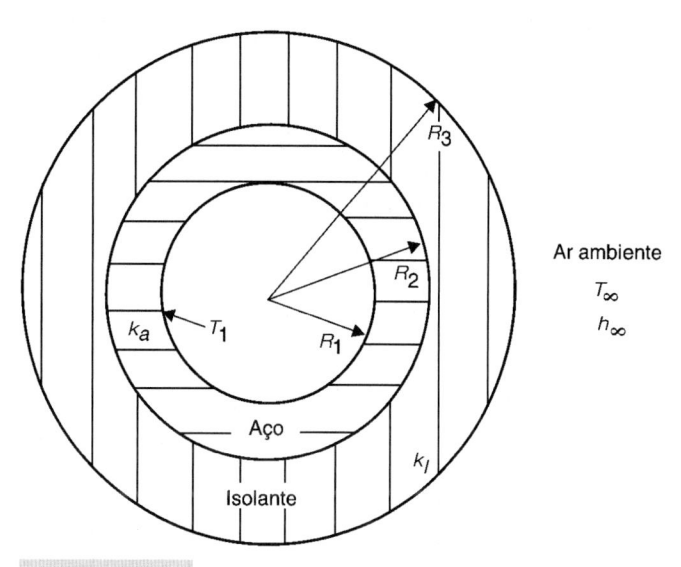

FIGURA 8.13

8.11 A Figura 8.14 mostra um esquema da parede plana composta de um forno. A superfície interna da parede composta é mantida à temperatura T_0, enquanto a superfície externa está em contato com o ar ambiente, que permanece com temperatura T_∞ constante e coeficiente de transferência de calor por convecção h. Considerando que a condução de calor é unidimensional, determine:

a) a densidade de fluxo de calor que passa do forno para o ar ambiente; e

b) a temperatura na junção cerâmica-aço.

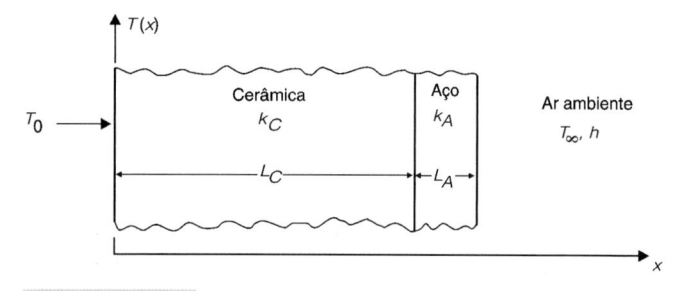

FIGURA 8.14

8.12 A Figura 8.15 mostra um esquema de uma parede plana composta constituída de uma camada de espessura L_1 de um material com condutividade térmica k_1 e outra camada de um material com condutividade térmica k_2. A superfície esquerda é mantida à temperatura T_0 constante, enquanto a outra superfície da parede composta está em contato com o ar ambiente, que permanece com temperatura T_∞, constante e coeficiente de transferência de calor por convecção h. Determine a espessura L_2 da camada com condutividade térmica k_2 para que a junção entre as camadas sólidas mantenha-se a uma dada temperatura T_1.

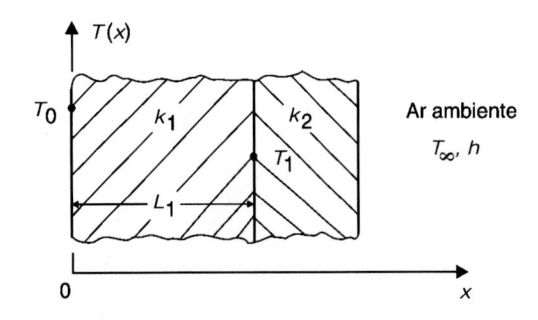

FIGURA 8.15

Resp.: $L_2 = \dfrac{k_2 L_1}{k_1}\left(\dfrac{T_1 - T_\infty}{T_0 - T_1}\right) - \dfrac{k_2}{h}$

8.13 A parede plana de um forno industrial é constituída de uma camada de tijolos refratários de espessura $L_1 = 20$ cm com condutividade térmica $k_1 = 1,05 \dfrac{W}{m \cdot {}^\circ C}$ e uma camada externa de um material isolante com condutividade térmica $k_2 = 0,04 \dfrac{W}{m \cdot {}^\circ C}$. O ar interno é mantido com temperatura $T_{ar,i} = 800^\circ C$, constante, com coeficiente de transferência de calor por convecção $h_i = 30 \dfrac{W}{m^2 \cdot {}^\circ C}$. Considerando contato térmico perfeito entre os materiais sólidos, determine a espessura L_2 da camada de isolante para que a temperatura da superfície externa da parede do forno seja $T_e = 40^\circ C$ com uma perda de calor do forno para o ar ambiente de $500 \dfrac{W}{m^2}$.

Resp.: $L_2 = 5,2$ cm

8.14 A Figura 8.16 mostra um esquema da parede plana de um refrigerador que consiste em uma folha externa de aço com espessura L_A e condutividade térmica k_A e de uma folha interna de plástico com espessura L_p e condutividade térmica k_p. Entre essas folhas há uma camada de lã de vidro com condutividade térmica k_v, conforme é mostrado no esquema da Figura 8.16. O refrigerador foi projetado para manter o ar interno com temperatura T_i constante, enquanto o ar ambiente permanece com temperatura T_∞ constante. A área total da parede é A e o equipamento de refrigeração retira do interior um fluxo de calor $\dot{Q}$. Os co-

eficientes de transferência de calor por convecção do ar interno e do ar ambiente externo são, respectivamente, h_i e h_∞. Determine:

a) a espessura L_v da camada de lã de vidro necessária para que a temperatura interna seja T_i;

b) a temperatura na junção plástico-lã de vidro; e

c) a distribuição de temperatura na camada de lã de vidro.

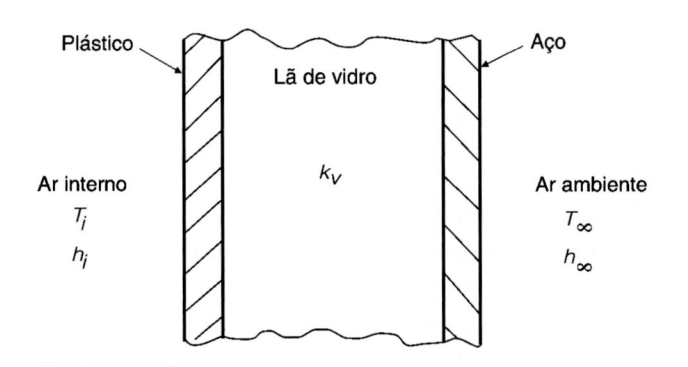

FIGURA 8.16

Resp.:

a) $L_v = \dfrac{k_v A(T_\infty - T_i)}{\dot{Q}} - k_v\left(\dfrac{1}{h_\infty} + \dfrac{L_A}{k_A} + \dfrac{L_p}{k_p} + \dfrac{1}{h_i}\right)$

b) $T_{pL} = T_i + \dfrac{\dot{Q}}{A}\left(\dfrac{L_p}{k_p} + \dfrac{1}{h_i}\right)$

c) $T_v(x) = T_{pL} + \dfrac{\dot{Q}}{k_v A}x$

8.15 A parede plana de uma câmara frigorífica é composta de uma chapa externa de aço de espessura $L_A = 2$ mm com condutividade térmica $k_A = 40 \dfrac{W}{m \cdot {}^\circ C}$ e de uma chapa interna de plástico de espessura $L_p = 3$ mm com condutividade térmica $k_p = 0,20 \dfrac{W}{m \cdot {}^\circ C}$. Entre essas chapas há uma camada de lã de vidro de espessura $L_{lv} = 5$ cm e condutividade térmica $k_{lv} = 0,04 \dfrac{W}{m \cdot {}^\circ C}$. A área total da parede da câmara é $A = 30$ m². A chapa de aço está em contato com o ar ambiente, que permanece com temperatura $T_{ar} = 25^\circ C$ e coeficiente de transferência de calor por convecção $h_{ar} = 4 \dfrac{W}{m^2 \cdot {}^\circ C}$. Considere que a condução de calor é unidimensional e em regime permanente. Determine a quantidade de calor que o equipamento de refrigeração deve retirar por minuto do interior da câmara frigorífica, para que a superfície da chapa de plástico que está em contato com o ar interno permaneça à temperatura $T_{p,i} = -10^\circ C$.

Resp.: $41.580 \dfrac{\text{J}}{\text{min}}$

8.16 A Figura 8.17 mostra um esquema do fundo de uma cafeteira elétrica constituído de uma parede plana, composta de uma chapa de aço com espessura $L_A = 2$ mm e condutividade térmica $k_A = 40 \dfrac{\text{W}}{\text{m} \cdot {}^\circ\text{C}}$, e de uma chapa de isolante com espessura $L_I = 4$ mm e condutividade térmica $k_I = 0,06 \dfrac{\text{W}}{\text{m} \cdot {}^\circ\text{C}}$. Entre as placas de aço e de isolante há uma resistência elétrica (R.E.) que dissipa uma potência de 800 W. Considere a situação de regime permanente com a água em ebulição à temperatura $T_{\text{água}} = 100°\text{C}$ e com coeficiente de transferência de calor por convecção $h_{\text{água}} = 3000 \dfrac{\text{W}}{\text{m}^2 \cdot {}^\circ\text{C}}$, enquanto o ar ambiente que está em contato com o isolante permanece com temperatura $T_{\text{ar}} = 25°\text{C}$ e coeficiente de transferência de calor por convecção $h_{\text{ar}} = 10 \dfrac{\text{W}}{\text{m}^2 \cdot {}^\circ\text{C}}$. Considerando um contato térmico perfeito entre a resistência elétrica e as chapas de aço e de isolante e que o fundo da cafeteira tem área $A = 0,018 \text{ m}^2$, determine:

a) a temperatura T_R da resistência elétrica; e

b) o fluxo de calor $\dot{Q}_{\text{ar}}$ perdido para o ar através da chapa de isolante.

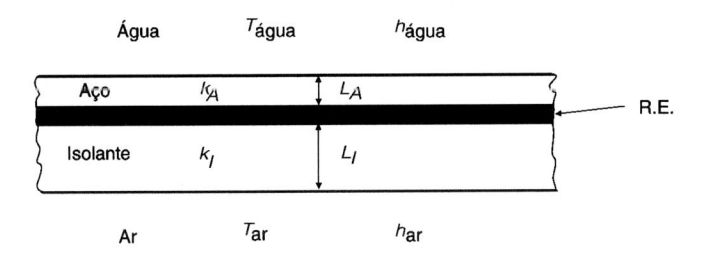

FIGURA 8.17

Resp.: a) $T_R = 116,8°\text{C}$

b) $\dot{Q}_{\text{ar}} = 9,9$ W

8.17 Água quente escoa no interior de uma tubulação cilíndrica, de raios interno $R_i = 1$ cm e externo $R_e = 1,3$ cm, constituída de aço com condutividade térmica $k_{\text{aço}} = 40 \dfrac{\text{W}}{\text{m} \cdot {}^\circ\text{C}}$. A superfície interna desse duto permanece à temperatura $T_i = 90°\text{C}$. O ar ambiente ao redor da tubulação permanece com temperatura $T_{\text{ar}} = 25°\text{C}$ e coeficiente de transferência de calor por convecção $h_{\text{ar}} = 5 \dfrac{\text{W}}{\text{m}^2 \cdot {}^\circ\text{C}}$.

a) Determine o fluxo de calor, por unidade de comprimento do duto, que é perdido para o ar ambiente;

b) Para diminuir a perda de calor, reveste-se a tubulaçãôÛom uma camada de amianto de condutividade térmica $k_{\text{am}} = 0,16 \dfrac{\text{W}}{\text{m} \cdot {}^\circ\text{C}}$. Determine o raio crítico de isolamento e o fluxo de calor, por unidade de comprimento do duto, perdido para o ar ambiente através de uma camada de amianto com raio externo igual ao raio crítico de isolamento.

c) Determine o fluxo de calor, por unidade de comprimento do duto, perdido para o ar ambiente através de um revestimento de amianto com espessura igual a 12 cm.

Resp.: a) $\dfrac{\dot{Q}_r}{L} = 26,5 \dfrac{\text{W}}{\text{m}}$

b) $r_{ec} = 3,2$ cm; $\dfrac{\dot{Q}_r}{L} = 34,2 \dfrac{\text{W}}{\text{m}}$

c) $\dfrac{\dot{Q}_r}{L} = 25,4 \dfrac{\text{W}}{\text{m}}$

8.18 A Figura 8.18 mostra um esquema, simplificado e fora de escala, de uma aleta delgada cilíndrica de diâmetro D, que se estende de uma parede plana, constituída de um material com condutividade térmica k. A base da aleta está à temperatura T_0 constante. O ar ambiente ao redor da aleta permanece com temperatura T_∞ constante e coeficiente de transferência de calor por convecção h. Considerando que a temperatura é uniforme nas seções transversais, ou seja, que ao longo da aleta delgada tem-se $T = T(x)$, deduza, por meio de um balanço de energia térmica para o elemento de volume de comprimento Δx da aleta, fazendo o limite quando Δx tende a zero, a equação

$$\frac{d^2T}{dx^2} - \frac{4h}{kD}(T - T_\infty) = 0$$

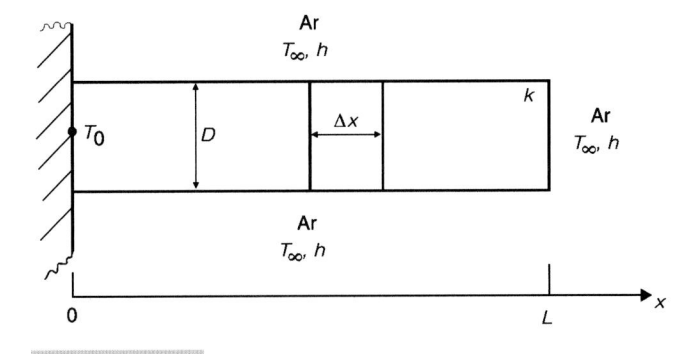

FIGURA 8.18

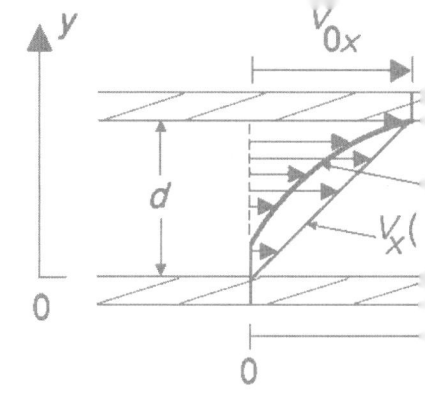

9 Introdução à Condução de Calor em Regime Transiente

9.1 INTRODUÇÃO

Existem muitas situações físicas nas quais as condições térmicas variam com o tempo, resultando em distribuições não permanentes de temperatura. Neste capítulo, deduziremos a equação diferencial da condução de calor cuja solução, submetida às condições de contorno e inicial do problema, fornece a distribuição de temperatura no sistema considerado. Com o conhecimento do campo de temperatura pode-se, com o uso da equação de Fourier para a condução, determinar a densidade de fluxo de calor em qualquer ponto da região de definição do problema para um determinado instante de tempo.

O objetivo principal deste capítulo é estudar a formulação de problemas simples de condução de calor em regime não permanente. A formulação de um problema de transiente térmico consiste na especificação da equação diferencial e das condições de contorno e inicial que descrevem o problema em estudo.

Existem vários métodos de resolução da equação diferencial da difusão de calor. Neste capítulo, além de estudarmos a formulação de transientes térmicos, trataremos da resolução da equação da difusão de calor com a utilização do método de separação de variáveis para problemas unidimensionais simples.

9.2 EQUAÇÃO DA CONDUÇÃO DE CALOR

Para a dedução da equação geral da condução de calor, consideremos um elemento de volume cúbico infinitesimal, de volume $dxdydz$, isolado de um corpo sólido com massa específica ρ, condutividade térmica k e calor específico c_p, com faces paralelas aos planos coordenados, conforme é mostrado no esquema da Figura 9.1.

Consideremos, também, que existe uma distribuição não uniforme de temperatura $T = T(x, y, z, t)$, de forma que ocorrem as densidades de fluxo de calor por condução mostradas no esquema da Figura 9.1 através das superfícies do elemento e que esse meio possui fontes de geração interna de calor produzindo uma taxa de geração de calor por unidade de volume representada por $\dot{g}(x, y, z, t)$.

Tem-se o seguinte balanço de energia térmica, para o elemento de volume:

$$\begin{pmatrix} \text{fluxo líquido do} \\ \text{calor que entra} \\ \text{por condução no} \\ \text{elemento de volume} \end{pmatrix} + \begin{pmatrix} \text{taxa de geração de} \\ \text{calor dentro do} \\ \text{elemento de volume} \end{pmatrix} = \begin{pmatrix} \text{taxa de variação da} \\ \text{energia interna no} \\ \text{elemento de volume} \end{pmatrix} \qquad (9.2.1)$$

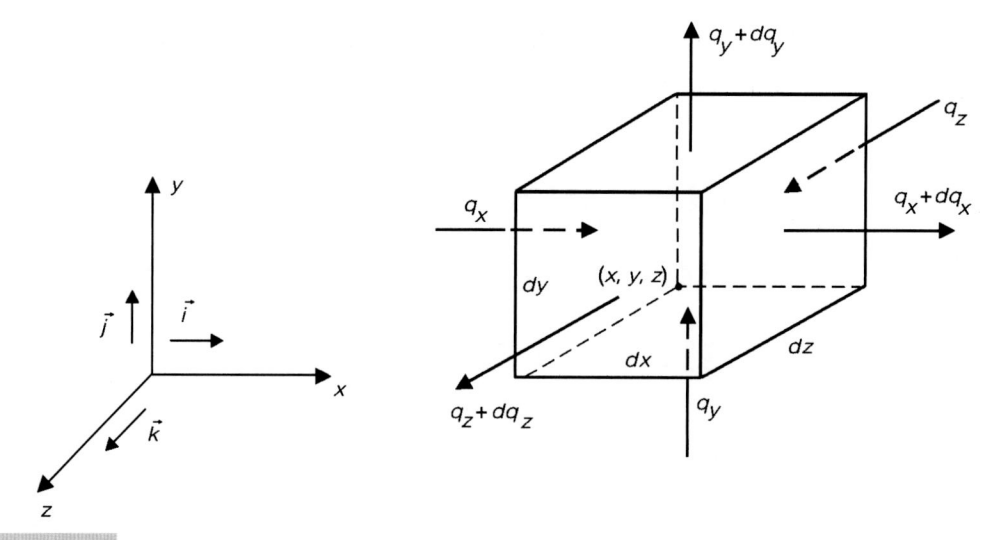

FIGURA 9.1

Esquema mostrando as densidades de fluxo de calor por condução nas superfícies de um elemento de volume cúbico.

O fluxo líquido de calor que entra por condução no elemento de volume é dado pelo fluxo que entra menos o fluxo que sai através de toda a superfície do elemento considerado, ou seja,

$$\begin{pmatrix} \text{fluxo líquido de} \\ \text{calor que entra} \\ \text{por condução no} \\ \text{elemento de volume} \end{pmatrix} = [q_x - (q_x + dq_x)]\,dydz + [q_y - (q_y + dq_y)]\,dxdz + \qquad (9.2.2)$$
$$+\,[q_z - (q_z + dq_z)]\,dxdy$$

resultando que

$$\begin{pmatrix} \text{fluxo líquido de} \\ \text{calor que entra} \\ \text{por condução no} \\ \text{elemento de volume} \end{pmatrix} = -\,dq_x\,dydz - dq_y\,dxdz - dq_z\,dxdy \qquad (9.2.3)$$

A geração interna de calor consiste em um processo de conversão de algum tipo de energia (química, elétrica ou nuclear) em calor. Sendo $\dot{g}\,(x, y, z, t)$ a taxa de geração interna de calor por unidade de volume, tem-se que

$$\begin{pmatrix} \text{taxa de geração de} \\ \text{calor dentro do} \\ \text{elemento de volume} \end{pmatrix} = \dot{g}\,(x,\ y,\ z,\ t)\,dxdydz \qquad (9.2.4)$$

A taxa de variação da energia interna no elemento de volume está relacionada com a taxa de variação da temperatura. Sendo ρ a massa específica do meio, tem-se que

$$\begin{pmatrix} \text{taxa de variação de} \\ \text{energia interna no} \\ \text{elemento de volume} \end{pmatrix} = \rho\,dxdydz\,c_p\,\frac{\partial T}{\partial t} \qquad (9.2.5)$$

Assim, o balanço de energia para o elemento de volume, dado pela Eq. (9.2.1), fica sendo

$$-\,dq_x\,dydz - dq_y\,dxdz - dq_z\,dxdy + \dot{g}\,(x, y, z, t)\,dxdydz = \rho\,dxdydz\,c_p\,\frac{\partial T}{\partial t} \qquad (9.2.6)$$

Dividindo a Eq. (9.2.6) pelo volume $dxdydz$ do elemento considerado e utilizando diferenciação parcial, pois $T = T(x, y, z, t)$, obtém-se

$$-\frac{\partial q_x}{\partial x} - \frac{\partial q_y}{\partial y} - \frac{\partial q_z}{\partial z} + \dot{g}(x, y, z, t) = \rho \, c_p \, \frac{\partial T}{\partial t} \tag{9.2.7}$$

As densidades de fluxo de calor por condução nas direções x, y e z, que são determinadas com o uso da equação de Fourier para a condução, são dadas pelas equações

$$q_x = -k \, \frac{\partial T}{\partial x} \tag{9.2.8a}$$

$$q_y = -k \, \frac{\partial T}{\partial y} \tag{9.2.8b}$$

$$q_z = -k \, \frac{\partial T}{\partial z} \tag{9.2.8c}$$

de maneira que a Eq. (9.2.7) fica sendo

$$\frac{\partial}{\partial x}\left(k \, \frac{\partial T}{\partial x}\right) + \frac{\partial}{\partial y}\left(k \, \frac{\partial T}{\partial y}\right) + \frac{\partial}{\partial z}\left(k \, \frac{\partial T}{\partial z}\right) + \dot{g}(x, y, z, t) = \rho \, c_p \, \frac{\partial T}{\partial t} \tag{9.2.9}$$

Essa Eq. (9.2.9) é a *equação geral da condução de calor* em coordenadas retangulares, que pode ser escrita numa forma mais compacta como

$$\vec{\nabla} \cdot (k \, \vec{\nabla} T) + \dot{g}(x, y, z, t) = \rho \, c_p \, \frac{\partial T}{\partial t} \tag{9.2.10}$$

em que:

$$\vec{\nabla} = \frac{\partial}{\partial x} \, \vec{i} + \frac{\partial}{\partial y} \, \vec{j} + \frac{\partial}{\partial z} \, \vec{k}; \qquad e \qquad \vec{\nabla} T = \frac{\partial T}{\partial x} \, \vec{i} + \frac{\partial T}{\partial y} \, \vec{j} + \frac{\partial T}{\partial z} \, \vec{k}$$

A solução da equação diferencial da condução de calor, submetida às condições de contorno e inicial do problema, fornece a distribuição de temperatura.

Casos Particulares da Equação da Condução de Calor

- Condutividade térmica k constante

Para as situações em que k = constante, a Eq. (9.2.10) fica sendo

$$\nabla^2 T + \frac{\dot{g}(x, y, z, t)}{k} = \frac{1}{\alpha} \, \frac{\partial T}{\partial t} \tag{9.2.11}$$

em que:

$$\nabla^2 T = \frac{\partial^2 T}{\partial x^2} + \frac{\partial^2 T}{\partial y^2} + \frac{\partial^2 T}{\partial z^2}; \quad e$$

α é a difusividade térmica do material, definida como

$$\alpha = \frac{k}{\rho \, c_p} \tag{9.2.12}$$

A difusividade térmica α indica a relação entre a capacidade do material em transferir calor por condução e a capacidade desse material em armazenar energia térmica.

- Condutividade térmica k constante e sem fontes de geração interna de calor

Quando k = constante e $\dot{g}\,(x, y, z, t) = 0$, a equação da condução de calor se reduz a

$$\nabla^2 T = \frac{1}{\alpha}\,\frac{\partial T}{\partial t} \tag{9.2.13}$$

Essa Eq. (9.2.13) é conhecida como *equação da difusão de calor*.

- Condução em regime permanente, com condutividade térmica k constante e com geração interna de calor

Para regime permanente tem-se que a distribuição de temperatura é invariável com o tempo, ou seja, $\dfrac{\partial T}{\partial t} = 0$, e como k = constante, a Eq. (9.2.10) fica sendo

$$\nabla^2 T + \frac{\dot{g}\,(x, y, z, t)}{k} = 0 \tag{9.2.14}$$

- Condução em regime permanente, com condutividade térmica k constante e sem geração interna de calor

Com essas condições a equação da condução de calor fica reduzida a

$$\nabla^2 T = 0 \tag{9.2.15}$$

que é conhecida como *equação de Laplace*.

Este é um texto apenas introdutório da matéria Fenômenos de Transporte e se destina a cursos básicos, de forma que consideraremos somente situações de condução de calor em regime transiente com condutividade térmica constante e sem geração interna de calor, ou seja, estudaremos somente a equação da difusão de calor (Eq. (9.2.13)) que, para um caso tridimensional em coordenadas retangulares, é dada por

$$\frac{\partial^2 T}{\partial x^2} + \frac{\partial^2 T}{\partial y^2} + \frac{\partial^2 T}{\partial z^2} = \frac{1}{\alpha}\,\frac{\partial T}{\partial t} \tag{9.2.16}$$

em que $T = T\,(x, y, z, t)$.

Diversos problemas apresentam geometria cilíndrica, sendo necessário utilizar as equações em coordenadas cilíndricas (r, θ, z). A equação da difusão de calor em coordenadas cilíndricas pode ser escrita como

$$\frac{\partial^2 T}{\partial r^2} + \frac{1}{r}\,\frac{\partial T}{\partial r} + \frac{1}{r^2}\,\frac{\partial^2 T}{\partial \theta^2} + \frac{\partial^2 T}{\partial z^2} = \frac{1}{\alpha}\,\frac{\partial T}{\partial t} \tag{9.2.17}$$

na qual $T = T\,(r, \theta, z, t)$.

9.3 CONDIÇÕES DE CONTORNO E INICIAL PARA A DIFUSÃO DE CALOR

A equação da difusão de calor

$$\frac{\partial^2 T}{\partial x^2} + \frac{\partial^2 T}{\partial y^2} + \frac{\partial^2 T}{\partial z^2} = \frac{1}{\alpha}\,\frac{\partial T}{\partial t} \tag{9.3.1}$$

é uma equação diferencial parcial de segunda ordem nas variáveis espaciais e de primeira ordem na variável temporal, de forma que são necessárias duas condições de contorno para cada variável espacial utilizada na descrição do problema e uma condição inicial para os casos transientes.

As condições de contorno e inicial são determinadas da situação física do problema em estudo, e a solução da equação diferencial deve satisfazê-las.

9.3.1 Condição Inicial

A condição inicial fornece a distribuição de temperatura, na região de definição do problema de condução de calor dependente do tempo, no instante inicial.

De maneira geral, pode-se representar essa distribuição de temperatura para o instante $t = 0$ da seguinte forma:

$$T(x, y, z, 0) = T_0(x, y, z) \qquad (9.3.1.1)$$

e essa distribuição pode ser uniforme ou uma função das variáveis espaciais.

9.3.2 Condições de Contorno

As condições de contorno descrevem as situações de temperatura ou de fluxo de calor existentes na fronteira da região de definição do problema de transferência de calor. De maneira geral, as condições de contorno podem ser classificadas em três tipos: condição de contorno de temperatura prescrita; condição de contorno de fluxo prescrito; e condição de contorno de transferência de calor por convecção.

É importante observar que essas condições de contorno, que descrevem situações físicas na fronteira da região de definição do problema de difusão de calor, devem ser satisfeitas pela solução da equação diferencial do caso em estudo em qualquer instante de tempo $t > 0$.

Condição de Contorno de Temperatura Prescrita

Essa condição é caracterizada pela especificação da temperatura no contorno. Consideremos um problema unidimensional de condução de calor através de uma parede plana, de grandes dimensões e espessura pequena L, mostrada no esquema da Figura 9.2. As superfícies da parede situadas em $x = 0$ e $x = L$ são mantidas às temperaturas T_0 e T_L, respectivamente.

Tem-se um processo unidimensional de condução na direção x, de maneira que a equação diferencial da difusão de calor para este caso fica sendo

$$\frac{\partial^2 T(x, t)}{\partial x^2} = \frac{1}{\alpha}\frac{\partial T(x, t)}{\partial t} \qquad \text{para} \qquad \begin{cases} 0 \leq x \leq L \\ t > 0 \end{cases} \qquad (9.3.2.1)$$

Tem-se a especificação das temperaturas nas superfícies da parede plana, de maneira que as condições de contorno desse problema são de temperatura prescrita e são dadas por

$$T(0, t) = T_0 \qquad \text{para} \qquad \begin{cases} x = 0 \\ t > 0 \end{cases} \qquad (9.3.2.2)$$

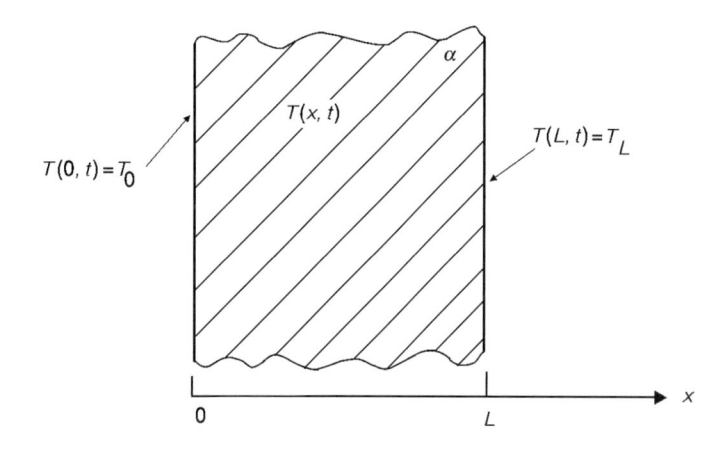

FIGURA 9.2

Esquema de uma parede plana com temperaturas especificadas nas superfícies.

$$T(L, t) = T_L \qquad \text{para} \qquad \begin{cases} x = L \\ t > 0 \end{cases} \qquad (9.3.2.3)$$

As temperaturas no contorno podem ser constantes ou funções do tempo. Cada problema de condução de calor tem as correspondentes condições de contorno estabelecidas da situação física existente.

Condição de Contorno de Fluxo Prescrito

Essa condição é caracterizada pela especificação da densidade de fluxo de calor no contorno. A densidade de fluxo de calor por condução está relacionada com o gradiente de temperatura por meio da equação de Fourier para a condução, de forma que a condição de contorno de fluxo prescrito consiste na especificação da derivada da temperatura na direção normal à superfície no contorno.

Consideremos um problema unidimensional de condução de calor através de uma parede plana, de grandes dimensões e espessura pequena L, mostrada no esquema da Figura 9.3, onde estão especificadas as densidades de fluxo de calor por condução no contorno.

A equação da difusão de calor para este caso unidimensional de condução na direção x pode ser escrita como

$$\frac{\partial^2 T(x, t)}{\partial x^2} = \frac{1}{\alpha} \frac{\partial T(x, t)}{\partial t} \qquad \text{para} \qquad \begin{cases} 0 \leq x \leq L \\ t \geq 0 \end{cases} \qquad (9.3.2.4)$$

Da equação de Fourier para a condução tem-se que as densidades de fluxo de calor são dadas por

$$q_0 = -k \frac{\partial T(0, t)}{\partial x} \qquad (9.3.2.5)$$

$$q_L = -k \frac{\partial T(L, t)}{\partial x} \qquad (9.3.2.6)$$

de forma que, para esse tipo de problema, as condições de contorno de fluxo prescrito são dadas por

$$\frac{\partial T(0, t)}{\partial x} = -\frac{q_0}{k} \qquad \text{para} \qquad \begin{cases} x = 0 \\ t > 0 \end{cases} \qquad (9.3.2.7)$$

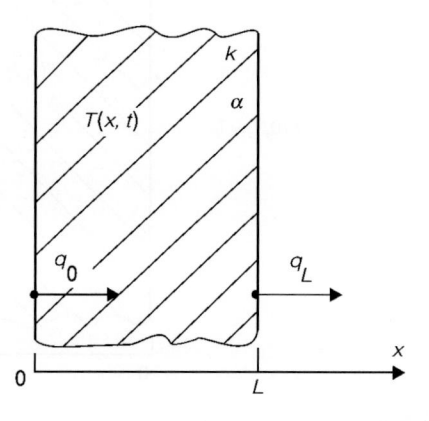

FIGURA 9.3

Esquema de uma parede plana com as densidades de fluxo de calor especificadas no contorno.

$$\frac{\partial T(L,\,t)}{\partial x} = -\,\frac{q_L}{k} \qquad \text{para} \qquad \begin{cases} x = L \\ t > 0 \end{cases} \qquad (9.3.2.8)$$

Um caso particular de condição de contorno de fluxo prescrito é o de uma superfície com isolamento térmico perfeito, de forma que o fluxo de calor através da superfície é nulo, ou seja, nesta situação tem-se que o gradiente de temperatura na direção normal à superfície é igual a zero na superfície de contorno.

Condição de Contorno de Transferência de Calor por Convecção

Essa condição é caracterizada pela transferência de calor por convecção na superfície de contorno. Consideremos um problema unidimensional de transferência de calor por convecção da superfície sólida de uma parede plana para um fluido que mantém temperatura T_∞ constante (reservatório térmico) com coeficiente de transferência de calor por convecção h, conforme é mostrado no esquema da Figura 9.4.

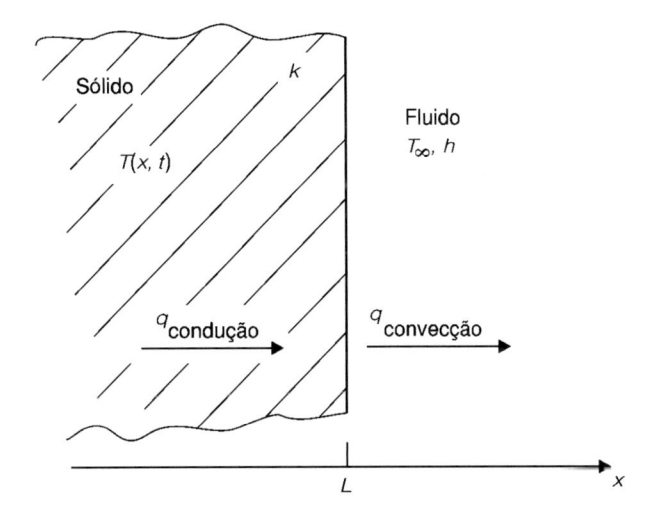

FIGURA 9.4

Esquema de uma superfície sólida que cede calor por convecção para um fluido.

Na superfície sólida (de contorno), situada em $x = L$, tem-se que

$$\begin{pmatrix} \text{densidade de fluxo de calor} \\ \text{que chega por condução na} \\ \text{superfície de contorno} \end{pmatrix} = \begin{pmatrix} \text{densidade de fluxo de calor} \\ \text{que sai por convecção da} \\ \text{superfície de contorno} \end{pmatrix} \qquad (9.3.2.9)$$

Existe uma distribuição de temperatura $T(x,\,t)$ na parede sólida que possui condutividade térmica k. Sendo h o coeficiente de transferência de calor por convecção do fluido que mantém temperatura T_∞, da Eq. (9.3.2.9) obtém-se a seguinte condição de contorno de transferência de calor por convecção

$$-\,k\,\frac{\partial T(L,\,t)}{\partial x} = h[T(L,\,t) - T_\infty] \qquad \text{para} \qquad \begin{cases} x = L \\ t > 0 \end{cases} \qquad (9.3.2.10)$$

Observe que as equações das condições de contorno também dependem da geometria do problema em estudo. As relações apresentadas são referentes à geometria de paredes planas. Para problemas de contorno com outra geometria, tal como a cilíndrica, obtêm-se relações semelhantes considerando a variável espacial adequada para o caso.

Condições de Contorno na Junção de Duas Camadas Sólidas

Quando há contato térmico perfeito entre dois meios sólidos, as temperaturas e as densidades de fluxo de calor são iguais na junção, ou seja, nas superfícies dos dois materiais que estão em contato. Consideremos a parede plana composta de um forno, constituída de uma camada de cerâmica refratária e de uma camada de aço, conforme é mostrado no esquema da Figura 9.5. Esses dois materiais sólidos têm condutividades térmicas e difusividades térmicas diferentes, de forma que as distribuições de temperatura são diferentes na cerâmica e no aço, e, para um contato térmico perfeito, na junção das camadas, as temperaturas e as densidades de fluxo de calor são iguais.

Consideremos a parede plana composta mostrada no esquema da Figura 9.5 para a situação em que a temperatura do ar interno do forno varia com o tempo segundo a função $T_i(t)$ dada com coeficiente de transferência de calor por convecção h_i, enquanto o ar ambiente externo mantém-se com temperatura T_∞ e coeficiente de transferência de calor por convecção h_∞.

Têm-se dois problemas de transientes térmicos: um para a camada de cerâmica com distribuição de temperatura $T_C(x, t)$; e o outro para a camada de aço com distribuição de temperatura $T_A(x, t)$, acoplados pelas condições de contorno na junção situada em $x = L_C$.

A distribuição de temperatura na camada de cerâmica é a solução da equação diferencial

$$\frac{\partial^2 T_C(x, t)}{\partial x^2} = \frac{1}{\alpha_C} \frac{\partial T_C(x, t)}{\partial t} \qquad \text{para} \qquad \begin{cases} 0 \leq x \leq L_C \\ t > 0 \end{cases} \qquad (9.3.2.11)$$

e a distribuição de temperatura na camada de aço é a solução da equação diferencial

$$\frac{\partial^2 T_A(x, t)}{\partial x^2} = \frac{1}{\alpha_A} \frac{\partial T_A(x, t)}{\partial t} \qquad \text{para} \qquad \begin{cases} L_C \leq x \leq L_C + L_A \\ t > 0 \end{cases} \qquad (9.3.2.12)$$

Na junção das camadas sólidas, em $x = L_C$, considerando contato térmico perfeito, têm-se as condições de contorno

$$\begin{cases} T_C(L_C, t) = T_A(L_C, t) \\ \\ k_C \dfrac{\partial T_C(L_C, t)}{\partial x} = k_A \dfrac{\partial T_A(L_C, t)}{\partial x} \end{cases} \qquad \text{para} \qquad \begin{cases} x = L_C \\ t > 0 \end{cases} \qquad (9.3.2.13)$$

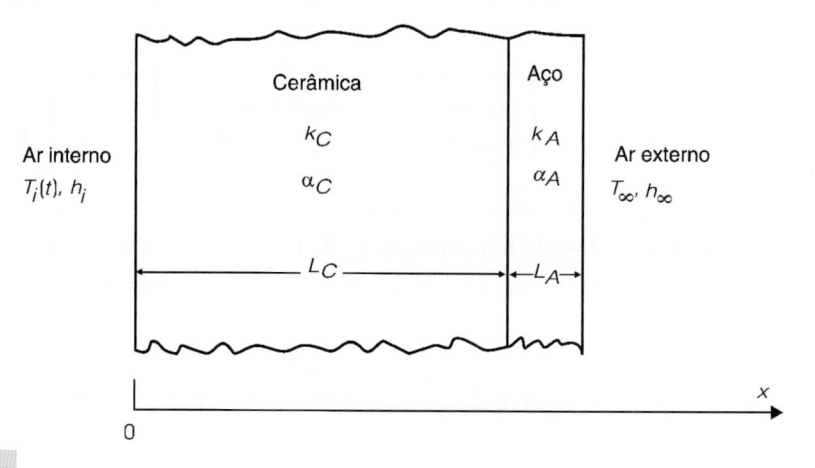

FIGURA 9.5

Esquema da parede plana composta de um forno.

Uma dessas condições de contorno deve ser aplicada para a solução geral da Eq. (9.3.2.11), enquanto a outra deve ser empregada para a solução geral da Eq. (9.3.2.12).

Exemplos de Formulação de Problemas Unidimensionais de Difusão de Calor

A formulação de um problema de difusão de calor em regime não permanente consiste em especificar detalhadamente a equação diferencial e as condições de contorno e inicial que descrevem a questão de transferência de calor em estudo.

■ **Exemplo 9.1** A Figura 9.6 mostra um esquema de uma parede plana, de grandes dimensões e espessura pequena L, constituída de um material com difusividade térmica α, condutividade térmica k e sem geração interna de calor. Inicialmente, a parede está em equilíbrio térmico com o ar ambiente, que possui temperatura T_∞. No instante $t = 0$, a superfície esquerda da parede adquire subitamente temperatura T_0 constante $(T_0 > T_\infty)$. Se o ar ambiente situado do lado direito da parede é um reservatório térmico que mantém temperatura T_∞ constante com coeficiente de transferência de calor por convecção h_∞, formule detalhadamente o problema de transiente térmico na parede.

Tem-se uma parede plana de grandes dimensões e espessura pequena, de forma que o problema é unidimensional com condução de calor na direção perpendicular às superfícies da parede (direção x). Assim, a equação da difusão de calor que descreve este problema de transiente térmico pode ser escrita como

$$\frac{\partial^2 T(x, t)}{\partial x^2} = \frac{1}{\alpha}\frac{\partial T(x, t)}{\partial t} \qquad \text{para} \qquad \begin{cases} 0 \leq x \leq L \\ t \geq 0 \end{cases}$$

Inicialmente, a parede está em equilíbrio térmico com o ar ambiente, que mantém temperatura T_∞, ou seja, a condição inicial é dada por

$$T(x, 0) = T_\infty \qquad \text{para} \qquad \begin{cases} 0 \leq x \leq L \\ t = 0 \end{cases}$$

Tem-se a especificação da temperatura na superfície esquerda da parede, enquanto na superfície direita ocorre transferência de calor por convecção para o fluido, ou seja, em $x = 0$, a condição de contorno é de temperatura prescrita e, em $x = L,$ a condição de contorno é de

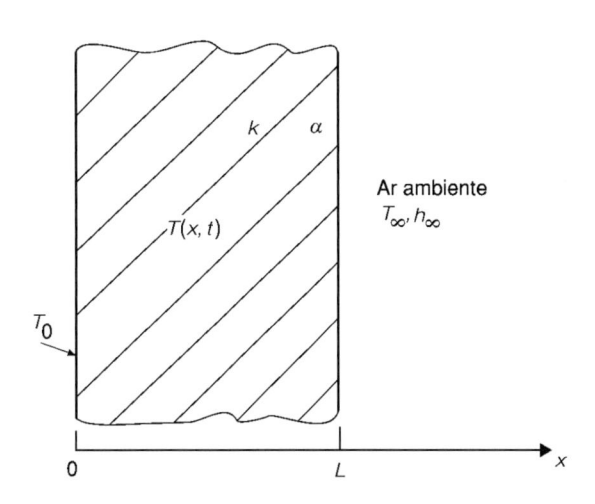

FIGURA 9.6

Esquema de uma parede plana na situação em que a superfície esquerda adquire subitamente a temperatura T_0 constante.

transferência de calor por convecção, de forma que as condições de contorno são dadas por

$$T(0, t) = T_0 \qquad \text{para} \qquad \begin{cases} x = 0 \\ t > 0 \end{cases}$$

$$-k \, \frac{\partial T(L, t)}{\partial x} = h_\infty \, [T(L, t) - T_\infty] \qquad \text{para} \qquad \begin{cases} x = L \\ t > 0 \end{cases}$$

■ **Exemplo 9.2** Considere a parede plana composta de um forno, constituída de uma camada de cerâmica refratá-ria com espessura L_C , condutividade térmica k_C e difusividade térmica α_C, e de uma camada de aço com espessura L_A, condutividade térmica k_A e difusividade térmica α_A, cuja situação está esquematizada na Figura 9.5. Inicialmente, o forno está em equilíbrio térmico com o ar externo. Ligando-se o aquecimento, a temperatura do ar interno varia com o tempo segundo a função $T_i(t)$, dada com coeficiente de transferência de calor por convecção h_i, enquanto o ar externo permanece com temperatura T_∞ e coeficiente de transferência de calor por convecção h_∞. Considerando contato térmico perfeito na junção das camadas sólidas e condução unidimensional de calor na direção x, formule detalhadamente o problema de transiente térmico na parede composta do forno.

Têm-se dois problemas de transiente térmico: um para a camada de cerâmica com temperatura $T_C(x, t)$ e o outro para a camada de aço com distribuição de temperatura $T_A(x, t)$.

Camada de Cerâmica

Equação diferencial:

$$\frac{\partial^2 T_C(x, t)}{\partial x^2} = \frac{1}{\alpha_C} \, \frac{\partial T_C(x, t)}{\partial t} \qquad \text{para} \qquad \begin{cases} 0 \leq x \leq L_C \\ t \geq 0 \end{cases}$$

Condição inicial:

$$T_C(x, 0) = T_\infty \qquad \text{para} \qquad \begin{cases} 0 \leq x \leq L_C \\ t = 0 \end{cases}$$

Condições de contorno:

$$h_i[T_i(t) - T_C(0, t)] = -k_C \, \frac{\partial T_C(0, t)}{\partial x} \qquad \text{para} \qquad \begin{cases} x = 0 \\ t > 0 \end{cases}$$

e

$$T_C(L_C, t) = T_A(L_C, t) \qquad \text{para} \qquad \begin{cases} x = L_C \\ t > 0 \end{cases}$$

Camada de Aço

Equação diferencial:

$$\frac{\partial^2 T_A(x, t)}{\partial x^2} = \frac{1}{\alpha_A} \, \frac{\partial T_A(x, t)}{\partial t} \qquad \text{para} \qquad \begin{cases} L_C \leq x \leq L_C + L_A \\ t \geq 0 \end{cases}$$

Condição inicial:

$$T_A(x, 0) = T_\infty \qquad \text{para} \qquad \begin{cases} L_C \leq x \leq L_C + L_A \\ t = 0 \end{cases}$$

Condições de contorno:

$$k_C \frac{\partial T_C(L_C, t)}{\partial x} = k_A \frac{\partial T_A(L_C, t)}{\partial x} \qquad \text{para} \qquad \begin{cases} x = L_C \\ t > 0 \end{cases}$$

e

$$-k_A \frac{\partial T_A(L_C + L_A, t)}{\partial x} = h_\infty [T_A(L_C + L_A) - T_\infty] \qquad \text{para} \qquad \begin{cases} x = L_C + L_A \\ t > 0 \end{cases}$$

■ **Exemplo 9.3** A Figura 9.7 mostra um esquema de um cilindro de grande comprimento e pequeno raio R, constituído de um material com difusividade térmica α, condutividade térmica k e sem geração interna de calor. Inicialmente, o cilindro possui temperatura uniforme T_i. No instante $t = 0$, esse cilindro é mergulhado num líquido que mantém temperatura T_∞ constante (reservatório térmico) com coeficiente de transferência de calor por convecção h. Considerando que $T_i > T_\infty$, formule detalhadamente o problema de transiente térmico nesse corpo cilíndrico.

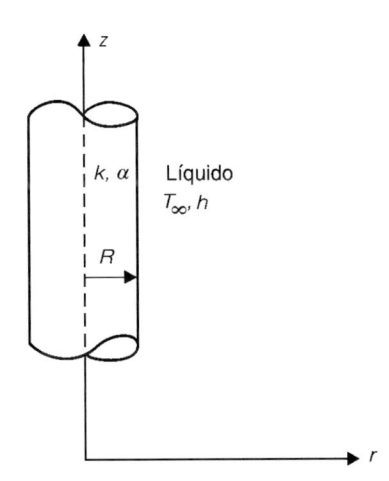

FIGURA 9.7

Esquema de um corpo cilíndrico imerso num líquido que mantém temperatura T_∞.

O cilindro tem grande comprimento e raio pequeno, de forma que a condução de calor é unidimensional na direção radial, e a equação da difusão de calor, para este caso, em coordenadas cilíndricas fica reduzida a

$$\frac{\partial^2 T(r, t)}{\partial r^2} + \frac{1}{r} \frac{\partial T(r, t)}{\partial r} = \frac{1}{\alpha} \frac{\partial T(r, t)}{\partial t} \qquad \text{para} \qquad \begin{cases} 0 \le r \le R \\ t \ge 0 \end{cases}$$

Inicialmente, o cilindro tem distribuição uniforme de temperatura T_i, ou seja, a condição inicial deste problema é dada por

$$T(r, 0) = T_i \qquad \text{para} \qquad \begin{cases} 0 \le r \le R \\ t = 0 \end{cases}$$

O sistema apresenta simetria em relação ao eixo longitudinal z, localizado no centro do cilindro, de forma que, em $r = 0$, a condição de contorno é dada por

$$\frac{\partial T(0, t)}{\partial r} = 0 \qquad \text{para} \qquad \begin{cases} r = 0 \\ t > 0 \end{cases}$$

O corpo cilíndrico cede calor por convecção para o líquido, de maneira que, na superfície situada em $r = R$, tem-se condição de contorno de transferência de calor por convecção dada por

$$-k \, \frac{\partial T(R, t)}{\partial r} = h \, [T(R, t) - T_\infty] \qquad \text{para} \qquad \begin{cases} r = R \\ t > 0 \end{cases}$$

9.4 SOLUÇÃO ANALÍTICA DE UM PROBLEMA TRANSIENTE E UNIDIMENSIONAL DE DIFUSÃO DE CALOR

■ **Exemplo 9.4**   A Figura 9.8 mostra um esquema de uma placa plana de comprimento infinito e espessura $2L$ (placa onde a espessura é muito menor que as outras dimensões), constituída de um material homogêneo com difusividade térmica α. Inicialmente, a placa possui temperatura uniforme T_i. Considerando que, no instante $t = 0$, as superfícies da placa são resfriadas subitamente à temperatura T_∞ e mantidas com essa temperatura para $t > 0$, determine o transiente térmico $T(x, t)$.

A hipótese de um resfriamento súbito das superfícies à temperatura T_∞ é uma aproximação razoável para casos como o da imersão da placa num líquido que mantém a temperatura T_∞ constante (reservatório térmico), em situações onde o parâmetro adimensional chamado de número de Biot (Bi), definido para a placa como $\text{Bi} = \dfrac{hL}{k}$, é muito maior que a unidade (Bi $>>$ 1). Um valor grande do número de Biot indica que a transferência de calor por convecção entre a superfície sólida e o fluido é muito maior que a condução de calor no interior da placa, no mesmo intervalo de tempo.

A placa tem grandes dimensões e espessura pequena (comprimento infinito e espessura $2\,L$), de forma que o problema de difusão de calor é unidimensional com condução na direção perpendicular às superfícies (direção x) com distribuição transiente de temperatura $T(x, t)$. Existe um plano yz de simetria no centro dessa placa onde consideramos a origem do eixo x, conforme é mostrado no esquema da Figura 9.8, de maneira que determinaremos o transiente $T(x, t)$ para o lado direito da placa, ou seja, para $0 \leq x \leq L$. A distribuição de temperatura para o lado esquerdo da placa será simétrica.

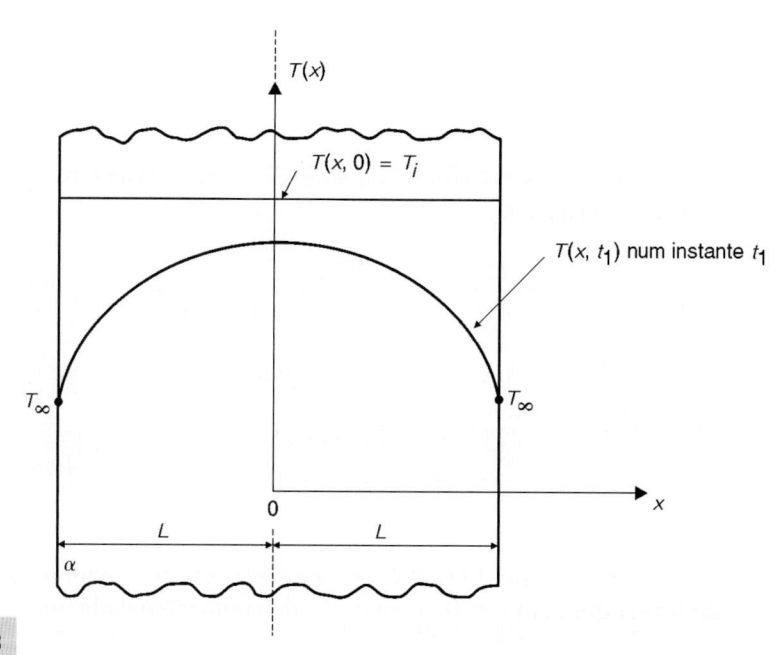

FIGURA 9.8

Esquema de uma placa de comprimento infinito onde as superfícies são resfriadas subitamente à temperatura T_∞ constante.

A equação diferencial da difusão de calor (Eq. (9.2.16)) para este problema unidimensional fica sendo

$$\frac{\partial^2 T(x, t)}{\partial x^2} = \frac{1}{\alpha}\, \frac{\partial T(x, t)}{\partial t} \qquad \text{para} \qquad \begin{cases} 0 \leq x \leq L \\ t \geq 0 \end{cases} \qquad (9.4.1)$$

Inicialmente, a placa possui temperatura uniforme T_i, ou seja, a condição inicial é dada por

$$T(x, 0) = T_i \qquad \text{para} \qquad \begin{cases} 0 \leq x \leq L \\ t = 0 \end{cases} \qquad (9.4.2)$$

No centro da placa existe um plano yz de simetria através do qual não há fluxo de calor, ou seja, o gradiente de temperatura na direção x é nulo em $x = 0$, de forma que a condição de contorno para $x = 0$ é dada por

$$\frac{\partial T(0, t)}{\partial x} = 0 \qquad \text{para} \qquad \begin{cases} x = 0 \\ t > 0 \end{cases} \qquad (9.4.3)$$

Tem-se a especificação da temperatura na superfície da placa, de maneira que, para $x = L$, a condição de contorno é dada por

$$T(L, t) = T_\infty \qquad \text{para} \qquad \begin{cases} x = L \\ t > 0 \end{cases} \qquad (9.4.4)$$

É conveniente realizar uma transformação de variável, considerando a temperatura relativa $\Theta(x, t)$ definida como

$$\Theta(x, t) = T(x, t) - T_\infty \qquad (9.4.5)$$

Assim, em termos da temperatura relativa $\Theta(x, t)$, a formulação do problema fica sendo

$$\frac{\partial^2 \Theta(x, t)}{\partial x^2} = \frac{1}{\alpha}\, \frac{\partial \Theta(x, t)}{\partial t} \qquad \text{para} \qquad \begin{cases} 0 \leq x \leq L \\ t \geq 0 \end{cases} \qquad (9.4.6)$$

com a condição inicial

$$\Theta(x, 0) = \Theta_i \qquad \text{para} \qquad \begin{cases} 0 \leq x \leq L \\ t = 0 \end{cases} \qquad (9.4.7)$$

em que

$$\Theta_i = T_i - T_\infty \qquad (9.4.8)$$

e com as condições de contorno

$$\frac{\partial \Theta(0, t)}{\partial x} = 0 \qquad \text{para} \qquad \begin{cases} x = 0 \\ t > 0 \end{cases} \qquad (9.4.9)$$

e

$$\Theta(L, t) = 0 \qquad \text{para} \qquad \begin{cases} x = L \\ t > 0 \end{cases} \qquad (9.4.10)$$

Observe que, com a transformação de variável, o problema ficou com as duas condições de contorno homogêneas.

Resolveremos a Eq. (9.4.6) utilizando o método de separação de variáveis, que considera uma solução da forma

$$\Theta(x, t) = X(x)\tau(t) \qquad (9.4.11)$$

na qual X é função somente da variável espacial x, e τ é função apenas da variável temporal t.

Assim, a Eq. (9.4.6) fica sendo

$$\tau(t)\frac{d^2X(x)}{dx^2} = \frac{X(x)}{\alpha}\frac{d\tau(t)}{dt} \qquad (9.4.12)$$

Dividindo a Eq. (9.4.12) por $X(x)\tau(t)$, obtém-se

$$\frac{1}{X(x)}\frac{d^2X(x)}{dx^2} = \frac{1}{\alpha\tau(t)}\frac{d\tau(t)}{dt} \qquad (9.4.13)$$

Na Eq. (9.4.13) o lado esquerdo depende somente da variável espacial x, e o lado direito é função só da variável temporal t, de forma que esses termos devem ser iguais a uma constante que, por conveniência, expressamos por $(-\lambda^2)$. Assim, tem-se que

$$\frac{1}{X(x)}\frac{d^2X(x)}{dx^2} = \frac{1}{\alpha\tau(t)}\frac{d\tau(t)}{dt} = -\lambda^2 \qquad (9.4.14)$$

Dessa maneira, da Eq. (9.4.14) resultam duas equações diferenciais ordinárias, dadas por

$$\frac{d^2X(x)}{dx^2} + \lambda^2 X(x) = 0 \qquad (9.4.15)$$

e

$$\frac{d\tau(t)}{dt} + \alpha\,\lambda^2\,\tau(t) = 0 \qquad (9.4.16)$$

A Eq. (9.4.15) tem solução geral dada por

$$X(x) = A\cos\lambda x + B\operatorname{sen}\lambda x \qquad (9.4.17)$$

que deve satisfazer as condições de contorno dadas por

$$\frac{dX(0)}{dx} = 0 \qquad (9.4.18)$$

e

$$X(L) = 0 \qquad (9.4.19)$$

A Eq. (9.4.16) possui solução geral dada por

$$\tau(t) = Ce^{-\alpha\lambda^2 t} \qquad (9.4.20)$$

A condição inicial do problema fica sendo

$$X(x)\tau(0) = \Theta_i \qquad (9.4.21)$$

Aplicando a condição de contorno para $x = 0$, obtém-se

$$\frac{dX(0)}{dx} = -A\lambda\operatorname{sen}0 + B\lambda\cos 0 = 0 \qquad (9.4.22)$$

de forma que

$$B = 0 \qquad (9.4.23)$$

Aplicando a condição de contorno para $x = L$, como $B = 0$, tem-se

$$X(L) = A\cos\lambda L = 0 \qquad (9.4.24)$$

A constante A tem que ser diferente de zero, portanto

$$\cos\lambda L = 0 \qquad (9.4.25)$$

resultando que

$$\lambda_n L = (2n - 1) \frac{\pi}{2} \qquad (9.4.26)$$

ou seja,

$$\lambda_n = \frac{(2n - 1)\,\pi}{2L} \qquad (9.4.27)$$

Tem-se que $n = 1, 2, 3,\ldots, \infty$ e λ_n são conhecidos como os autovalores do problema. Assim, têm-se as autofunções

$$X_n(x) = A_n \cos \lambda_n x \qquad (9.4.28)$$

e

$$\tau_n(t) = C_n\, e^{-\alpha \lambda_n^2 t} \qquad (9.4.29)$$

de maneira que a Eq. (9.4.6) tem n soluções possíveis da forma

$$\Theta_n(x, t) = X_n(x)\tau_n(t) \qquad (9.4.30)$$

As Eqs. (9.4.15) e (9.4.16) são equações diferenciais lineares e, portanto, a combinação linear das soluções possíveis também é solução. Assim, a solução geral para a temperatura relativa $\Theta(x, t)$ é dada por

$$\Theta(x, t) = \sum_{n=1}^{\infty} a_n\, e^{-\alpha \lambda_n^2 t} \cos \lambda_n x \qquad (9.4.31)$$

em que $a_n = C_n A_n$.

Determinam-se os coeficientes a_n com a aplicação da condição inicial do problema, de maneira que

$$\Theta(x, 0) = \Theta_i = \sum_{n=1}^{\infty} a_n\, e^{-0} \cos \lambda_n x \qquad (9.4.32)$$

ou seja,

$$\Theta_i = \sum_{n=1}^{\infty} a_n \cos \lambda_n x \qquad (9.4.33)$$

Essa Eq. (9.4.33) é uma expansão em série de Fourier, de forma que os coeficientes normalizados a_n são dados por

$$a_n = \frac{\displaystyle\int_0^L \Theta_i \cos \lambda_n x\, dx}{\displaystyle\int_0^L \cos^2 \lambda_n x\, dx} \qquad (9.4.34)$$

de maneira que

$$a_n = \frac{\dfrac{\Theta_i}{\lambda_n} \operatorname{sen} \lambda_n L}{\dfrac{L}{2} + \dfrac{\operatorname{sen} 2\lambda_n L}{4\lambda_n}} \qquad (9.4.35)$$

Mas, tem-se que

$$\lambda_n L = (2n - 1)\frac{\pi}{2} \qquad (9.4.36)$$

de forma que

$$\operatorname{sen} \lambda_n L = (-1)^{n-1} \tag{9.4.37}$$

e

$$\operatorname{sen} 2 \lambda_n L = 0 \tag{9.4.38}$$

resultando

$$a_n = \frac{2 \Theta_i}{\lambda_n L} (-1)^{n-1} \tag{9.4.39}$$

Assim, a solução do problema (Eq. (9.4.31)) ou seja, a temperatura relativa fica sendo

$$\Theta(x, t) = \sum_{n=1}^{\infty} \frac{2 \Theta_i}{\lambda_n L} (-1)^{n-1} \, e^{-\alpha \lambda_n^2 t} \, \cos \lambda_n x \tag{9.4.40}$$

Da definição de temperatura relativa (Eq. (9.4.5)), tem-se que

$$\Theta(x, t) = T(x, t) - T_\infty \tag{9.4.41}$$

e

$$\Theta_i = T_i - T_\infty \tag{9.4.42}$$

resultando que o transiente térmico, ou seja, a distribuição de temperatura na placa, para $0 \le x \le L$, é dada por

$$T(x, t) = T_\infty + \frac{2}{L} (T_i - T_\infty) \sum_{n=1}^{\infty} \frac{(-1)^{n-1}}{\lambda_n} \, e^{-\alpha \lambda_n^2 t} \, \cos \lambda_n x \tag{9.4.43}$$

sendo

$$\lambda_n = \frac{(2n-1) \pi}{2L}$$

9.5 BIBLIOGRAFIA

BENNETT, C. O.; MYERS, J. E. *Fenômenos de Transporte*. São Paulo: McGraw-Hill do Brasil, 1978.
BIRD, R. B.; STEWART, W. E.; LIGHTFOOT, E. N. *Transport Phenomena*. John Wiley, 1960.
HOLMAN, J. P. *Transferência de Calor*. São Paulo: McGraw-Hill do Brasil, 1983.
INCROPERA, F. P.; DEWITT, D. P. *Fundamentos de Transferência de Calor e de Massa*. Rio de Janeiro: Guanabara Koogan, 1992.
ÖZISIK, M. N. *Transferência de Calor – Um Texto Básico*. Rio de Janeiro: Guanabara Koogan, 1990.
SISSOM, L. E.; PITTS, D. R. *Fenômenos de Transporte*. Rio de Janeiro: Guanabara Dois, 1979.
WELTY, J. R.; WICKS, C. E.; WILSON, R. E. *Fundamentals of Momentum, Heat and Mass Transfer*. John Wiley, 1976.

9.6 PROBLEMAS

9.1 Considere uma parede plana de grandes dimensões e espessura pequena L, constituída por um material com condutividade térmica k e difusividade térmica α, cuja superfície direita está revestida por um isolante térmico perfeito. Inicialmente, a parede está em equilíbrio térmico com o ambiente, que possui temperatura T_∞. Se, no instante $t = 0$, a superfície esquerda adquire subita-

mente uma temperatura T_e, que é mantida constante para $t > 0$, formule detalhadamente o problema de transiente térmico na parede.

9.2 Considere uma placa plana de grandes dimensões e espessura L pequena, constituída por um material com condutividade térmica k e difusividade térmica α, que foi aquecida no interior de um forno até atingir temperatura uniforme T_0. No instante $t = 0$, essa placa é mergulhada num líquido que mantém temperatura T_∞ constante (reservatório térmico) com coeficiente de transferência de calor por convecção h. Formule detalhadamente o problema de transiente térmico nessa placa.

9.3 Considere uma parede plana composta, de grandes dimensões e espessura pequena, constituída de uma camada com espessura L_1 de um material com condutividade térmica k_1 e difusividade térmica α_1, e de outra camada (do lado direito) com espessura L_2 de um material com condutividade térmica k_2 e difusividade térmica α_2. A superfície direita da parede composta está revestida com um isolante térmico perfeito. Inicialmente, essa parede composta está em equilíbrio térmico com o ar ambiente, que permanece à temperatura T_∞. Subitamente, a superfície esquerda da parede composta adquire a temperatura T_E, que é mantida constante para $t > 0$. Considerando contato térmico perfeito entre as camadas, formule detalhadamente o problema de transiente térmico nessa parede composta.

9.4 A Figura 9.9 mostra um esquema da parede plana composta de um forno. Inicialmente, o forno está em equilíbrio térmico com o ar externo, que mantém temperatura T_∞ constante e coeficiente de transferência de calor por convecção h_∞. Ligando-se o aquecimento, a temperatura da superfície interna da parede composta varia com o tempo segundo a função $T_0(t)$ dada. Considerando contato térmico perfeito na junção entre as duas camadas sólidas, formule detalhadamente o problema de transiente térmico na parede composta do forno.

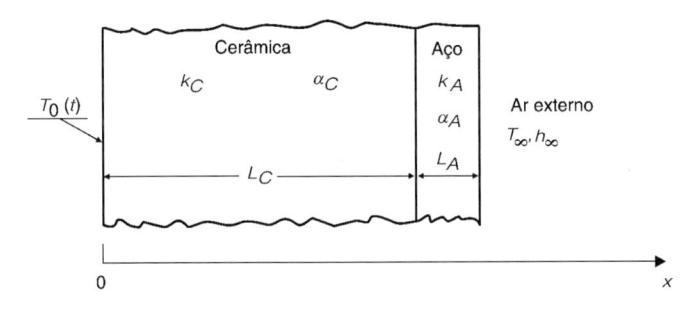

FIGURA 9.9

9.5 A Figura 9.10 mostra um esquema da parede plana composta de um forno. Inicialmente, tem-se um regime permanente, com o ar no interior do forno com temperatura T_i constante e coeficiente de transferência de calor por convecção h_i, enquanto o ar externo (ambiente) mantém temperatura T_∞ constante com coeficiente de transferência de calor por convecção h_∞, resultando as distribuições de temperatura $T_c(x)$ na camada de cerâmica e $T_A(x)$ na camada de aço que constituem a parede composta. No instante $t = 0$, desliga-se o aquecimento do forno, de for-

ma que a temperatura do ar interno passa a diminuir com o tempo segundo uma função $T_i(t)$. Para essa situação, considerando processo unidimensional de condução de calor na direção x, que o coeficiente de transferência de calor por convecção h_i permanece constante e há contato térmico perfeito na junção entre as duas camadas sólidas, formule detalhadamente o problema de transiente térmico na parede composta do forno.

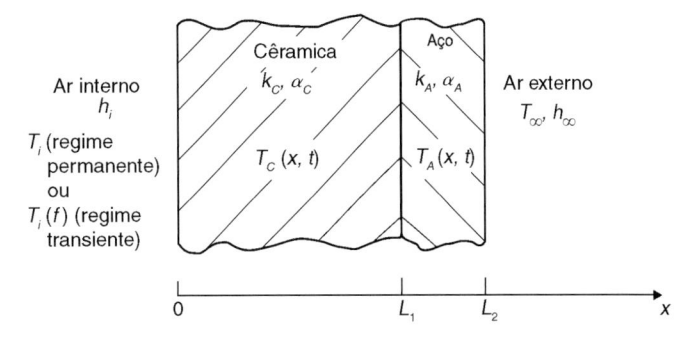

FIGURA 9.10

9.6 Considere um sólido semi-infinito, constituído por um material com difusividade térmica α e condutividade térmica k, mostrado no esquema da Figura 9.11 que, inicialmente, possui temperatura uniforme T_i. Formule o problema de transiente térmico para os casos de:

a) no instante $t = 0$, a superfície em $x = 0$ é submetida subitamente à temperatura T_0, que é mantida constante para $t > 0$;

b) no instante $t = 0$, a superfície em $x = 0$ passa a receber um fluxo de calor q_0, que é mantido constante para $t > 0$;

c) no instante $t = 0$, a superfície em $x = 0$ é colocada em contato com um fluido, que mantém temperatura T_f constante com coeficiente de transferência de calor por convecção h.

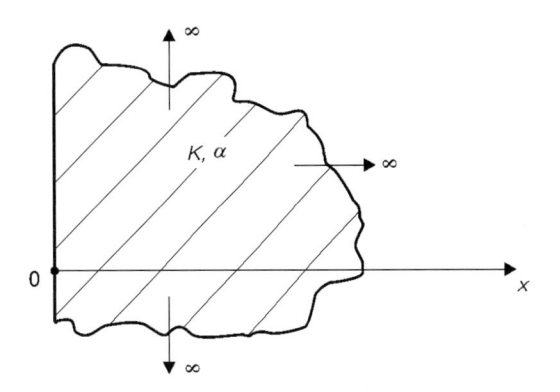

FIGURA 9.11

9.7 Considere o Exemplo 9.4. Formule detalhadamente e determine a solução analítica, utilizando o método de separação de variáveis, do transiente térmico nessa placa, não considerando o plano de simetria no centro da

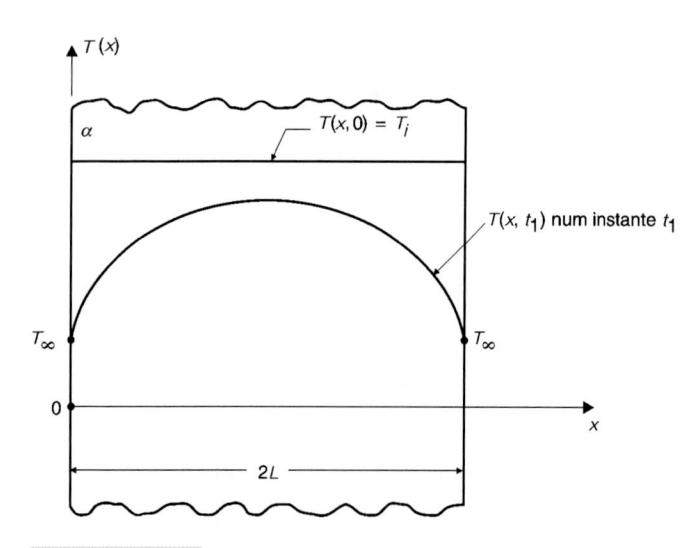

FIGURA 9.12

placa, ou seja, considerando a placa toda, com a origem do eixo x na superfície esquerda, com intervalo de definição $0 \leq x \leq 2L$, conforme é mostrado no esquema da Figura 9.12.

Resp.: $T(x, t) = T_\infty + \dfrac{2}{L}(T_i - T_\infty)\displaystyle\sum_{n=1}^{\infty}\dfrac{1}{\lambda_n}e^{-\alpha\lambda_n^2 t}\,\text{sen }\lambda_n x$

em que: $\lambda_n = \dfrac{n\pi}{2L}$

9.8 A Figura 9.13 mostra um esquema de uma barra cilíndrica longa e fina ($L \gg D$) e com a superfície lateral revestida por um isolante térmico perfeito. Pode-se considerar que a temperatura é uniforme nas seções transversais, ou seja, o problema é unidimensional com condução de calor na direção x. Considere uma distribuição inicial de temperatura dada por uma função $f(x)$. Se no instante $t = 0$ as extremidades da barra, situadas em $x = 0$ e em $x = L$, são, subitamenectivas temperaturas $T(0, t) = T_0$ e $T(L, t) = T_L$, constantes (condições de contorno não homogêneas), formule detalhadamente e determine a solução analítica, utilizando o método de separação de variáveis, do transiente térmico nessa barra.

Resp.:

$$T(x, t) = T_0 + \frac{(T_L - T_0)}{L}x + \sum_{n=1}^{\infty} D_n\, e^{-\alpha\lambda_n^2 t}\,\text{sen }\lambda_n x$$

em que:

$$D_n = \frac{2}{L}\int_0^L\left[f(x) - T_0 - \frac{(T_L - T_0)}{L}x\right]\text{sen }\lambda_n x\, dx$$

$$\lambda_n = \frac{n\pi}{L}$$

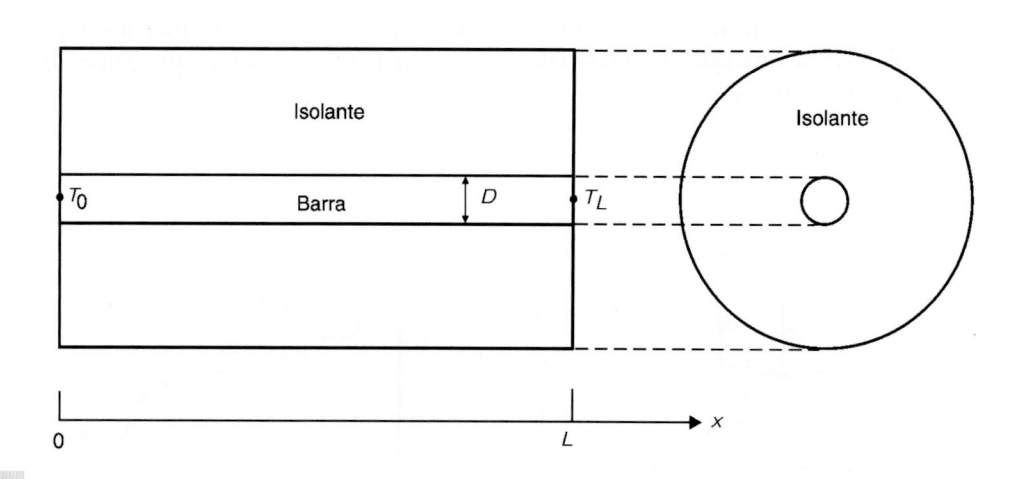

FIGURA 9.13

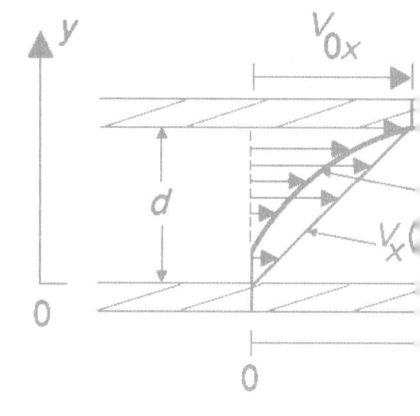

10 Introdução à Transferência de Massa

10.1 INTRODUÇÃO

Observa-se, na natureza e em processos tecnológicos, uma grande variedade de fenômenos de transferência de massa, como, por exemplo, a difusão de açúcar num copo com água, a evaporação de líquidos, os processos de secagem e de umidificação, a dispersão de poluentes na atmosfera e nas águas, a difusão de água através da parede de um vaso de cerâmica e a difusão de átomos em metais em alguns processos metalúrgicos. De maneira geral, nos sistemas que contêm dois ou mais componentes químicos cujas concentrações variam de ponto a ponto ocorrem fluxos de massa que tendem a uniformizar os campos de concentrações desses componentes.

Analogamente à transferência de calor, o transporte de massa pode ocorrer por dois mecanismos: difusão molecular e convecção. A difusão molecular se caracteriza pela transferência de massa de um componente em uma mistura (solução) devido à existência de gradientes de concentração. Quando o transporte de massa ocorre através de um fluido em repouso ou em um sólido em função de uma diferença de concentração, tem-se que a massa é transferida somente por difusão molecular por causa dos gradientes de concentração.

O mecanismo de convecção se caracteriza por um transporte de massa devido ao movimento do fluido. Nos escoamentos de fluidos com mais de um componente químico a transferência de massa ocorre, geralmente, tanto por convecção como por difusão molecular, e, em alguns casos, há predominância de um mecanismo em relação ao outro. Pode-se observar o fenômeno de transporte de massa colocando uma pequena pedra de açúcar num copo com água. Estando a água em repouso, observa-se que o açúcar se difunde lentamente na água até que a solução fique saturada. No caso de se provocar um escoamento na água por meio de uma colher, verifica-se que o açúcar é dissolvido mais rapidamente por convecção.

O objetivo principal deste capítulo é apresentar algumas definições e conceitos básicos em transporte de massa, estudar os fundamentos da formulação de problemas simples de difusão molecular causada por gradientes de concentração de um componente numa mistura (solução) binária onde não ocorrem reações químicas e o componente transferido se encontra com baixa concentração, e mostrar a analogia existente com a transferência de calor por condução.

10.2 LEI DE FICK PARA A DIFUSÃO MOLECULAR DE UM COMPONENTE NUMA MISTURA BINÁRIA

A lei de Fick estabelece que a densidade de fluxo de massa por difusão molecular de um componente numa mistura é diretamente proporcional ao gradiente de concentração do componente. Na Seção 2.6, definimos a grandeza intensiva concentração em termos da massa específica ρ_A do componente A e, também, como fração de massa c_A do componente A na mistura. Em algumas situações, pode ser mais conveniente considerar as concentrações e os fluxos expressos em termos molares.

Para casos unidimensionais de difusão molecular do componente A numa mistura binária de componentes A e B, sendo ρ a massa específica da mistura, a *lei de Fick* para a difusão pode ser escrita como

$$J_{A,\,y} = -D_{AB}\frac{\partial \rho_A}{\partial y} \tag{10.2.1}$$

ou

$$J_{A,y} = -D_{AB}\frac{\partial(\rho c_A)}{\partial y} \tag{10.2.2}$$

em que:

$J_{A,y}$ é a densidade de fluxo de massa por difusão molecular do componente A através da mistura na direção y;

$\dfrac{\partial \rho_A}{\partial y}$ ou $\dfrac{\partial(\rho c_A)}{\partial y}$ é o gradiente de concentração do componente A na mistura na direção y; e

D_{AB} é o coeficiente de difusão molecular ou difusividade de massa do componente A na mistura de componentes A e B.

Para casos gerais, a *lei de Fick* para a difusão molecular do componente A numa mistura binária de componentes A e B pode ser expressa vetorialmente como

$$\vec{J}_A = -D_{AB}\vec{\nabla}\rho_A \tag{10.2.3}$$

ou

$$\vec{J}_A = -D_{AB}\vec{\nabla}(\rho c_A) \tag{10.2.4}$$

O sinal negativo nessas equações deve-se ao fato de o fluxo de massa ocorrer no sentido contrário ao gradiente de concentração, ou seja, a difusão molecular ocorre da região de maior concentração para a região de menor concentração. A difusão de massa, analogamente à condução de calor, é um fenômeno que tem origem no movimento molecular.

Para a visualização desse fenômeno de difusão, consideremos um recipiente fechado composto inicialmente por dois compartimentos separados por uma parede fina impermeável, conforme é mostrado no esquema fora de escala da Figura 10.1a. No compartimento do lado esquerdo há um gás A cujas moléculas são representadas por círculos brancos, enquanto no compartimento do lado direito há um gás B cujas moléculas são representadas por círculos pretos, todavia os gases A e B possuem a mesma temperatura e a mesma pressão. As concentrações dos gases A e B, definidas em cada ponto, correspondem ao número de moléculas existentes por unidade de volume. Inicialmente, na situação esquematizada na Figura 10.1a tem-se, na região do lado direito da parede divisória, uma concentração nula do gás A, enquanto na região do lado esquerdo dessa parede a concentração do gás B também é nula.

O movimento das moléculas de um gás é aleatório, e tem-se a mesma probabilidade de elas se dirigirem em qualquer direção, de forma que a probabilidade de uma molécula se dirigir para a direita é igual à probabilidade de ela se dirigir para a esquerda. Assim, se no instante $t = 0$ a parede divisória entre os dois compartimentos é retirada, devido ao fato de inicialmente existir uma maior concentração do componente A no lado esquerdo do recipiente e uma maior concentração do componente B no lado direito do recipiente observa-se um movimento resultante de moléculas do gás A da esquerda para a direita e de moléculas do gás B da direita para a esquerda, ou seja, ocorre uma difusão molecular de um gás através do outro por causa da existência de gradientes de concentração desses componentes no sistema. Verifica-se que após um determinado intervalo de tempo, para $t \gg 0$, as concentrações dos componentes A e B tendem a ficar uniformes.

(a) Inicialmente, os gases estão separados por uma parede fina impermeável

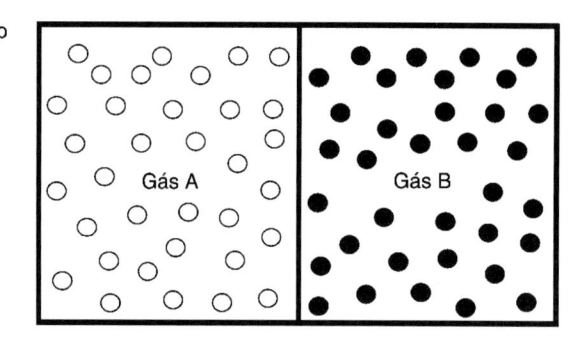

(b) Situação num instante *t* após a retirada da parede divisória

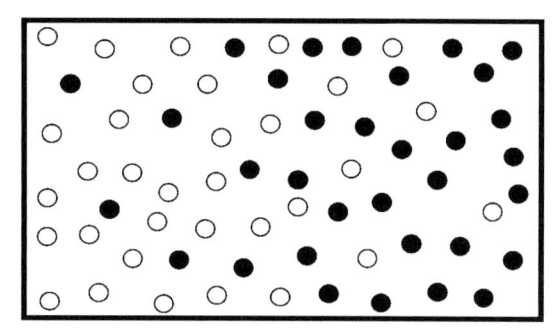

FIGURA 10.1

Esquema de um recipiente fechado com dois gases inicialmente separados por uma parede fina impermeável.

10.3 FLUXOS DE MASSA EM MISTURAS BINÁRIAS

Consideremos uma mistura binária constituída pelos componentes (espécies químicas) *A* e *B*. De uma maneira geral, pode ocorrer movimento da mistura, além de movimentos (difusão) dos componentes *A* e *B* em relação à mistura, de forma que se deve definir velocidade e fluxo de massa da mistura e dos componentes. Define-se fluxo (taxa de transferência) de massa como a quantidade de massa que é transferida por unidade de tempo através de um plano perpendicular à direção do movimento. A densidade de fluxo de massa é a quantidade de massa que é transferida por unidade de tempo e por unidade de área através de um plano perpendicular à direção do movimento, ou seja, a densidade de fluxo de massa é o fluxo de massa por unidade de área.

No entorno de um ponto, tem-se um agregado de partículas que podem estar se movendo com velocidades diferentes. Considerando o componente *A* da mistura, define-se a velocidade média $\vec{V}_A$ do agregado de partículas da espécie *A* como a densidade de fluxo de massa do componente *A*, em relação a um sistema de coordenadas fixo, dividida pela sua concentração expressa como massa específica, ou seja,

$$\vec{V}_A = \frac{\vec{N}_A}{\rho_A} \tag{10.3.1}$$

em que:

$\vec{V}_A$ é a velocidade média das partículas do componente *A* num elemento de volume no entorno do ponto;

$\vec{N}_A$ é a densidade de fluxo de massa da espécie *A* em relação a um sistema de coordenadas fixo; e

ρ_A é a concentração do componente *A*, expressa como massa específica.

Da mesma forma, define-se uma velocidade média para um agregado de partículas do componente *B*. Assim, em relação a um sistema de coordenadas fixo, tem-se que numa mistura binária a densidade de fluxo de massa do componente *A* é dada por

$$\vec{N}_A = \rho_A\,\vec{V}_A \qquad (10.3.2)$$

e a densidade de fluxo de massa do componente B é dada por

$$\vec{N}_B = \rho_B\,\vec{V}_B \qquad (10.3.3)$$

resultando que a densidade de fluxo de massa da mistura binária é

$$\vec{N} = \vec{N}_A + \vec{N}_B \qquad (10.3.4)$$

que pode ser escrita como

$$\rho\vec{V} = \rho_A\,\vec{V}_A + \rho_B\,\vec{V}_B \qquad (10.3.5)$$

em que:

ρ é a massa específica da mistura; e
$\vec{V}$ é a velocidade mássica média da mistura.

Assim, a velocidade mássica média da mistura é dada por

$$\vec{V} = \frac{\rho_A\,\vec{V}_A + \rho_B\,\vec{V}_B}{\rho} \qquad (10.3.6)$$

que pode ser escrita como

$$\vec{V} = c_A\,\vec{V}_A + c_B\,\vec{V}_B \qquad (10.3.7)$$

em que c_A e c_B são, respectivamente, as concentrações dos componentes A e B na mistura definidas como frações de massa.

A densidade de fluxo de massa por difusão molecular do componente A através da mistura binária, $\vec{J}_A$, é medida em relação a um plano que se move com a velocidade mássica média da mistura.

Assim, para o componente A da mistura binária, tem-se uma densidade de fluxo de massa $\vec{N}_A$, em relação a um sistema de coordenadas fixo, dada por

$$\vec{N}_A = \rho_A\,\vec{V}_A \qquad (10.3.8)$$

e uma densidade de fluxo de massa $\vec{J}_A$, medida em relação a um plano que se move com a velocidade mássica média da mistura, que pode ser escrita como

$$\vec{J}_A = \rho_A\left(\vec{V}_A - \vec{V}\right) \qquad (10.3.9)$$

Como $\rho_A\,\vec{V}_A = \vec{N}_A$, tem-se que

$$\vec{N}_A = \vec{J}_A + \rho_A\,\vec{V} \qquad (10.3.10)$$

ou seja, a densidade de fluxo de massa do componente A, em relação a um sistema de coordenadas fixo, é igual à densidade de fluxo de massa por difusão do componente A através da mistura (em relação a um plano que se move com a velocidade mássica média) mais a densidade de fluxo de massa do componente A com a velocidade mássica média da mistura.

10.4 EQUAÇÃO DIFERENCIAL DE TRANSPORTE DE MASSA DE UM SOLUTO NUMA MISTURA BINÁRIA

Consideremos um escoamento de um fluido constituído de uma mistura binária de componentes A e B através de uma superfície de controle, conforme é mostrado no esquema da Figura 10.2, sem geração dos componentes por reações químicas e sendo a espécie A um soluto.

O princípio de conservação da massa aplicado a um volume de controle macroscópico (equação da continuidade na forma integral) estabelece que

$$\iint_{\text{S.C.}} \rho\left(\vec{V}\cdot\vec{n}\right)dA + \frac{\partial}{\partial t}\iiint_{\text{V.C.}} \rho\,d\forall = 0 \qquad (10.4.1)$$

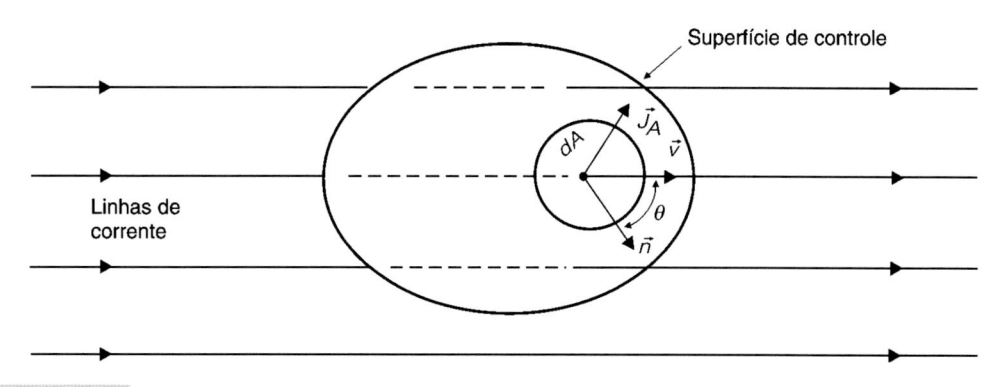

FIGURA 10.2

Esquema de um escoamento de uma mistura binária através de uma superfície de controle estacionária.

Essa equação, que expressa a conservação da massa, deve ser satisfeita tanto pela mistura de massa específica ρ como por cada um dos componentes A e B, que possuem concentrações ρ_A e ρ_B, respectivamente.

A massa do soluto A dentro do volume de controle é dada por

$$M_A = \iiint\limits_{V.C.} c_A \, \rho \, d\forall \qquad (10.4.2)$$

em que:

c_A é a concentração, expressa como fração de massa, do soluto A na mistura; e
ρ é a massa específica da mistura.

Existindo gradiente de concentração do componente A, ocorre fluxo de massa por difusão molecular desse componente através da mistura, sobreposto ao transporte convectivo de massa devido ao campo de velocidade de escoamento.

A densidade de fluxo de massa por difusão molecular do componente A na mistura é dada pela lei de Fick como

$$\vec{J}_A = -D_{AB} \, \vec{\nabla} \rho_A = -D_{AB} \, \vec{\nabla} \left(\rho c_A \right) \qquad (10.4.3)$$

Um fluxo de massa por difusão molecular do componente A através da superfície de controle causa uma taxa de variação da massa desse componente A dentro do volume de controle, dada por

$$\frac{dM_A}{dt} = -\iint\limits_{S.C.} \left(\vec{J}_A \cdot \vec{n} \right) dA \qquad (10.4.4)$$

O sinal negativo é devido ao fato de que a taxa de variação de massa $\dfrac{dM_A}{dt}$ é positiva para um fluxo de massa que entra no volume de controle, ou seja, para $\vec{J}_A \cdot \vec{n} < 0$.

No Capítulo 5, deduzimos a equação básica da formulação de volume de controle, dada por

$$\frac{dB_{\text{sist}}}{dt} = \iint\limits_{S.C.} \beta \rho \left(\vec{V} \cdot \vec{n} \right) dA + \frac{\partial}{\partial t} \iiint\limits_{V.C.} \beta \rho \, d\forall \qquad (10.4.5)$$

em que:

B é uma grandeza extensiva genérica e β é a grandeza intensiva correspondente.
No caso do estudo da transferência de massa de um soluto A numa mistura, tem-se que

$B = M_A$ é a massa do soluto A; e

$\beta = c_A$ é a concentração (fração de massa) do soluto na mistura,

de forma que a Eq. (10.4.5) fica sendo

$$\frac{dM_A}{dt} = \iint_{S.C.} c_A \rho \left(\vec{V}\cdot\vec{n}\right)dA + \frac{\partial}{\partial t}\iiint_{V.C.} c_A \rho \, d\forall \qquad (10.4.6)$$

em que:

$c_A \rho = \rho_A$ é a concentração do componente A na mistura.

Da Eq. (10.4.4), tem-se que

$$\frac{dM_A}{dt} = -\iint_{S.C.} \left(\vec{J}_A \cdot \vec{n}\right)dA \qquad (10.4.7)$$

de maneira que a Eq. (10.4.6) fica sendo

$$-\iint_{S.C.} \left(\vec{J}_A \cdot \vec{n}\right)dA = \iint_{S.C.} c_A \rho \left(\vec{V}\cdot\vec{n}\right)dA + \frac{\partial}{\partial t}\iiint_{V.C.} c_A \rho \, d\forall \qquad (10.4.8)$$

que pode ser escrita como

$$\iint_{S.C.} \left[c_A \rho \left(\vec{V}\cdot\vec{n}\right) + \vec{J}_A \cdot \vec{n}\right]dA + \frac{\partial}{\partial t}\iiint_{V.C.} c_A \rho \, d\forall = 0 \qquad (10.4.9)$$

Utilizando o teorema da divergência, pode-se transformar uma integral de superfície em uma integral de volume, da forma

$$\iint_{S.C.} \vec{G} \cdot \vec{n} \, dA = \iiint_{V.C.} \vec{\nabla} \cdot \vec{G} \, d\forall \qquad (10.4.10)$$

de maneira que a Eq. (10.4.9) pode ser escrita como

$$\iiint_{V.C.} \left[\vec{\nabla}\cdot\left(c_A \rho \vec{V}\right) + \vec{\nabla}\cdot\vec{J}_A + \frac{\partial(c_A \rho)}{\partial t}\right]d\forall = 0 \qquad (10.4.11)$$

O volume de controle (V.C.) é arbitrário, de forma que o integrando é identicamente nulo, portanto tem-se que

$$\vec{\nabla}\cdot\left(c_A \rho \vec{V}\right) + \vec{\nabla}\cdot\vec{J}_A + \frac{\partial(c_A \rho)}{\partial t} = 0 \qquad (10.4.12)$$

O primeiro termo da Eq. (10.4.12) pode ser desenvolvido da seguinte maneira

$$\vec{\nabla}\cdot\left(c_A \rho \vec{V}\right) = \frac{\partial}{\partial x}(c_A \rho V_x) + \frac{\partial}{\partial y}(c_A \rho V_y) + \frac{\partial}{\partial z}(c_A \rho V_z) =$$

$$= c_A \rho \left(\frac{\partial V_x}{\partial x} + \frac{\partial V_y}{\partial y} + \frac{\partial V_z}{\partial z}\right) + V_x \frac{\partial(c_A \rho)}{\partial x} + V_y \frac{\partial(c_A \rho)}{\partial y} + V_z \frac{\partial(c_A \rho)}{\partial z} \qquad (10.4.13)$$

Essa Eq. (10.4.13) pode ser escrita numa forma compacta como

$$\vec{\nabla}\cdot\left(c_A \rho \vec{V}\right) = c_A \rho \vec{\nabla}\cdot\vec{V} + \vec{V}\cdot\vec{\nabla}\left(c_A \rho\right) \qquad (10.4.14)$$

Assim, a Eq. (10.4.12) pode ser escrita como

$$c_A \, \rho \, \vec{\nabla} \cdot \vec{V} + \vec{V} \cdot \vec{\nabla} \left(c_A \, \rho \right) + \vec{\nabla} \cdot \vec{J}_A + \frac{\partial \left(c_A \, \rho \right)}{\partial t} = 0 \qquad (10.4.15)$$

A derivada material de $c_A \rho$ é dada por

$$\frac{D \left(c_A \, \rho \right)}{D t} = \vec{V} \cdot \vec{\nabla} \left(c_A \, \rho \right) + \frac{\partial \left(c_A \, \rho \right)}{\partial t} \qquad (10.4.16)$$

em que:

$\vec{V} \cdot \vec{\nabla} \left(c_A \rho \right)$ é a taxa de variação convectiva de $c_A \rho$; e

$\dfrac{\partial \left(c_A \, \rho \right)}{\partial t}$ é a taxa de variação local de $c_A \rho$,

de forma que a Eq. (10.4.15) pode ser escrita como

$$\frac{D \left(c_A \, \rho \right)}{D t} + c_A \, \rho \, \vec{\nabla} \cdot \vec{V} + \vec{\nabla} \cdot \vec{J}_A = 0 \qquad (10.4.17)$$

A densidade de fluxo de massa por difusão molecular $\vec{J}_A$ é dada por

$$\vec{J}_A = - D_{AB} \, \vec{\nabla} \left(c_A \, \rho \right) \qquad (10.4.18)$$

de maneira que, para D_{AB} constante, tem-se

$$\vec{\nabla} \cdot \vec{J}_A = - D_{AB} \, \vec{\nabla} \cdot \vec{\nabla} \left(c_A \, \rho \right) = - D_{AB} \, \nabla^2 \left(c_A \, \rho \right) \qquad (10.4.19)$$

em que:

$$\nabla^2 = \frac{\partial^2}{\partial x^2} + \frac{\partial^2}{\partial y^2} + \frac{\partial^2}{\partial z^2}$$ é o operador laplaciano em coordenadas retangulares.

Assim, a Eq. (10.4.17) pode ser escrita como

$$\frac{D \left(c_A \, \rho \right)}{D t} + c_A \, \rho \, \vec{\nabla} \cdot \vec{V} - D_{AB} \, \nabla^2 \left(c_A \, \rho \right) = 0 \qquad (10.4.20)$$

ou como

$$\frac{\partial \left(c_A \, \rho \right)}{\partial t} + \vec{V} \cdot \vec{\nabla} \left(c_A \, \rho \right) + c_A \, \rho \, \vec{\nabla} \cdot \vec{V} - D_{AB} \, \nabla^2 \left(c_A \, \rho \right) = 0 \qquad (10.4.21)$$

que é a *equação diferencial de transporte de massa do soluto A* numa mistura binária de componentes A e B, considerando que a difusividade de massa D_{AB} é constante e que não há geração do componente A por reações químicas.

Casos Particulares da Equação Diferencial de Transporte de Massa de um Soluto A numa Mistura Binária, Considerando o Coeficiente de Difusão D_{AB} Constante e que Não Há Geração do Componente A por Reações Químicas:

- Regime permanente

Neste caso, tem-se que a taxa de variação local da concentração do componente A (soluto) é nula, ou seja,

$$\frac{\partial \left(c_A \, \rho \right)}{\partial t} = 0 \qquad (10.4.22)$$

resultando que a Eq. (10.4.21), para um regime permanente, fica sendo

$$\vec{V} \cdot \vec{\nabla} \left(c_A \, \rho \right) + c_A \, \rho \, \vec{\nabla} \cdot \vec{V} - D_{AB} \, \nabla^2 \left(c_A \, \rho \right) = 0 \qquad (10.4.23)$$

- **Escoamento incompressível**

Para uma mistura binária em escoamento incompressível, tem-se que a massa específica é constante (ρ = constante), de forma que a Eq. (10.4.20) pode ser escrita como

$$\rho\left[\frac{Dc_A}{Dt} + c_A\,\vec{\nabla}\cdot\vec{V} - D_{AB}\,\nabla^2\,c_A\right] = 0 \tag{10.4.24}$$

ou seja,

$$\frac{Dc_A}{Dt} + c_A\,\vec{\nabla}\cdot\vec{V} - D_{AB}\,\nabla^2\,c_A = 0 \tag{10.4.25}$$

Da equação diferencial da continuidade para um escoamento incompressível tem-se que

$$\vec{\nabla}\cdot\vec{V} = 0 \tag{10.4.26}$$

de maneira que a Eq. (10.4.25) fica sendo

$$\frac{Dc_A}{Dt} - D_{AB}\,\nabla^2\,c_A = 0 \tag{10.4.27}$$

que pode ser escrita como

$$\frac{\partial c_A}{\partial t} + \vec{V}\cdot\vec{\nabla}\,c_A - D_{AB}\,\nabla^2\,c_A = 0 \tag{10.4.28}$$

- **Escoamento incompressível e em regime permanente**

Para um regime permanente, tem-se que $\frac{\partial}{\partial t}(..) = 0$ de forma que a Eq. (10.4.28) fica reduzida a

$$\vec{V}\cdot\vec{\nabla}\,c_A - D_{AB}\,\nabla^2\,c_A = 0 \tag{10.4.29}$$

- **Mistura binária em repouso com massa específica ρ e difusividade de massa D_{AB} constantes**

Para uma mistura binária em repouso, tem-se que $\vec{V} = 0$, de maneira que a Eq. (10.4.28) fica reduzida a

$$\frac{\partial c_A}{\partial t} = D_{AB}\,\nabla^2\,c_A \tag{10.4.30}$$

que pode ser escrita como

$$\frac{\partial \rho_A}{\partial t} = D_{AB}\,\nabla^2\,\rho_A \tag{10.4.31}$$

que é a *equação da difusão de massa do componente A numa mistura binária* em repouso de componentes A e B, em que não há reações químicas. Essas Eqs. (10.4.30) e (10.4.31) também são conhecidas como a *segunda lei de Fick para a difusão*.

10.5 EQUAÇÃO DA DIFUSÃO DE MASSA

Na seção anterior, deduzimos a equação da difusão de massa como um caso particular da equação diferencial de transporte de massa de um soluto A numa mistura binária em repouso com a massa específica ρ da mistura e a difusividade do componente A constantes e sem geração da espécie A por reações químicas. Essa equação da difusão de massa, dada pelas Eqs. (10.4.30) e (10.4.31), que também se aplica nos processos de transporte de massa por difusão molecular através de sólidos, pode ser escrita como

$$\nabla^2\,c_A = \frac{1}{D_{AB}}\frac{\partial c_A}{\partial t} \tag{10.5.1}$$

ou

$$\nabla^2 \rho_A = \frac{1}{D_{AB}} \frac{\partial \rho_A}{\partial t} \tag{10.5.2}$$

Essas Eqs. (10.5.1) e (10.5.2), que costumam ser chamadas de segunda lei de Fick para a difusão, são análogas à equação da difusão de calor, dada pela Eq. (9.2.13), que pode ser escrita como

$$\nabla^2 T = \frac{1}{\alpha} \frac{\partial T}{\partial t} \tag{10.5.3}$$

A transferência de massa por difusão molecular de um componente A numa mistura binária em repouso, ou através de um sólido, é um processo análogo à transferência de calor por condução num meio estacionário. Observe que a Eq. (10.5.1) (ou Eq. (10.5.2)) e a Eq. (10.5.3) são do mesmo tipo matemático, e que a única diferença está nas variáveis dependentes envolvidas e nos respectivos coeficientes de difusão. As soluções dessas equações, para condições de contorno e inicial semelhantes, são análogas.

A equação da difusão de massa é uma equação diferencial parcial de segunda ordem nas variáveis espaciais e de primeira ordem na variável temporal, de maneira que são necessárias duas condições de contorno para cada variável espacial utilizada na descrição do problema e uma condição inicial para os casos transientes. Essas condições de contorno e inicial são determinadas da situação física do problema em estudo, e elas devem ser satisfeitas pela solução da equação diferencial.

A Eq. (10.5.2) em coordenadas retangulares é dada por

$$\frac{\partial^2 \rho_A}{\partial x^2} + \frac{\partial^2 \rho_A}{\partial y^2} + \frac{\partial^2 \rho_A}{\partial z^2} = \frac{1}{D_{AB}} \frac{\partial \rho_A}{\partial t} \tag{10.5.4}$$

em que: $\rho_A = \rho_A(x, y, z, t)$.

Diversos problemas apresentam geometria cilíndrica, sendo necessário utilizar as equações em coordenadas cilíndricas (r, θ, z).

A Eq. (10.5.2) em coordenadas cilíndricas pode ser escrita como

$$\frac{\partial^2 \rho_A}{\partial r^2} + \frac{1}{r} \frac{\partial \rho_A}{\partial r} + \frac{1}{r^2} \frac{\partial^2 \rho_A}{\partial \theta^2} + \frac{\partial^2 \rho_A}{\partial z^2} = \frac{1}{D_{AB}} \frac{\partial \rho_A}{\partial t} \tag{10.5.5}$$

em que: $\rho_A = \rho_A(r, \theta, z, t)$.

A formulação matemática de problemas de difusão de massa, ou seja, a especificação da equação diferencial e das condições de contorno e inicial que descrevem o processo em estudo, é análoga à formulação de problemas de difusão de calor, que foi estudada no Capítulo 9.

Condições de Contorno e Inicial

Para a difusão de massa, de forma semelhante à transferência de calor por condução, pode-se ter condições de contorno de concentração prescrita e de fluxo prescrito.

A condição de contorno de concentração prescrita é caracterizada pela especificação da concentração no contorno da região de definição do problema de difusão de massa em estudo.

A condição de contorno de fluxo prescrito é caracterizada pela especificação da densidade de fluxo de massa por difusão molecular na fronteira da região de definição do problema em estudo. A densidade de fluxo de massa por difusão molecular está relacionada com o gradiente de concentração pela lei de Fick, de forma que essa condição de contorno de fluxo prescrito consiste na especificação da derivada da concentração na direção normal à superfície de contorno na fronteira da região de definição do problema.

A condição inicial fornece a distribuição de concentração, na região de definição do problema de difusão de massa em regime transiente, no instante inicial.

Exemplos de Formulação de Problemas Unidimensionais de Difusão de Massa

■ **Exemplo 10.1**   Considere uma placa de cerâmica, de grandes dimensões e espessura $2L$ pequena, mostrada no esquema da Figura 10.3. Inicialmente, a placa de cerâmica possui uma distribuição uniforme de água (umidade) com concentração ρ_{a0}. No instante $t = 0$, essa placa de cerâmica é subitamente submetida a um processo de secagem com o uso de jatos de ar seco, idênticos, sobre suas duas superfícies, de forma que a concentração de água nas superfícies fica nula para $t > 0$. Considerando que a difusividade da água na cerâmica é D_{ac} constante, formule o problema transiente de difusão de água na placa de cerâmica.

A placa de cerâmica tem grandes dimensões e espessura pequena, de forma que o processo de difusão de água é unidimensional na direção perpendicular às superfícies (direção x) com distribuição transiente de concentração de água $\rho_a(x, t)$. Existe um plano yz de simetria no centro dessa placa de cerâmica onde consideramos a origem do eixo x, de maneira que formularemos o problema para a determinação do transiente $\rho_a(x, t)$ para o lado direito da placa, ou seja, para $0 \le x \le L$.

A equação da difusão de água através da cerâmica, para esse problema unidimensional, fica sendo

$$\frac{\partial^2 \rho_a(x, t)}{\partial x^2} = \frac{1}{D_{ac}} \frac{\partial \rho_a(x, t)}{\partial t} \quad \text{para} \quad \begin{cases} 0 \le x \le L \\ t \ge 0 \end{cases}$$

A condição inicial do problema é dada por

$$\rho_a(x, 0) = \rho_{a0} \quad \text{para} \quad \begin{cases} 0 \le x \le L \\ t = 0 \end{cases}$$

No centro da placa existe um plano yz de simetria através do qual não há fluxo de massa, ou seja, o gradiente de concentração de água é nulo em $x = 0$, e como a superfície da placa de cerâmica está submetida a um jato de ar seco, tem-se que a concentração de água é nula em $x = L$. Assim, as condições de contorno do problema são dadas por

$$\frac{\partial \rho_a(0, t)}{\partial x} = 0 \quad \text{para} \quad \begin{cases} x = 0 \\ t > 0 \end{cases}$$

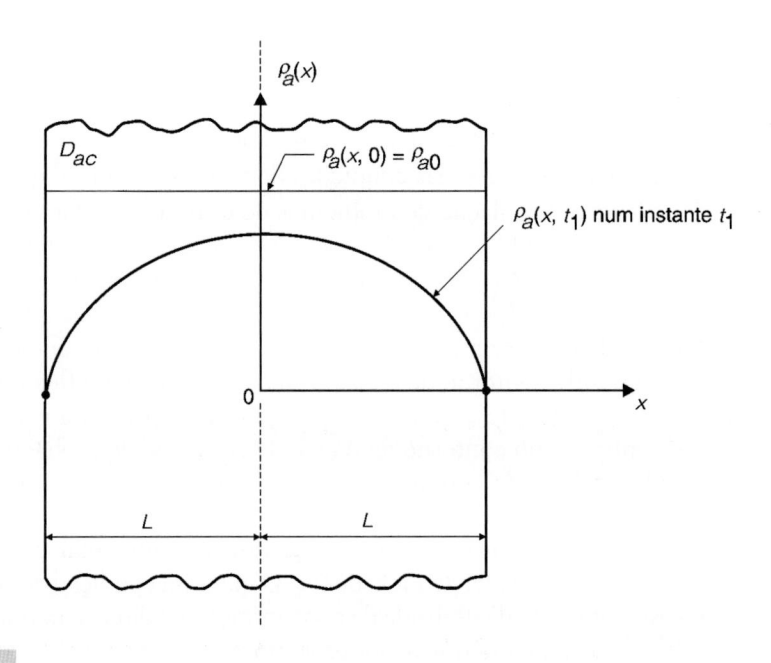

FIGURA 10.3

Esquema de uma placa de cerâmica submetida a um processo de secagem.

e

$$\rho_a(L, t) = 0 \quad \text{para} \quad \begin{cases} x = L \\ t > 0 \end{cases}$$

Observe a analogia entre este exemplo e a formulação do problema transiente de difusão de calor através de uma placa estudado na Seção 9.4.

■ **Exemplo 10.2** Considere o duto cilíndrico de comprimento semi-infinito, de diâmetro pequeno e parede impermeável, inicialmente cheio de água pura (destilada) em repouso, mostrado no esquema da Figura 10.4. No instante $t = 0$, a extremidade esquerda desse duto é colocada em contato com um reservatório de grandes dimensões de água salgada, também em repouso, com concentração de sal igual a ρ_{s0} constante. Considerando que a difusividade de massa do sal na água é D_{sa} constante, formule o problema transiente de difusão de sal na água dentro do duto.

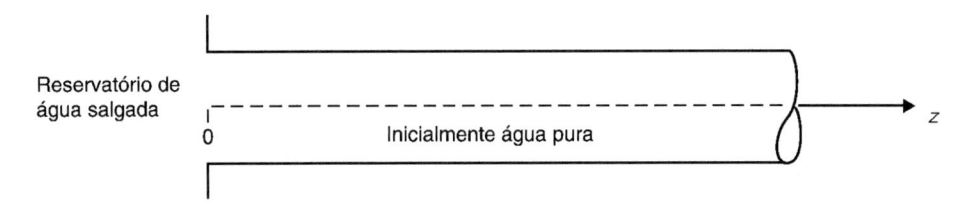

FIGURA 10.4

Esquema de um duto cilíndrico de comprimento semi-infinito, inicialmente com água destilada, conectado num reservatório de água salgada.

O gradiente de concentração de sal na água dentro do duto cilíndrico é na direção z, ou seja, a difusão de sal ocorre na direção z e, para esse problema unidimensional, a equação da difusão de massa de sal fica sendo

$$\frac{\partial^2 \rho_s(z, t)}{\partial z^2} = \frac{1}{D_{sa}} \frac{\partial \rho_s(z, t)}{\partial t} \quad \text{para} \quad \begin{cases} 0 \leq z \leq \infty \\ t \geq 0 \end{cases}$$

Inicialmente, a água dentro do duto é pura (destilada), com concentração de sal nula, de forma que a condição inicial do problema é dada por

$$\rho_s(z, 0) = 0 \quad \text{para} \quad \begin{cases} 0 \leq z \leq \infty \\ t = 0 \end{cases}$$

O reservatório de água salgada é de grandes dimensões e o duto tem pequeno diâmetro. A tubulação cilíndrica tem comprimento semi-infinito, de forma que muito longe do reservatório de água salgada (para $z = \infty$) a concentração de sal na água dentro do duto permanece nula. Assim, as condições de contorno do problema são dadas por

$$\rho_s(0, t) = \rho_{s0} \quad \text{para} \quad \begin{cases} z = 0 \\ t > 0 \end{cases}$$

e

$$\rho_s(\infty, t) = 0 \quad \text{para} \quad \begin{cases} z = \infty \\ t > 0 \end{cases}$$

10.6 BIBLIOGRAFIA

BENNETT, C. O.; MYERS, J. E. *Fenômenos de Transporte*. São Paulo: McGraw-Hill do Brasil, 1978.

BIRD, R. B.; STEWART, W. E.; LIGHTFOOT, E. N. *Transport Phenomena*. John Wiley, 1960.

INCROPERA, F. P.; DEWITT, D. P. *Fundamentos de Transferência de Calor e de Massa*. Rio de Janeiro: Guanabara Koogan, 1992.

ÖZISIK, M. N. *Transferência de Calor – Um Texto Básico*. Rio de Janeiro: Guanabara Koogan, 1990.

SISSOM, L. E.; PITTS, D. R. *Fenômenos de Transporte*. Rio de Janeiro: Guanabara Dois, 1979.

WELTY, J. R.; WICKS, C. E.; WILSON, R. E. *Fundamentals of Momentum, Heat and Mass Transfer*. John Wiley, 1976.

10.7 PROBLEMAS

10.1 Considere o Exemplo 10.1. Resolva esse problema transiente de difusão de água na placa de cerâmica para o lado direito do plano de simetria, ou seja, para $0 \leq x \leq L$, utilizando o método de separação de variáveis.

Resp.: $\rho_a(x, t) = \dfrac{2\rho_{a0}}{L} \displaystyle\sum_{n=1}^{\infty} \dfrac{(-1)^{n-1}}{\lambda_n} e^{-D_{ac}\lambda_n^2 t} \cos \lambda_n x$

em que: $\lambda_n = \dfrac{(2n-1)\pi}{2L}$

10.2 Considere o Exemplo 10.1. Formule detalhadamente e determine a solução analítica, utilizando o método de separação de variáveis, desse processo transiente de difusão de água na placa de cerâmica, não considerando o plano de simetria no centro da placa, ou seja, considerando a placa toda, com a origem do eixo x na superfície esquerda, com intervalo de definição $0 \leq x \leq 2L$, conforme é mostrado no esquema da Figura 10.5.

Resp.: $\rho_a(x, t) = \dfrac{2\rho_{a0}}{L} \displaystyle\sum_{n=1}^{\infty} \dfrac{1}{\lambda_n} e^{-D_{ac}\lambda_n^2 t} \operatorname{sen} \lambda_n x$

em que: $\lambda_n = \dfrac{n\pi}{2L}$

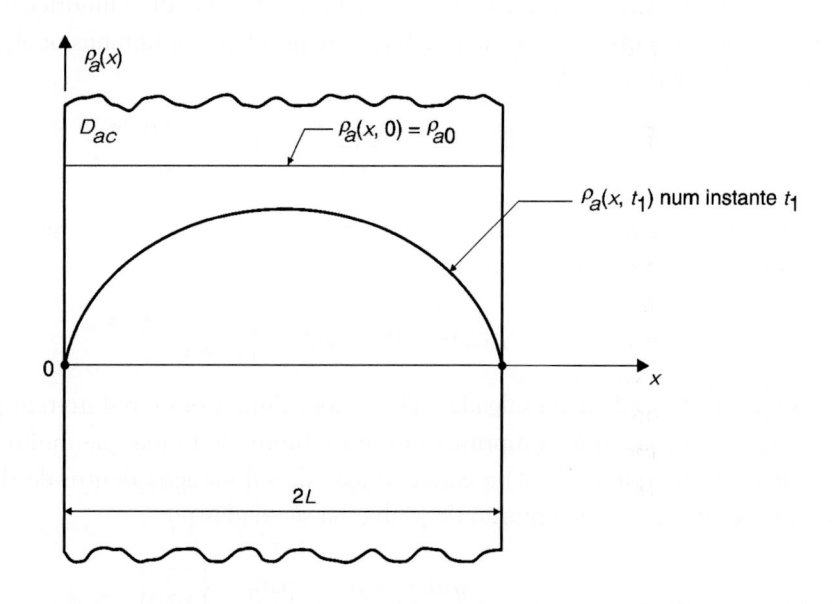

FIGURA 10.5

Apêndice

Noções Básicas de Termodinâmica e uma Aplicação da Análise Global do Sistema para a Transferência de Calor

A.1 INTRODUÇÃO

No desenvolvimento deste livro, considerei que os alunos de Fenômenos de Transporte já cursaram disciplinas de Física e, portanto, já estudaram os princípios fundamentais da Termodinâmica.

O objetivo deste apêndice é apresentar um resumo de noções básicas de termodinâmica. Um estudo mais detalhado, com a dedução das equações apresentadas, pode ser encontrado em livros-texto utilizados nas disciplinas dos cursos básicos de engenharia, tais como *Fundamentos de Física*, de Halliday, Resnick e Walker, volume 2, LTC – Livros Técnicos e Científicos Editora Ltda., Rio de Janeiro, RJ; *Física*, de Serway, volume 2, LTC – Livros Técnicos e Científicos Editora Ltda., Rio de Janeiro, RJ; e *Curso de Física Básica*, de H. Moysés Nussenzveig, volume 2, Editora Edgard Blücher Ltda., São Paulo, SP.

A.2 SISTEMA E VOLUME DE CONTROLE

A Termodinâmica é a área da Física que trata do estudo das relações entre as propriedades de um sistema e as trocas de calor e trabalho com a vizinhança.

Sistema é uma quantidade definida e identificada de matéria. Um sistema clássico estudado em termodinâmica é uma determinada massa de um gás contido em um cilindro com um pistão móvel.

Nas situações com escoamento de fluido geralmente é mais conveniente analisar a questão considerando um volume de controle, pois um sistema fluido, devido à mobilidade relativa entre as partículas, pode se deformar de tal maneira ao longo do escoamento que deixa de ser identificável. *Volume de controle* é uma região arbitrária e imaginária através da qual o fluido escoa. *Superfície de controle* é a superfície que envolve o volume de controle. No Capítulo 5 deste livro apresento uma análise de escoamentos na formulação de volume de controle.

A.3 EQUILÍBRIO TÉRMICO. LEI ZERO DA TERMODINÂMICA

A descrição macroscópica, característica da termodinâmica, descreve o sistema em função de três grandezas macroscópicas: a pressão p, o volume $\forall$ e a temperatura T. A pressão exercida por um gás sobre a parede do recipiente que o contém está relacionada com o valor médio da transferência de momento linear nas colisões das moléculas do gás com a parede. A temperatura do gás está relacionada com a energia cinética média das moléculas.

Um sistema isolado está em *equilíbrio térmico* quando as grandezas macroscópicas não variam com o tempo.

Lei zero da termodinâmica: Se os corpos (sistemas) A e B estão, separadamente, em equilíbrio térmico com um terceiro corpo (sistema) C, então A e B estão em equilíbrio térmico entre si.

A.4 TEMPERATURA. TERMÔMETROS E ESCALAS

A temperatura é uma grandeza macroscópica mensurável que pode ser usada para a verificação de equilíbrio térmico, pois os corpos (ou sistemas) que estão em equilíbrio térmico têm a mesma temperatura.

Termômetro é um dispositivo usado para medir a temperatura de um sistema. Os termômetros utilizam a variação, em função da temperatura, de alguma propriedade física do sistema, tal como:

- variação do volume de um líquido;
- variação do comprimento de um sólido;
- variação da pressão de um gás a volume constante;
- variação da resistência de um condutor; e
- variação da cor de um corpo.

Uma escala de temperatura é construída com relação a um fenômeno térmico reprodutível ao qual se arbitra uma temperatura. A *escala Celsius* está relacionada com a escolha de dois pontos fixos correspondentes às temperaturas das misturas de água e gelo, na pressão atmosférica, arbitrada como zero grau Celsius (0°C), e de água e vapor de água, na pressão atmosférica, arbitrada como cem graus Celsius (100°C).

A *escala Fahrenheit* também tem como referências as temperaturas de congelamento e de ebulição da água, na pressão atmosférica, que foram, respectivamente, arbitradas como de 32 graus Fahrenheit (32°F) para o ponto de congelamento e de 212 graus Fahrenheit (212°F) para o ponto de ebulição da água.

A *escala Kelvin* ou *escala de temperatura absoluta* tem como ponto fixo o chamado *ponto triplo da água*, que é o estado termodinâmico no qual água no estado líquido, gelo e vapor de água coexistem em equilíbrio. A temperatura do ponto triplo da água foi arbitrada como 273,16 kelvin, ou seja, $T_3 = 273,16$ K (o índice 3 se refere ao ponto triplo da água).

A *escala de temperatura de gás ideal* é determinada com um termômetro de gás a volume constante com o gás utilizado muito rarefeito. Verifica-se que nas situações com gases muito rarefeitos os gases reais tendem a se comportar como ideais, e as medidas obtidas ficam independentes do gás utilizado. A temperatura na escala de gás ideal é dada por

$$T = 273,16\,\text{K}\left[\lim_{m \to 0}\left(\frac{p}{p_3} \right) \right]$$

em que m é a massa do gás contido no bulbo do termômetro, p é a pressão do gás à temperatura que se está medindo e p_3 é a pressão do gás quando o bulbo do termômetro está em equilíbrio térmico com a água no ponto triplo.

Relação entre as Escalas Kelvin e Celsius

Sendo T a temperatura em kelvin e T_C a temperatura em graus Celsius, tem-se que

$$T = T_C + 273,15$$

Relação entre as Escalas Celsius e Fahrenheit

Sendo T_C a temperatura em graus Celsius e T_F a temperatura em graus Fahrenheit, tem-se que

$$T_C = \frac{5}{9}\left(T_F - 32 \right)$$

A.5 CALOR. CAPACIDADE TÉRMICA. CALOR ESPECÍFICO

Calor é a forma de energia que é transferida em função de uma diferença de temperatura. No sistema internacional de unidades (SI) a unidade de calor é o joule (J).

Capacidade térmica C de um corpo é o quociente entre a quantidade de calor fornecida ao corpo e a correspondente variação de temperatura, ou seja,

$$C = \frac{Q}{\Delta T}$$

na qual Q é a quantidade de calor fornecida ao corpo e ΔT é a correspondente variação de temperatura do corpo. A unidade SI de capacidade térmica é joule por kelvin (J/K).

Calor específico c de uma substância é a quantidade de calor recebido por unidade de massa e por unidade da correspondente variação de temperatura da substância. A unidade SI de calor específico é joule por quilograma e por kelvin $\left(\dfrac{J}{kg \cdot K} \right)$. Para definir completamente o calor específico, deve-se especificar as condições segundo as quais o calor é transferido para o sistema.

Calor específico a volume constante $c_\forall$ de uma substância é a quantidade de calor recebido por unidade de massa e por unidade de temperatura, quando o volume permanece constante, ou seja,

$$c_\forall = \frac{1}{m}\left(\frac{\delta Q}{dT} \right)_\forall$$

Calor específico a pressão constante c_p de uma substância é a quantidade de calor recebido por unidade de massa e por unidade de temperatura, quando a pressão permanece constante, ou seja,

$$c_p = \frac{1}{m}\left(\frac{\delta Q}{dT} \right)_p$$

A quantidade infinitesimal de calor foi simbolizada por δQ e não por dQ para lembrar que Q não é função de estado, ou seja, que a quantidade de calor Q depende da trajetória (do processo termodinâmico).

Nos gases, é importante fazer distinção entre o calor específico a volume constante e o calor específico a pressão constante. Para os líquidos, geralmente, pode-se considerar que o calor específico a volume constante é praticamente igual ao calor específico a pressão constante.

Calor Latente ou Calor de Transformação de Fase

Nas mudanças de fase, ocorre uma transferência de calor sem variação de temperatura. Define-se *calor latente* ou *calor de transformação de fase* L como a quantidade de calor transferido por unidade de massa durante a mudança de fase, ou seja,

$$L = \frac{Q}{m}$$

A.6 TRABALHO REALIZADO POR UM SISTEMA SOBRE A VIZINHANÇA

Consideremos como sistema o gás contido em um recipiente cilíndrico provido de um pistão que tem base circular de área A. Se o gás exerce uma pressão p, de forma que aplica uma força $\vec{F}$

(com módulo $F = pA$) sobre o pistão que se desloca de uma distância infinitesimal $d\vec{s}$, tem-se que o trabalho realizado pelo sistema é dado por

$$dW = \vec{F} \cdot d\vec{s} = p\,A\,ds = p\,d\forall$$

em que $d\forall = A\,ds$ é a variação infinitesimal do volume do gás.

Para um processo termodinâmico entre um volume inicial $\forall_i$ e um volume final $\forall_f$, tem-se que o trabalho realizado pelo sistema sobre a vizinhança é dado por

$$W = \int_{\forall_i}^{\forall_f} p\,d\forall$$

Para a integração que consta nessa equação é necessário saber como a pressão varia em função do volume, ou seja, é necessário conhecer o diagrama p–$\forall$ do processo termodinâmico. A Figura A.1 mostra um diagrama p–$\forall$ para um processo termodinâmico entre um estado inicial i e um estado final f. Observe que o trabalho W realizado pelo sistema entre os estados inicial i e final f pode ser determinado do diagrama p–$\forall$, e é dado pela área compreendida entre a curva $p = p(\forall)$ e o eixo $\forall$ entre os pontos i e f.

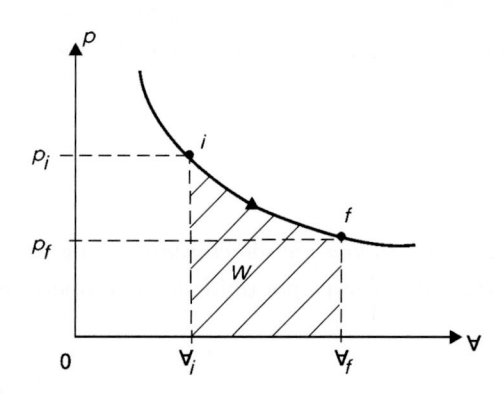

FIGURA A.1

Diagrama p–$\forall$ para um processo termodinâmico entre os estados i e f.

A.7 PRIMEIRA LEI DA TERMODINÂMICA PARA UM SISTEMA

O trabalho W realizado pelo sistema e a quantidade de calor Q recebido pelo sistema dependem do processo termodinâmico, ou seja, dependem da trajetória termodinâmica entre os estados inicial e final.

Verifica-se que a quantidade $(Q - W)$ não depende do processo, ou seja, ela depende somente dos estados termodinâmicos inicial e final. Assim, a quantidade $(Q - W)$ representa uma propriedade de estado termodinâmico do sistema que é chamada de *energia interna*, representada por E_{int}.

Considerando um sistema que troca calor e trabalho com a vizinhança, conforme o esquema mostrado na Figura A.2, e que o calor é medido em unidade de energia (joule [J], no SI), a *primeira lei da termodinâmica*, que é uma expressão do princípio de conservação da energia, pode ser escrita como

$$\Delta E_{int} = Q - W$$

em que:

$\Delta E_{int} = E_{int,f} - E_{int,i}$ é a variação de energia interna do sistema entre os estados inicial i e final f do processo;

Q é a quantidade de calor recebida pelo sistema durante o processo; e

W é o trabalho realizado pelo sistema durante o processo.

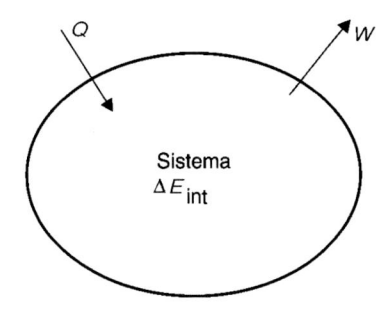

FIGURA A.2

Esquema de um sistema que troca calor e trabalho com a vizinhança.

Convenção sobre Q e W: Arbitram-se como positivos o calor que entra no sistema e o trabalho realizado pelo sistema sobre a vizinhança, sendo, então, negativos o calor que sai do sistema e o trabalho realizado pela vizinhança sobre o sistema.

Considerando um sistema que recebe da vizinhança um fluxo líquido de calor (fluxo de calor que entra menos o fluxo de calor que sai do sistema) e que realiza sobre a vizinhança uma taxa líquida de trabalho (taxa de trabalho realizado pelo sistema sobre a vizinhança menos a taxa de trabalho realizado pela vizinhança sobre o sistema), a primeira lei da termodinâmica pode ser escrita como

$$\frac{d E_{\text{sist}}}{d t} = \frac{\delta Q}{d t} - \frac{\delta W}{d t}$$

ou seja, a taxa de variação da energia total do sistema é igual ao fluxo líquido de calor que entra no sistema menos a taxa líquida de trabalho realizado pelo sistema sobre a vizinhança. Usamos o símbolo δ nas diferenciais de troca de calor e de trabalho para lembrar que essas quantidades dependem do processo termodinâmico.

A.8 PRIMEIRA LEI DA TERMODINÂMICA NA FORMULAÇÃO DE VOLUME DE CONTROLE

Nas situações com escoamento de fluido nas quais ocorre troca de calor e realização de trabalho, geralmente é mais conveniente analisar a questão considerando a abordagem de volume de controle. Nesta seção, apresento apenas um resumo da primeira lei da termodinâmica na formulação de volume de controle. No Capítulo 5 deste livro apresento uma análise de escoamentos na formulação de volume de controle com um estudo mais detalhado do assunto.

Consideremos o escoamento de um fluido de massa específica ρ através de uma superfície de controle (S.C.) estacionária, conforme é mostrado no esquema da Figura A.3, em que dA é um elemento de área da superfície de controle, $\vec{n}$ é o vetor unitário normal a dA, $\vec{V}$ é o vetor velocidade de escoamento e θ é o ângulo formado entre $\vec{V}$ e $\vec{n}$. Consideremos, também, que ocorre um fluxo líquido de calor $\dfrac{\delta Q}{d t}$ para o volume de controle (V.C.) e que o fluido que está dentro do volume de controle realiza uma potência (taxa de realização de trabalho) $\dfrac{\delta W}{d t}$ sobre a vizinhança, conforme é mostrado no esquema da Figura A.3.

Sendo e a energia total específica (por unidade de massa do fluido) dada por

$$e = g y + \frac{V^2}{2} + u$$

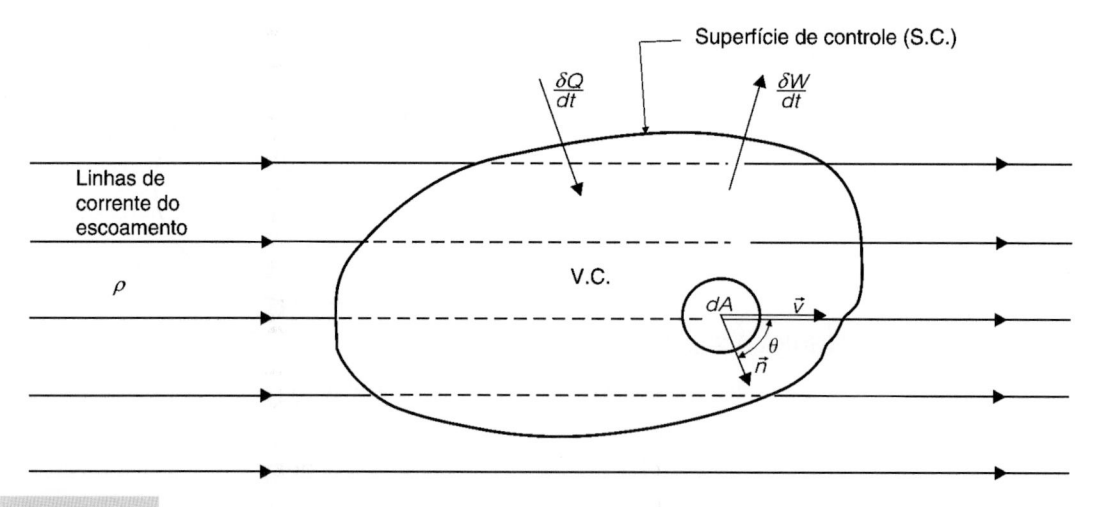

FIGURA A.3

Esquema de um escoamento através de um volume de controle (V.C.).

em que:

gy é a energia potencial gravitacional por unidade de massa;

$\dfrac{V^2}{2}$ é a energia cinética por unidade de massa; e

u é a energia interna por unidade de massa,

a primeira lei da termodinâmica na formulação de volume de controle pode ser escrita como

$$\frac{\delta Q}{dt} - \frac{\delta W}{dt} = \iint\limits_{S.C.} e\,\rho\,(\vec{V}\cdot\vec{n})\,dA + \frac{\partial}{\partial t}\iiint\limits_{V.C.} e\,\rho\,d\forall$$

Esta equação é uma expressão do *princípio de conservação da energia total na formulação de volume de controle*, e ela fornece um balanço global de energia para o volume de controle considerado, que pode ser escrito da seguinte forma:

$$\begin{pmatrix} \text{fluxo líquido} \\ \text{de calor que} \\ \text{entra no volume} \\ \text{de controle} \end{pmatrix} - \begin{pmatrix} \text{taxa líquida de} \\ \text{trabalho realizado} \\ \text{pelo fluido do V.C.} \\ \text{sobre a vizinhança} \end{pmatrix} = \begin{pmatrix} \text{fluxo líquido de} \\ \text{energia total que} \\ \text{atravessa a superfície} \\ \text{de controle} \end{pmatrix} + \begin{pmatrix} \text{taxa de variação da} \\ \text{energia total dentro} \\ \text{do volume de controle} \end{pmatrix}$$

Existem diferentes formas de realização de trabalho. Na mecânica dos fluidos é conveniente considerar o termo de potência (taxa de realização de trabalho) $\dfrac{\delta W}{dt}$ composto da seguinte maneira:

$$\frac{\delta W}{dt} = \frac{\delta W_{\text{eixo}}}{dt} + \frac{\delta W_{\text{escoamento}}}{dt} + \frac{\delta W_{\text{cisalhamento}}}{dt}$$

em que:

• W_{eixo} é o trabalho realizado pelo fluido dentro do volume de controle e transmitido para a vizinhança (ou da vizinhança para o volume de controle) por meio de um eixo que atravessa a superfície de controle, ou seja, é o trabalho realizado em turbinas e bombas;

• $W_{\text{escoamento}}$ é o trabalho realizado pelo fluido ao escoar através da superfície de controle, resultante das forças devido às tensões normais σ_{ii}, ou seja, é o trabalho realizado pelas forças de pressão; e

• $W_{\text{cisalhamento}}$ é o trabalho realizado pelo fluido contra as tensões cisalhantes (atrito viscoso) no volume de controle, ou seja, é o trabalho realizado pelas forças de atrito viscoso no sentido oposto ao escoamento do fluido (trabalho negativo), de forma que esse termo representa a energia mecânica que é dissipada pelo atrito viscoso no volume de controle.

A primeira lei da termodinâmica na formulação de volume de controle consiste em um balanço global de energia para o volume de controle considerado, de maneira que se deve identificar todos os fluxos de energia e as taxas de realização de trabalho entre o volume de controle e a vizinhança, as variações de energia no volume de controle e as transformações de uma forma em outra de energia.

A potência de cisalhamento $\dfrac{\delta W_{\text{cisalhamento}}}{d\,t}$ representa a quantidade de energia mecânica que é transformada em energia térmica por unidade de tempo devido ao atrito viscoso no volume de controle. Essa energia térmica correspondente à energia mecânica dissipada pelo atrito viscoso compreende dois efeitos: causa um aumento da energia interna do fluido entre as seções de entrada e de saída do volume de controle e uma transferência de calor do fluido para a vizinhança (fluxo de calor negativo) através da superfície de controle. No balanço global de energia, expresso pela primeira lei da termodinâmica na formulação de volume de controle, consideraremos esses efeitos de aumento da energia interna do fluido e de fluxo de calor do fluido para a vizinhança, em vez de considerar explicitamente o termo de potência de cisalhamento.

A potência de escoamento $\dfrac{\delta W_{\text{escoamento}}}{d\,t}$, que é a taxa de realização de trabalho feito pelo fluido ao escoar através da superfície de controle devido às forças de pressão, é determinada por

$$\frac{\delta W_{\text{escoamento}}}{d\,t} = \iint\limits_{\text{S.C.}} p(\vec{V}\cdot\vec{n})\,dA$$

sendo p a pressão.

Assim, a primeira lei da termodinâmica na formulação de volume de controle fica sendo

$$\frac{\delta Q}{d\,t} - \frac{\delta W_{\text{eixo}}}{d\,t} - \iint\limits_{\text{S.C.}} p(\vec{V}\cdot\vec{n})\,dA = \iint\limits_{\text{S.C.}} e\rho(\vec{V}\cdot\vec{n})\,dA + \frac{\partial}{\partial t}\iiint\limits_{\text{V.C.}} e\rho\,d\forall$$

que pode ser escrita como

$$\frac{\delta Q}{d\,t} - \frac{\delta W_{\text{eixo}}}{d\,t} = \iint\limits_{\text{S.C.}} \left(e + \frac{p}{\rho}\right)\rho(\vec{V}\cdot\vec{n})\,dA + \frac{\partial}{\partial t}\iiint\limits_{\text{V.C.}} e\rho\,d\forall$$

Para facilitar a visualização e a compreensão desses conceitos, consideremos a situação particular de um escoamento de um fluido através de um volume de controle (V.C.) que envolve uma turbina, conforme é mostrado no esquema da Figura A.4. Consideremos, também, que ocorre um fluxo líquido de calor $\dfrac{\delta Q}{d\,t}$ para o volume de controle e que o fluido que está dentro do volume de controle realiza uma potência de eixo (taxa de realização de trabalho de eixo) $\dfrac{\delta W_{\text{eixo}}}{d\,t}$ indicados na Figura A.4.

Considerando as seguintes hipóteses simplificadoras:

- regime permanente;
- escoamento com propriedades uniformes nas seções transversais; e
- sem dissipação de energia mecânica por atrito viscoso,

na análise dessa questão vamos aplicar a primeira lei da termodinâmica na formulação de volume de controle, expressa pela última equação, que fica reduzida a

$$\frac{\delta Q}{d\,t} - \frac{\delta W_{\text{eixo}}}{d\,t} = \iint\limits_{\text{S.C.}} \left(e + \frac{p}{\rho}\right)\rho(\vec{V}\cdot\vec{n})\,dA$$

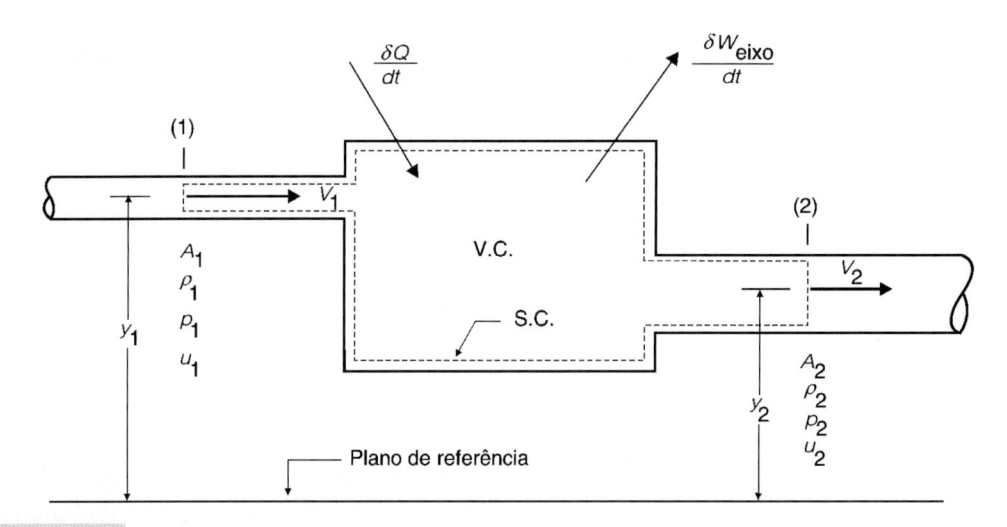

FIGURA A.4

Esquema de um escoamento através de um volume de controle (V.C.) que envolve uma turbina.

Ocorre escoamento de fluido através das seções transversais (1) e (2) da superfície de controle, e como as propriedades são uniformes nas seções transversais, sendo V a velocidade média de escoamento na seção, A a área da seção, ρ a massa específica do fluido, p a pressão, u a energia interna por unidade de massa e y a elevação da cota média da seção, conforme é mostrado no esquema da Figura A.4, tem-se que

$$\iint_{S.C.} \left(e + \frac{p}{\rho}\right)\rho(\vec{V}\cdot\vec{n})\,dA = \left(g\,y_1 + \frac{V_1^2}{2} + u_1 + \frac{p_1}{\rho_1}\right)(-\rho_1\,V_1\,A_1) + \left(g\,y_2 + \frac{V_2^2}{2} + u_2 + \frac{p_2}{\rho_2}\right)(\rho_2\,V_2\,A_2)$$

Aplicando a equação da continuidade, como o regime é permanente, obtém-se que

$$\rho_1 V_1 A_1 = \rho_2 V_2 A_2 = \dot{m}$$

em que $\dot{m}$ é o fluxo de massa do escoamento.

Assim, da aplicação da primeira lei da termodinâmica na formulação de volume de controle resulta

$$\frac{\delta Q}{dt} - \frac{\delta W_{eixo}}{dt} = \dot{m}\left(g\,y_2 + \frac{V_2^2}{2} + u_2 + \frac{p_2}{\rho_2}\right) - \dot{m}\left(g\,y_1 + \frac{V_1^2}{2} + u_1 + \frac{p_1}{\rho_1}\right)$$

que pode ser escrita como

$$\frac{\delta Q}{dt} + \dot{m}\left(g\,y_1 + \frac{V_1^2}{2} + u_1 + \frac{p_1}{\rho_1}\right) = \frac{\delta W_{eixo}}{dt} + \dot{m}\left(g\,y_2 + \frac{V_2^2}{2} + u_2 + \frac{p_2}{\rho_2}\right)$$

Nessa situação física que está esquematizada na Figura A.4 estão envolvidas diferentes formas de energia. Observe que o lado esquerdo dessa última equação apresenta os fluxos da energia que entra no volume de controle na forma de calor e de energias potencial, cinética, interna e de pressão, enquanto no lado direito dessa equação estão a potência de eixo e os fluxos da energia que sai do volume de controle na forma de energias potencial, cinética, interna e de pressão. Verifica-se transformação de um tipo em outro de energia, entre as seções transversais (1) e (2), e que a potência de eixo está associada a uma turbina. Como o regime é permanente, o fluxo de energia total que entra no volume de controle é igual ao fluxo de energia total que sai do volume de controle.

A.9 ALGUNS CASOS PARTICULARES DA PRIMEIRA LEI DA TERMODINÂMICA PARA UM SISTEMA

• **Processos Adiabáticos**

Não ocorre transferência de calor entre o sistema e a vizinhança, ou seja, $Q = 0$, de forma que a primeira lei da termodinâmica fica reduzida a

$$\Delta E_{int} = -W$$

Têm-se dois modos de realização de processos adiabáticos:

Expansão ou compressão de um sistema isolado por parede adiabática; e
Expansão ou compressão muito rápida do sistema, de maneira que não haja tempo para uma transferência significativa de calor.

• **Processos a Volume Constante (Isocóricos ou Isovolumétricos)**

Quando o volume do sistema fica constante, tem-se que não há realização de trabalho, ou seja, $W = 0$, de forma que a primeira lei da termodinâmica se reduz a

$$\Delta E_{int} = Q$$

• **Processos Cíclicos**

Nos processos cíclicos, o estado final é igual ao estado inicial, de maneira que $\Delta E_{int} = 0$, resultando que a primeira lei da termodinâmica fica reduzida a

$$Q = W$$

• **Processos de Expansão Livre**

São processos adiabáticos em que não há trabalho realizado pelo sistema, ou seja, tem-se que $Q = W = 0$, de forma que a primeira lei da termodinâmica se reduz a

$$\Delta E_{int} = 0$$

A.10 TEORIA CINÉTICA DOS GASES

Equação de Estado dos Gases Ideais (Perfeitos)

$$p \forall = n R_u T$$

em que:

p é a pressão absoluta do gás;

$\forall$ é o volume do gás;

n é o número de mols do gás;

R_u é a constante universal dos gases; e

T é a temperatura absoluta do gás.

Trabalho W Realizado por um Gás Ideal a Temperatura Constante

Considerando que o sistema consiste em n mols de um gás ideal que se expande de um volume inicial $\forall_i$ até um volume final $\forall_f$, num processo isotérmico (a temperatura T do gás permanece constante), tem-se que

$$W = \int_{\forall_i}^{\forall_f} p \, d\forall = \int_{\forall_i}^{\forall_f} \frac{n R_u T}{\forall} d\forall$$

Como n, R_u e T são constantes, resulta

$$W = n R_u T \ln\left(\mathbb{V}_f \middle/ \mathbb{V}_i\right)$$

Isoterma é a curva num diagrama p–$\mathbb{V}$ que relaciona a pressão e o volume de um gás, em um processo a temperatura constante. Da equação de estado dos gases ideais, como n, R_u e T são constantes, tem-se que

$$p = \frac{\text{constante}}{\mathbb{V}}$$

Relações para a Pressão e a Temperatura de um Gás Ideal em um Modelo Molecular

Consideremos n mols de um gás ideal confinado em um recipiente de volume $\mathbb{V}$, com as seguintes hipóteses:

a) tem-se um número N muito grande de moléculas idênticas de massa puntiforme m que se movem aleatoriamente;

b) as distâncias intermoleculares são relativamente grandes e as moléculas obedecem às leis de Newton, colidindo elasticamente entre si e com as paredes do recipiente; e

c) as interações intermoleculares são devidas somente às colisões, e o gás está em equilíbrio térmico com as paredes do recipiente.

Considerando esse modelo molecular de um gás ideal com essas hipóteses, tem-se que

$$p = \frac{1}{3}\frac{nM}{\mathbb{V}}\overline{V^2}$$

em que:

p é a pressão absoluta do gás;
n é o número de mols do gás;
M é a massa molar do gás;
$\mathbb{V}$ é o volume do gás; e
$\overline{V^2}$ é o valor médio dos quadrados das velocidades das moléculas.

Tem-se que

$$nM = Nm$$

em que:

N é o número de moléculas do gás; e
m é a massa de uma molécula,

de forma que se pode escrever

$$p = \frac{2}{3}\frac{N}{\mathbb{V}}\left(\frac{1}{2}m\overline{V^2}\right)$$

ou seja, a pressão p do gás é proporcional ao número de moléculas por unidade de volume e à energia cinética média das moléculas.

Essa última equação pode ser escrita como

$$p\,\mathbb{V} = \frac{2}{3}N\left(\frac{1}{2}m\overline{V^2}\right)$$

Tem-se que o número de mols n é dado por

$$n = \frac{N}{N_A}$$

em que:

N é o número de moléculas do gás; e

N_A é o número de Avogadro,

de forma que a equação de estado dos gases ideais pode ser escrita como

$$p\,\forall = \left(\frac{N}{N_A}\right)R_u\,T = N\left(\frac{R_u}{N_A}\right)T = N\,k\,T$$

em que $k = \dfrac{R_u}{N_A} = 1{,}38 \times 10^{-23}\ \text{J}\!\big/\!\text{K}$ é a constante de Boltzmann.

Assim, tem-se que

$$N\,k\,T = \frac{2}{3}N\left(\frac{1}{2}m\,\overline{V^2}\right)$$

de maneira que

$$T = \frac{2}{3k}\left(\frac{1}{2}m\,\overline{V^2}\right)$$

ou seja, a temperatura absoluta está relacionada com a energia cinética de translação média das moléculas do gás.

Da última equação, podemos escrever que

$$\left(\frac{1}{2}m\,\overline{V^2}\right) = \frac{3}{2}k\,T$$

ou seja, a energia cinética de translação média das moléculas é proporcional à temperatura absoluta do gás.

Energia Interna de um Gás Ideal

No modelo que estamos considerando, tem-se um gás ideal monoatômico, de forma que a energia interna está associada ao movimento de translação das moléculas. Assim, para um sistema constituído por N moléculas de um gás ideal monoatômico, a energia interna é dada por

$$E_{\text{int}} = N\left(\frac{1}{2}m\,\overline{V^2}\right)$$

que pode ser escrita como

$$E_{\text{int}} = n\,N_A\left(\frac{1}{2}m\,\overline{V^2}\right) = n\,N_A\left(\frac{3}{2}k\,T\right)$$

Como $N_A k = R_u$, resulta

$$E_{\text{int}} = \frac{3}{2}n\,R_u\,T$$

ou seja, para um gás ideal monoatômico, a energia interna é proporcional à temperatura absoluta.

Assim, para um processo entre dois estados termodinâmicos de um sistema constituído por n mols de um gás ideal monoatômico, a variação de energia interna do sistema é dada por

$$\Delta E_{\text{int}} = \frac{3}{2}n\,R_u\,\Delta T$$

Calor Específico Molar a Volume Constante $C_\forall$

Por definição, tem-se que

$$c_\forall = \frac{1}{n}\frac{Q}{\Delta T}$$

em que:

n é o número de mols;
Q é a quantidade de calor trocado no processo; e
ΔT é a correspondente variação de temperatura.

A primeira lei da termodinâmica para um sistema estipula que

$$\Delta E_{int} = Q - W$$

e como para um processo a volume constante tem-se

$$Q = nc_\forall \Delta T \qquad e \qquad W = 0$$

resulta

$$\Delta E_{int} = nc_\forall \Delta T$$

de forma que

$$c_\forall = \frac{1}{n}\frac{\Delta E_{int}}{\Delta T}$$

Assim, para um gás ideal monoatômico resulta que o calor específico molar a volume constante é dado por

$$c_\forall = \frac{3}{2}R_u = 12{,}5 \; \text{J}\Big/_{\text{mol·K}}$$

e a variação de energia interna também pode ser determinada por

$$\Delta E_{int} = nc_\forall \Delta T$$

Calor Específico Molar a Pressão Constante C_p

Por definição, tem-se que

$$c_p = \frac{1}{n}\frac{Q}{\Delta T}$$

em que:

n é o número de mols;
Q é a quantidade de calor trocado no processo; e
ΔT é a correspondente variação de temperatura.

Para um processo a pressão constante, tem-se que

$$Q = nc_p \Delta T$$

e o trabalho realizado pelo sistema é determinado por

$$W = p\,\Delta\forall$$

Da equação de estado dos gases ideais, obtém-se que

$$p\Delta\forall = nR_u \Delta T$$

de forma que a primeira lei da termodinâmica expressa por

$$\Delta E_{int} = Q - W$$

pode ser escrita como

$$nc_{\forall} \, \Delta T = nc_p \, \Delta T - nR_u \, \Delta T$$

resultando que o calor específico molar a pressão constante, para um gás ideal monoatômico, é dado por

$$c_p = c_{\forall} + R_u$$

Expansão (ou Compressão) Adiabática de um Gás Ideal

Num processo adiabático não ocorre transferência de calor entre o sistema e a vizinhança.

Em um processo adiabático, tem-se a seguinte relação entre a pressão e o volume num gás ideal:

$$p\forall^{\gamma} = \text{constante}$$

onde $\gamma = \dfrac{c_p}{c_{\forall}}$ é o quociente entre os calores específicos molares a pressão constante e a volume constante.

Curva adiabática é a representação gráfica num diagrama p–$\forall$ da equação

$$p = \frac{\text{constante}}{\forall^{\gamma}}$$

Assim, para um processo adiabático num gás ideal entre os estados inicial i e final f, tem-se que

$$p_i \, \forall_i^{\gamma} = p_f \, \forall_f^{\gamma}$$

A.11 SEGUNDA LEI DA TERMODINÂMICA

A primeira lei da termodinâmica estabelece a conservação da energia, ou seja, estipula que pode ocorrer transformação de uma forma de energia em outra, mas de maneira que a energia total do sistema e da vizinhança se conservem.

A segunda lei da termodinâmica trata do sentido (da sequência temporal) dos processos naturais espontâneos.

Processo reversível é um processo ideal que pode ser realizado no sentido inverso sem alteração na vizinhança. Um processo é considerado reversível se o sistema passar do estado inicial até o estado final de uma maneira extremamente lenta (processo quase estático) por meio de uma sucessão de estados de equilíbrio (ou de forma que cada etapa só tenha um afastamento infinitesimal em relação ao equilíbrio).

Os processos irreversíveis ocorrem em um único sentido, ou seja, são aqueles nos quais o sistema e a vizinhança não podem retornar aos respectivos estados iniciais. São fatores de irreversibilidade de um processo: atrito, transferência de calor devido às diferenças de temperatura e expansão adiabática livre.

Máquina térmica é um dispositivo que transforma calor em trabalho, enquanto opera em um ciclo. Durante cada ciclo, energia é retirada na forma de calor de uma fonte quente (reservatório térmico a uma temperatura mais elevada), uma parte dessa energia é transformada em trabalho e o restante é descarregado como calor para uma fonte fria (reservatório térmico a uma temperatura mais baixa).

A eficiência (ou rendimento) de uma máquina térmica é definida como o quociente entre o trabalho realizado pela máquina e o calor recebido da fonte quente, por ciclo. A eficiência de uma máquina térmica real é sempre menor que a unidade.

Refrigerador é um dispositivo que transfere calor de um local frio para um quente. O calor que é retirado de um reservatório de baixa temperatura (fonte fria) e o trabalho feito sobre o sistema por um agente externo são energias transferidas que são combinadas e descarregadas na forma de calor em um reservatório de alta temperatura (fonte quente).

A segunda lei da termodinâmica pode ser enunciada de diversas maneiras, tais como as seguintes:

"É impossível transformar calor completamente em trabalho, sem ocorrer outra alteração no ambiente."

"Não é possível realizar um processo cíclico cujo único efeito seja remover calor de um reservatório térmico e produzir uma quantidade equivalente de trabalho."

"Não existem máquinas térmicas perfeitas."

"É impossível que calor seja transferido de um corpo para outro corpo que esteja à temperatura mais alta, sem ocorrer outra alteração no ambiente."

"Não é possível realizar um processo cíclico cujo único efeito seja transferir calor de um corpo para outro corpo que esteja à temperatura mais alta."

"Não existem refrigeradores perfeitos."

A *entropia S* é uma variável de estado de um sistema em equilíbrio termodinâmico definida por

$$dS = \frac{dQ}{T}$$

na qual dQ é a quantidade infinitesimal de calor transferido para o sistema à temperatura T, de forma que a *variação de entropia* ΔS de um sistema que realiza um processo reversível de um estado inicial i para um estado final f é definida por

$$\Delta S = S_f - S_i = \int_i^f \frac{dQ}{T}$$

A variação de entropia de um sistema que realiza um processo irreversível entre dois estados de equilíbrio termodinâmico é igual à variação de entropia do sistema para um processo reversível entre os mesmos dois estados de equilíbrio termodinâmico.

Em termos da entropia, a segunda lei da termodinâmica pode ser enunciada da seguinte forma:

"Em qualquer processo, a entropia do universo (sistema e vizinhança) aumenta ou permanece constante."

Verifica-se que a entropia do universo nunca decresce, ou seja, em processos reversíveis a entropia do universo permanece constante, e em processos irreversíveis a entropia do universo aumenta.

O aumento da entropia do universo nos processos irreversíveis corresponde à degradação da energia, ou seja, está associada a uma diminuição da quantidade de energia disponível para a realização de trabalho.

A.12 UMA APLICAÇÃO DA ANÁLISE GLOBAL DO SISTEMA PARA A TRANSFERÊNCIA DE CALOR

Existem situações de transferência de calor em regime transiente nas quais o sistema que recebe ou cede calor pode ser considerado com distribuição uniforme de temperatura, ou seja, sem gradiente de temperatura, de forma que a temperatura varia somente em função do tempo.

Consideremos um corpo sólido, de volume $\forall$ e superfície com área A, constituído de um material com massa específica ρ, calor específico c_p e condutividade térmica k, que inicialmente (no instante $t = 0$) possui temperatura uniforme T_0. Subitamente, esse corpo é imerso num fluido que permanece à temperatura T_∞ (reservatório térmico), conforme é mostrado no esquema da Figura A.5. Na situação com $T_0 > T_\infty$, tem-se que o corpo sólido (que é o sistema considerado) cede calor por convecção para o fluido que possui coeficiente de transferência de calor por convecção h.

A consideração de uma distribuição uniforme de temperatura no corpo sólido é uma aproximação razoável nas situações em que a resistência à transferência de calor por condução no interior do corpo é pequena em comparação com a resistência à transferência de calor por convecção da superfície do corpo para o fluido. Assim, consideramos que o gradiente de temperatura no interior do sólido é praticamente nulo, de forma que a temperatura no interior do corpo varia somente em função do tempo.

Aplicando a primeira lei da termodinâmica, considerando que o sistema é o corpo sólido e que a vizinhança é o fluido, tem-se o seguinte balanço de energia:

$$\begin{pmatrix} \text{taxa de variação} \\ \text{da energia interna} \\ \text{do corpo sólido} \end{pmatrix} = \begin{pmatrix} \text{fluxo de calor por} \\ \text{convecção do corpo} \\ \text{sólido para o fluido} \end{pmatrix}$$

ou seja, tem-se que

$$\rho \, \forall \, c_p \frac{d\,T(t)}{d\,t} = -A\,h\left[\,T(t) - T_\infty\,\right]$$

O sinal negativo nesta última equação é devido ao fato de que o calor é transferido do sistema para a vizinhança.

Essa equação do balanço de energia pode ser escrita como

$$\frac{d\,T(t)}{d\,t} = -\frac{A\,h}{\rho\,c_p\,\forall}\left[\,T(t) - T_\infty\,\right]$$

e com a condição inicial dada por

$$T(0) = T_0 \quad \text{para} \quad t = 0$$

tem-se a solução

$$\frac{T(t) - T_\infty}{T_0 - T_\infty} = e^{-\left(\frac{A\,h}{\rho\,c_p\,\forall}\right)t}$$

que pode ser escrita como

$$T(t) = T_\infty + \left(T_0 - T_\infty\right)e^{-\left(\frac{A\,h}{\rho\,c_p\,\forall}\right)t}$$

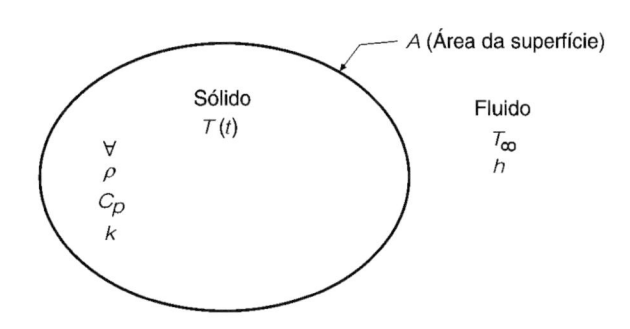

FIGURA A.5

Esquema de um corpo sólido que cede calor por convecção para um fluido.

ou seja, a temperatura do corpo sólido diminui exponencialmente em função do tempo.

Considera-se que essa hipótese de uma distribuição uniforme de temperatura no corpo sólido, nas situações de transferência de calor em regime transiente, é uma aproximação razoável quando o parâmetro adimensional chamado de número de Biot, representado por Bi, é Bi < 0,1.

Esse parâmetro adimensional número de Biot, Bi, é definido por

$$Bi = \frac{h\,L_c}{k_s}$$

em que:

h é o coeficiente de transferência de calor por convecção;
k_s é a condutividade térmica do corpo sólido; e
L_c é um comprimento característico do corpo sólido,

definido por

$$L_c = \frac{\forall}{A}$$

em que:

$\forall$ é o volume do corpo sólido; e
A é a área da superfície do corpo sólido.

O número de Biot pode ser interpretado como o quociente entre a resistência à transferência de calor por condução no interior do corpo sólido e a resistência à transferência de calor por convecção da superfície do corpo para o fluido.

A.13 BIBLIOGRAFIA

HALLIDAY, D.; RESNICK, R.; WALKER, J. *Fundamentos de Física*. 4. ed. Rio de Janeiro: LTC, 1996. Volume 2.

HOLMAN, J. P. *Transferência de Calor*. São Paulo: McGraw-Hill do Brasil, 1983.

INCROPERA, F. P.; DEWITT, D. P. *Fundamentos de Transferência de Calor e de Massa*. Rio de Janeiro: Guanabara Koogan, 1992.

NUSSENZVEIG, H. M. *Curso de Física Básica*. 2. ed. São Paulo: Edgard Blücher, 1990. Volume 2.

ÖZISIK, M. N. *Transferência de Calor – Um Texto Básico*. Rio de Janeiro: Guanabara Koogan, 1990.

SERWAY, R. A. *Física para Cientistas e Engenheiros*. 3. ed. Rio de Janeiro: LTC, 1996. Volume 2.

SISSOM, L. E.; PITTS, D. R. *Fenômenos de Transporte*. Rio de Janeiro: Guanabara Dois, 1979.

WELTY, J. R.; WICKS, C. E.; WILSON, R. E. *Fundamentals of Momentum, Heat and Mass Transfer*. John Wiley, 1976.

Índice

Impressão e acabamento:

Geográfica editora